创新型矿山生态修复模式

郗凤明 等 著

U0302943

科学出版社

北京

内 容 简 介

在传统矿山生态修复模式的基础上,本书建立三种新型矿山生态修复模式:资源化矿山生态修复模式、能源化矿山生态修复模式、资源化与能源化耦合的矿山生态修复模式。从资源高效循环利用、土地综合再开发利用和可再生能源开发视角,分别阐述三种模式的含义、优势和框架体系,综合评价生态、环境、经济和社会效益,预测产业发展前景,为矿山修复提供新视角和解决方案。以辽阳铁矿区、抚顺煤矿区和鞍山铁矿区为例,阐述三种新型矿山生态修复模式在实际项目中的应用效果,为当前不同地区、不同类型矿山废弃地生态修复工作提供更多的选择空间与思路。

本书适合生态恢复、矿产资源、地球科学、城乡规划、生态学、矿产废弃物综合利用、可再生能源开发、材料科学等领域的政府工作人员、科研人员、高等院校师生及相关工作者阅读,对于从事矿山生态修复/复垦相关工作的政府决策人员和矿产资源开发企业的管理人员等也具有重要参考价值。

图书在版编目(CIP)数据

创新型矿山生态修复模式/郗凤明等著. —北京:科学出版社,2024.11

ISBN 978-7-03-074950-5

Ⅰ. ①创… Ⅱ. ①郗… Ⅲ. ①矿山环境－生态恢复－研究 Ⅳ. ①X322

中国国家版本馆 CIP 数据核字(2023)第 034227 号

责任编辑:孟莹莹 常友丽 / 责任校对:邹慧卿
责任印制:赵 博 / 封面设计:无极书装

科学出版社 出版
北京东黄城根北街 16 号
邮政编码:100717
http://www.sciencep.com

北京华宇信诺印刷有限公司印刷
科学出版社发行 各地新华书店经销
*

2024 年 11 月第 一 版 开本:720×1000 1/16
2024 年 11 月第一次印刷 印张:20 1/2
字数:413 000

定价:188.00 元
(如有印装质量问题,我社负责调换)

作 者 名 单

郗凤明　　徐婷婷　　徐东旭

马　跃　　代力民　　赵福强

王娇月　　许　灏　　吴庆深

王兴磊　　张俊新　　吕富艳

前　言

本书是中国科学院沈阳应用生态研究所郁凤明研究员及其领导的区域低碳发展研究团队在总结多年科研与项目成果的基础上撰写而成。郁凤明研究员总体组织和设计，执笔人有中国科学院沈阳应用生态研究所的郁凤明、王娇月、徐婷婷、徐东旭、代力民、赵福强，大连地拓环境科技有限公司的马跃，鞍钢集团矿业有限公司的许灏、吴庆深，中国大唐集团辽宁分公司的王兴磊，辽宁交投公路科技养护有限责任公司的张俊新，沈阳市公路规划设计院有限公司的吕富艳。分工如下：前言由郁凤明执笔，第 1 章由徐婷婷、郁凤明执笔，第 2 章由郁凤明、赵福强执笔，第 3 章由徐婷婷、马跃执笔，第 4 章由徐东旭、郁凤明、马跃执笔，第 5 章由郁凤明、徐婷婷、徐东旭执笔，第 6 章由郁凤明、王娇月、徐婷婷执笔，第 7 章由代力民、徐婷婷、徐东旭、张俊新、吕富艳执笔，第 8 章由郁凤明、徐东旭、徐婷婷、许灏、吴庆深、王兴磊执笔，全书由郁凤明统稿。

矿产资源是地球赋予人类的宝贵财富，是维持人类生产、生活的重要物质基础，是经济发展和社会进步不可或缺的重要保障。目前我国使用的 90% 以上的能源、80% 以上的工业原材料和 70% 以上的农业生产资料都来自于矿产资源。由于大量的矿产资源被无序开采，矿产资源迅速减少甚至枯竭，地球上出现了越来越多的矿山废弃土地，越来越多难以治愈的"伤疤"。全球大约有 670 亿 m^2 的矿山废弃地，其中我国矿山开发损毁、占用土地面积约 200 亿 m^2。部分采矿区毗邻河流水系，矿山采矿活动必然会严重影响其底部水域生态系统的养分循环与有机质的产生，导致泥石流、滑坡等洪涝灾害的暴发频率大大增加，产生不可估量的严重后果。矿山废弃地的生态修复工作势在必行，刻不容缓。

我国矿山生态环境修复工作从 20 世纪 50 年代已经开始，但真正走上法治化道路，是从 1988 年颁布《土地复垦规定》和 1989 年颁布《中华人民共和国环境保护法》开始。早期政策、技术和意识的局限性导致传统矿山生态修复方式存在诸多缺点，如：矿山历史遗留问题严重，责任主体不清；生态修复工作需要大量资金投入，只靠政府难以为继；修复过程中只注重土壤恢复，其他有用资源严重浪费，恢复生态后仍然存在安全隐患，无法消除。目前矿山生态修复的整体机制仍不健全。随着矿山修复研究的深入，近些年的研究热点已逐渐从单纯的植被、土壤、景观、水和生物多样性等生态修复技术，逐步转向应对全球气候变化、对生态系统服务价值和文化美学价值的探讨。如何既能恢复矿山生态系统的结构与功能，又能满足区域发展经济效益、提高文化美学价值，成为当前矿山生态修复领域热点问题。

本书基于传统矿山生态修复模式，提出三种新型矿山生态修复模式，即资源化矿山生态修复模式、能源化矿山生态修复模式、资源化与能源化耦合的矿山生态修复模式。资源化矿山生态修复模式旨在通过充分利用尾矿、废岩、残土等矿山废弃资源，制作水泥、砂浆、陶粒等基础材料，用于矿山环境修复，修复后土地再赋予新的使用价值，不仅节约资金投入，而且能创造经济、环境、社会多重效益。能源化矿山生态修复模式旨在利用矿山废弃地得天独厚的土地空间，消除矿山潜在环境污染和生态破坏后，发展太阳能、风能、生物质能等可再生能源，实现矿山化石能源消耗的部分替代或全部替代，以缓解传统方式开采导致化石能源消费高和污染大的问题，达到同时开展新能源开发和矿山生态修复两个核心目的，并为区域产业发展提供全新视角。资源化与能源化耦合的矿山生态修复模式旨在统筹矿产废弃物资源化利用和矿山用地能源化利用的综合修复模式，统筹发展矿山循环经济产业、矿山新能源产业和矿山生态修复产业，实现矿山循环发展、低碳发展、绿色发展的目标。三种模式的应用可以为国家生态文明建设政策的落实、区域可持续性发展和城市产业的转型升级找到适当的契合点，为我国不同地区、不同类型矿山废弃地生态修复工作提供更多的选择与思路。

本书是郗凤明研究团队多年来在辽阳市、抚顺市和鞍山市等地从事多项与矿山生态修复相关的工作基础上，经过总结、凝练、梳理和提升撰写而成。本书共8章：第1章阐述矿山生态修复的发展背景、我国矿山废弃地现状以及国内外矿山生态修复进展；第2章简述传统矿山生态修复模式的分类与不足，介绍资源化矿山生态修复模式、能源化矿山生态修复模式、资源化与能源化耦合的矿山生态修复模式的含义和优势；第3章介绍构建资源化矿山生态修复模式的体系框架、具体内容，进行效益评价和产业发展前景分析；第4章提出能源化矿山生态修复模式的体系框架、具体内容、综合效益和产业发展前景；第5章介绍资源化与能源化耦合的矿山生态修复模式的体系框架、组合方式、具体内容和应用模式；第6章以辽阳铁矿区生态修复与产业规划为例，阐述如何应用创新型模式指导矿山生态修复和产业发展；第7章以抚顺煤矿区生态治理为案例，从问题分析、生态修复、产业发展等方面，阐述资源化与能源化耦合的矿山生态修复模式的具体应用路径；第8章以鞍山铁矿区为案例，阐述国家"双碳"战略背景下，资源化与能源化耦合的矿山生态修复模式在建设绿色矿山、发展矿山循环经济、打造矿山新能源产业基地和虚拟电厂、实现低碳发展路径等方面的具体应用方式，并提出了"双碳"目标下矿山生态修复的新理念、新方法和新路径。

本书提出的三种新型矿山生态修复模式系统阐述了由废弃矿山向绿水青山、金山银山转化的技术路径和价值路径；通过三种模式打造矿山循环经济产业、生态修复产业及新能源产业，实现由废弃矿山到绿水青山再到"金山银山"的转变，重塑矿山生态环境，让废弃矿山区域绿起来、美起来、富起来，为矿业城市践行"两山论"提供理论、技术和方案的有力支撑。

谨以此书的出版发行献给从事矿山修复研究的仁人志士，以期能够引起社会各界对矿山环境保护的关注和践行"两山论"的思考，从而更加珍惜地球有限的矿产资源，合理开发、有序利用，深入贯彻落实生态文明建设，为建设人与自然和谐共生的中国式现代化贡献一份力量。

我们深知自身学识和水平有限，文献阅读和深入思考不够，实践调查研究和数据收集整理不够，书中难免存在不足之处，敬请广大读者批评指正。

郗凤明

2023 年 1 月

目　　录

第 1 章 矿山生态修复发展进程

矿产资源是地球赋予人类的宝贵财富，是维持人类生产、生活的重要物质基础，是维系人类生存、推动经济发展和社会进步不可或缺的重要保障（张兴辽，2008）。在 20 世纪 50～60 年代，全球都以重工业优先发展为主要战略，造成大量的矿产资源无序开采，结果导致矿产资源迅速减少甚至枯竭，直至地球上出现了越来越多的"灰色棕地"，越来越多难以治愈的"地球伤疤"，才逐渐唤醒人们对地球环境的修复治理意识。统计数据显示，目前全世界大约有 670 亿 m^2 的矿山废弃地（王林等，2013），其中有一半面积为矿山抛荒地和露天采矿活动破坏的土地。我国矿产资源的开采活动历史悠久，在国民经济中起着重要的作用，然而由于矿产资源的过度开发利用，在开采、冶炼、加工等生产环节中都对生态环境造成严重的威胁。自然资源部中国地质调查局调查资料显示，截至 2016 年底，全国 31 个省（自治区、直辖市）共圈定矿山开发占地面积 290.72 万 hm^2，约占全国陆域面积的 0.31%。目前，已治理恢复面积仅为 13.50 万 hm^2，占总开发占地面积的 4.6%。因此，无论是维护自然生态平衡，还是基于国家生态文明建设的政策要求，以及满足人民日益增长的美好生活需要对生态环境质量的要求，我国矿山生态修复工作都势在必行。

1.1 矿山生态修复背景

1.1.1 政策背景

随着矿山生态环境问题的日益突出，矿山废弃地生态环境治理的理论研究与技术实践渐渐引起人们的关注。从矿山生态修复制度建立与演变的历史进程上看，我国矿山废弃地生态修复治理经历了从无到有并日趋完善的过程；从政策法规的变化上看，我国矿山废弃地生态修复政策不断完善，逐渐走上制度化、法治化与规范化管理的新阶段。追溯历史，我国矿山修复的政策发展大致分为三个阶段：萌芽阶段、发展阶段和逐步完善阶段。直至今日，关于矿山生态修复的相关法规、政策和制度仍有欠缺与不足之处，仍需不断修改完善，矿山生态修复/复垦工作任重而道远。

1. 土地复垦萌芽阶段: 1989 年以前

我国土地复垦工作其实早在 20 世纪 50~60 年代就已出现（周小燕, 2014），那个时候土地复垦这个概念已经萌芽，但受限于当时的社会与经济发展滞后影响，一直没有形成规模化发展，当时对于土地复垦的理解也与现在有所偏差，直到 1986 年《中华人民共和国矿产资源法》的颁布，为矿产资源开采的合法、合理化提出了明确的规定，矿产资源开采开始走上法治化道路，同时矿山土地的复垦工作也逐渐被重视起来。同年颁布的《中华人民共和国土地管理法》进一步明确了土地对于经济与社会发展的重要性。在土地复垦萌芽阶段颁布的政策法规共 3 部，具体如表 1-1 所示。

表 1-1 土地复垦萌芽阶段的政策法规

序号	政策名称	颁发部门	颁发时间
1	《中华人民共和国矿产资源法》	全国人民代表大会常务委员会	1986 年 3 月
2	《中华人民共和国土地管理法》	全国人民代表大会常务委员会	1986 年 6 月
3	《中华人民共和国水法》	全国人民代表大会常务委员会	1988 年 1 月

2. 土地复垦发展阶段: 1989~2011 年

土地复垦工作真正意义上的起源，可以说是 1989 年 1 月开始实施的《土地复垦规定》，标志着我国的土地复垦工作正式走上法治化的道路，这是我国土地复垦发展历程中的一个重要里程碑（卞正富, 2005）。在该规定中也首次明确了土地复垦的含义，以及"谁破坏，谁复垦"的根本原则，对土地复垦责任主体有了较明确的规定，也提出了"在生产建设过程中破坏的土地，也可以由其他企业与个人承包进行复垦"。在这一阶段里，虽然已经有《土地复垦规定》作为全国土地复垦工作的法律依据，但是由于当时社会观念落后，人们沉浸于资源开采的巨大红利中，大规模的土地复垦工作并没有因此而开展，仅仅出现一些地方试点工程。直到 1991 年 7 月，国家土地管理局牵头在江苏、山东、陕西、辽宁、山西、河南、湖北、安徽、河北等省份开展了土地复垦试点工作，1994 年，在铜山、淮北、唐山先后创建了 3 个国家级复垦示范工程，经过不断地探索与发展，土地复垦工作才得以初见成效。在十多年的时间里，我国矿区土地的复垦率从原先的 5%提升到 10%（张绍良等, 1999），昭示了全国土地复垦工作的艰难发展阶段。在政策法规建立方面，为积极促进矿山土地复垦工作，1989~2011 年，我国先后颁布了 20 余部法律法规，具体如表 1-2 所示。

表 1-2　土地复垦发展阶段的政策法规

序号	政策名称	颁发部门	颁发时间
1	《中华人民共和国土地管理法》	全国人民代表大会常务委员会	1986 年 6 月
2	《土地复垦规定》(国发〔1988〕19 号)	国务院	1988 年 11 月
3	《中华人民共和国环境保护法》	全国人民代表大会常务委员会	1989 年 12 月
4	《中华人民共和国水土保持法》	全国人民代表大会常务委员会	1991 年 6 月
5	《关于印发〈矿产资源规划管理暂行办法〉的通知》(国土资发〔1999〕356 号)	国土资源部	1999 年 10 月
6	《关于印发〈农业综合开发土地复垦项目管理暂行办法〉的通知》(国土资发〔2000〕414 号)	国土资源部	2000 年 12 月
7	《国务院关于全面整顿和规范矿产资源开发秩序的通知》(国发〔2005〕28 号)	国务院	2005 年 8 月
8	《关于发布〈矿山生态环境保护与污染防治技术政策〉的通知》(环发〔2005〕109 号)	国家环保总局、国土资源部、卫生部	2005 年 9 月
9	《关于加强国家矿山公园建设的通知》(国土资厅发〔2006〕5 号)	国土资源部办公厅	2006 年 1 月
10	《财政部 国土资源部 环保总局关于逐步建立矿山环境治理和生态恢复责任机制的指导意见》(财建〔2006〕215 号)	财政部、国土资源部、环保总局	2006 年 2 月
11	《关于加强生产建设项目土地复垦管理工作的通知》(国土资发〔2006〕225 号)	国土资源部、发展改革委、财政部、铁道部、交通部、水利部、环保局	2006 年 9 月
12	《关于组织土地复垦方案编报和审查有关问题的通知》(国土资发〔2007〕81 号)	国土资源部	2007 年 4 月
13	《关于开展生态补偿试点工作的指导意见》(环发〔2007〕130 号)	国家环保总局	2007 年 8 月
14	《国务院关于促进资源型城市可持续发展的若干意见》(国发〔2007〕38 号)	国务院	2007 年 12 月
15	《全国土地利用总体规划纲要 (2006～2020 年)》	国务院	2008 年 8 月
16	《全国矿产资源规划 (2008～2015 年)》	国土资源部	2008 年 12 月
17	《矿山地质环境保护规定》	国土资源部	2009 年 3 月
18	《国土资源部关于贯彻落实全国矿产资源规划发展绿色矿业建设绿色矿山工作的指导意见》(国土资发〔2010〕119 号)	国土资源部	2010 年 8 月
19	《国务院关于印发全国主体功能区规划的通知》(国发〔2010〕46 号)	国务院	2010 年 12 月

3. 矿山生态修复逐步完善阶段：2011 年以后

2011 年 3 月，国务院发布了《土地复垦条例》，进一步明确了土地复垦的目标及原则，初步建立了土地复垦激励措施，《土地复垦条例》在《土地复垦规定》的基础上进一步完善，对《土地复垦规定》的一些不再适应市场经济要求的条款进行了修改，标志着我国土地复垦事业迈入了法治化、规范化和制度化管理的新阶段，是我国土地复垦法治化建设的又一个里程碑。2013 年 7 月，环境保护部发布《矿山生态环境保护与恢复治理技术规范（试行）》，2016 年 7 月，国土资源部、工业和信息化部、财政部、环境保护部、国家能源局联合发布《关于加强矿山地质环境恢复和综合治理的指导意见》，科学地指导矿产资源勘查与采选过程中排岩场、露天采场、尾矿库、矿区专用道路、矿山工业场地、沉陷区、矸石场、矿山污染场地等矿区生态环境保护与恢复治理。2017 年，党的十九大报告将建设生态文明上升到关系中华民族永续发展的千年大计的高度，首次把美丽中国建设作为新时代中国特色社会主义强国建设的重要目标。2021 年，《财政部办公厅 自然资源部办公厅 生态环境部办公厅关于组织申报中央财政支持山水林田湖草沙一体化保护和修复工程项目的通知》发布，拟支持地方开展山水林田湖草沙一体化保护和修复工程。同年 12 月，财政部办公厅、自然资源部办公厅发布《关于支持开展历史遗留废弃矿山生态修复示范工程的通知》，决定支持开展历史遗留废弃矿山生态修复示范工程。

在此期间，我国已颁布矿山生态修复/复垦相关法律法规和政策文件共计 12 部（表 1-3），涉及矿山中的环境修复、污染治理、植被恢复、矿山经营管理、矿山固体废弃物利用、历史遗留矿山整治、山水林田湖草沙生态系统一体化保护修复等各个方面，目的就是实现矿山的绿色、低碳发展，最终恢复矿山本来面目，实现"绿水青山就是金山银山"的重要目标。随着矿山生态修复法律法规政策的日臻完善和经营管理机制的不断创新，我国矿山废弃地生态环境的全面修复治理将翻开新的一页。

表 1-3　矿山生态修复逐步完善阶段的政策法规

序号	政策名称	颁发部门	颁发时间
1	《土地复垦条例》	国务院	2011 年 3 月
2	《全国土地整治规划（2011～2015 年）》	国土资源部	2012 年 3 月
3	《土地复垦条例实施办法》	国土资源部	2012 年 12 月
4	《土地复垦质量控制标准》	国土资源部	2013 年 1 月
5	《矿山生态环境保护与恢复治理技术规范（试行）》	环境保护部	2013 年 7 月
6	《国务院关于印发全国资源型城市可持续发展规划（2013～2020 年）的通知》（国发〔2013〕45 号）	国务院	2013 年 12 月

续表

序号	政策名称	颁发部门	颁发时间
7	《节约集约利用土地规定》	国土资源部	2014 年 5 月
8	《中共中央 国务院关于加快推进生态文明建设的意见》	国务院	2015 年 4 月
9	《关于推进山水林田湖生态保护修复工作的通知》(财建〔2016〕725 号)	财政部、国土资源部、环境保护部	2016 年 9 月
10	《国土资源部 工业和信息化部 财政部环境保护部 国家能源局 关于加强矿山地质环境恢复和综合治理的指导意见》(国土资发〔2016〕63 号)	国土资源部、工业和信息化部、财政部、环境保护部、国家能源局	2016 年 7 月
11	《财政部办公厅 自然资源部办公厅 生态环境部办公厅关于组织申报中央财政支持山水林田湖草沙一体化保护和修复工程项目的通知》(财办资环〔2021〕8 号)	财政部办公厅、自然资源部办公厅、生态环境部办公厅	2021 年 2 月
12	《关于支持开展历史遗留废弃矿山生态修复示范工程的通知》(财办资环〔2021〕65 号)	财政部办公厅、自然资源部办公厅	2021 年 12 月

1.1.2　社会经济背景

矿产资源开发似乎总是难以逃脱"开采—发展—萎缩—枯竭"宿命。由于长期依赖资源的开采,忽视产业的多元化发展和技术的创新,加上环境污染,矿山地区不可避免地走向生态恶化、资源枯竭甚至衰亡。在经济快速发展的今天,任何经济活动都可能导致生态平衡的破坏,所以在进行环境生态修复的过程中,必须要考虑到发展的可持续性——坚持人与自然协调发展。在追求今世的经济发展与消费时,应当尽快发展经济,满足人类日益增长的基本需要,但经济发展又不能超出生态环境的承载力;在经济发展的同时,注重保护资源和改善环境;在矿产资源开发特别是不可再生资源的开采及利用上,不仅要考虑到现在,而且要考虑到将来,必须实现能源利用的可持续发展。

根据国务院《矿产资源开采登记管理办法》,采矿许可证有效期按照矿山建设规模确定:大型以上矿山开采有效期最长为 30 年;中型矿山开采有效期最长为 20 年;小型矿山开采有效期最长为 10 年。大部分矿山经过短短几十年的开采活动后,开始逐渐受到资源枯竭的威胁。矿产资源作为不可再生资源,在开发各类矿山时只考虑资源的开采,而忽略矿山地区生态环境和经济社会发展,矿山开采活动结束后,必然导致诸多问题的出现。矿产资源开发区域面临着复杂多样的困境(蒋皓等,2004),主要表现在以下几个方面。

1. 产业结构单一

采矿地区的发展主要是由矿产资源开发而兴起的。长期以来,这些地区大都定位于国家矿产资源原材料基地进行经济发展,对资源粗放式开采和利用,并没有通过技术进步及产业升级改造等其他方式对资源产业进行纵向和纵深发展,进而扩展矿山配套其他产业链。在矿产资源日渐萎缩的同时,这些矿山地区一直忽视其他产业的发展,没有及时形成新的支柱和替代产业。这些原因使得这些地区对矿产资源产业具有极强的依赖性,形成了单一的产业结构。一旦区域矿产资源枯竭,将会对地区产业发展造成不可逆转的冲击,进而影响地区经济社会发展。

2. 经济发展滞后

采矿地区的经济发展完全依赖于矿产企业,在依托矿产资源企业发展过程中,受旧的计划经济体制、国家宏观政策等因素的影响,早期普遍存在着企业管理矿山、企业"占山为王"等不正常现象。由于采矿企业在建矿初期就承担建设矿区职能,还不同程度地承担了教育、养老、住房等其他许多社会职能,厂办大集体的现象比较普遍,自身负担比较重。同时,由于基础设施建设缺乏,采矿地区各方面的发展也都比较滞后,存在着基础条件落后、社会服务能力薄弱、环境污染严重等问题。

3. 居民就业压力大

如果受国家矿业市场需求变化和企业供求关系改变、企业减员增效、资源枯竭等原因影响,建设市场出现萎靡状态,矿产资源需求出现大幅度萎缩,企业经济效益日渐下滑,不得不采取裁员措施,一系列因素导致矿产企业下岗失业人员剧增。由于矿山地区经济结构单一,一旦出现矿产资源枯竭,矿山地区产业经济支柱倒塌,新的替代产业也尚未形成,这些矿山地区现有的市场条件有限,就业市场所能提供的新岗位十分稀缺,矿企职工下岗后想要再就业极其困难,就业压力持续升高,直接影响矿企职工生活。

1.1.3 生态环境背景

根据不完全统计,我国大部分地区都有矿产资源,矿业开采历史悠久,采矿行业的发展为国家作出了巨大贡献。矿产资源勘察、设计、开采、加工、运输等生产环节引发的生态破坏、环境污染、高能耗、高碳排放、次生地质灾害等问题逐渐显现出来，这些问题严重影响区域的可持续发展能力，成为影响区域发展的重要制约因素。

1.1.3.1　生态破坏

1. 土地资源占用

矿山开采过程中，不可避免会占用并破坏大量土地。矿体开采和矿企基础设施的建设需要占用一定面积的土地，同时生产运行期间产生的废弃土石和尾矿均要占压大量土地，在矿山开采结束后，这些土地都遭到不同程度的破坏，如不加以整理修复，土地资源就只能闲置。另外，某些矿产资源在地下开采过程中，采空区面积不断扩大，开采结束后，部分地区地表塌陷，致使大面积良田被破坏，该部分土地无法用于耕作。如果矿山地区为丘陵地带，矿山开采的影响会使山区裸岩面积不断增加，无法进行土地利用。采矿区域容易形成山洪和泥石流易发区，坡底的村庄也必须搬迁以防地质风险的发生，造成了土地资源的浪费（图 1-1）。

图 1-1　矿山土地资源占用

2. 植被土壤破坏

采矿破坏植被和土壤，进而对生态系统产生了较大的干扰。首先从视觉上，采矿作业使曾经的绿树、草场不复存在，代之以裸露的泥土和废岩石。其次，植被具有防风固沙、保持水土的功能，特别是在干旱的生态敏感区域表现尤为明显，然而采矿作业使植被消失，进而加重了水土流失。最后，矿业开采对植被产生破坏，进而对生态系统产生影响，使自然生境退化，动植物栖息地和生物多样性减少，大气和水源的净化能力降低。一般来说，矿山废弃地即便在闭矿后得到及时的治理与修复，被破坏的自然生态系统在相当长的时间内也很难恢复到以前的状态。

　　矿山开采对土地资源的损毁更为直接和醒目。第一，露天开采占用大量土地资源。露天采矿作业形成了巨大的采掘场地、体量庞大的排岩场和尾矿库，以及大面积采矿附属设施用地。第二，井下开采易对农田生态系统造成破坏。井下开采在地表形成的土地塌陷地裂缝和沟壑，使大量农田塌陷积水，或沙化、盐渍化，导致土壤中的有机养分下降，农田生产力下降，原有的耕作条件遭到破坏，最终导致土地荒芜退化。第三，采矿对生态系统稳定性的影响较大。矿山开采使土壤结构和土壤养分发生重大改变，土壤各项指标不断恶化，有机质含量较低，氮、磷等植物所需的养分缺乏，生态系统受损后稳定性和抗逆能力减弱（图 1-2）。

图 1-2　矿山植被与土地被破坏

3. 景观破碎化

　　在长时间的开采作业过程中，矿区的景观格局变化受到诸多因素的影响，如微气候、地形地貌、土壤植被类型等自然要素影响，以及采矿作业形式、基础设施建设、居民生产生活等人为干扰作用。景观破碎化是景观由简单趋向复杂，即景观由单一、均质和连续的整体趋向于复杂、异质和不连续的斑块镶嵌体的过程，与景观格局、功能与过程密切联系（王宪礼等，1996）。采矿等人类干扰活动的影响日益显著使矿区景观破碎化逐渐严重，导致斑块的类型、数量不断增加而单一斑块的面积逐渐缩小，斑块形状趋于不规则，内部生境面积缩小，使原有的景观分化成不同类型景观斑块镶嵌分布（王兰霞等，2014）。受采矿活动的影响，原本完整的斑块被分割为采矿区、尾矿库、排岩场等众多碎小斑块，各个斑块之间的连通度下降，致使景观破碎化程度增大。同时矿山企业为便于原矿和废弃岩石的运输，在各个景观斑块之间修建了大量的运输道路，原有的景观被分割为大量破碎斑块，景观的完整性遭受破坏，原有景观在空间上不连续性，对矿区景观格局产生了极大的破坏和影响（图 1-3）。

图 1-3　矿山景观破碎化

4. 生物多样性降低

采矿作业严重影响了矿区动植物的种群、群落、物种和生境，致使矿区生态平衡遭到破坏。采矿作业形成的道路阻隔了生物群落的生殖交流，因此不可避免地产生遗传漂变。这些变化直接影响物种的遗传进化，致使种群数量和质量下降，加速物种的灭绝。由于矿山开采改变了土壤生态系统的物质迁移、转化条件和途径，间接影响了生物地球化学循环，适宜植物生长的生态因子发生变化，进而影响地上植物群落的物种组成和结构。采矿作业带来的地面沉降、土壤退化和水体污染使水生物资源系统遭到破坏，一些物种变异或灭绝。采矿作业时对土地的扰动、机器的轰鸣、爆破的震动，导致动物和鸟类因受惊或生境改变而逃离，植物和微生物因人为破坏或无法抵抗极端生境而繁殖能力降低或死亡。原本完整的生境由于采矿活动而变得支离破碎，物种的适宜生境越来越小，生存压力和灭绝风险不断加剧。如山西轩岗煤矿矸石山的野外调查表明，排矸 8 年后物种由原来的 7 科 32 种降至 4 科 6 种，30 年后只恢复到 6 科 22 种（张建彪等，2008）。

5. 生态系统服务功能丧失

矿产资源开发过程中，项目建设、开采挖掘等各项目建设、生产活动会对自然生态系统造成巨大的影响。在矿产开发、运输道路修建、工业场地及其附属设施的建设过程中，会占用各类生态系统的生存空间，减少生态系统覆盖面积，改变生态系统类型。在矿产资源开发用地完成服役后，这些用地早已失去服务功能，最终转化为矿山废弃地。矿山废弃地破坏之前的自然生态系统，致其在防风固沙、水土保持、碳吸收、环境保护、污染净化等方面的生态系统服务受到损害。在有些情况下，用地性质的改变，可能导致自然生态系统彻底改变为厂矿用地，失去其他使用性质，使其生态系统服务降低甚至彻底丧失（郭美楠，2014）。

1.1.3.2 环境污染

1. 土壤污染

部分矿山开采后会产生大量的重金属物质，渗透到土壤中，造成土壤污染，致使植被无法生存，更严重地影响土地的再次利用。部分露天堆放的废石、尾矿中含有大量重金属物质，对土壤及植被也产生巨大污染与危害，严重影响区域生态环境。其中，毒性较大的重金属是 Cd、Pb 和 Hg 等，它们不但不能被生物降解，相反却能被一些特定植物吸收，在生物放大作用下，大量富集，沿食物链移动。重金属元素一旦进入土壤，将首先影响土壤微生物的生长繁殖及新陈代谢过程，还将影响土壤的生化过程及其生物酶的活性。土壤中的重金属元素通过富集作用使生物的生理生化受阻，生长发育停滞，甚至死亡。矿产资源开发导致土壤污染的案例不少，如贵州省德江县蓝子湾煤矿矿坑水污染农田，甘肃省白银铜矿露天矿区采矿场南侧和西侧的矿渣堆积污染水土等。

2. 大气污染和温室效应

矿山开采活动频繁，矿区排放的大量废水、废渣直接或间接形成扬尘，污染空气。开采过程中产生的大量有害气体排放到空气中，造成大气污染。矿产资源企业生产活动中排放的二氧化碳、氧化亚氮、甲烷、氢氟碳化物、全氟碳化物等温室气体可以加剧温室效应。煤矿开采过程中产生的煤矸石，其风化氧化还会释放出大量 H_2S、CO、N_2O、烟气等有毒有害气体，不仅导致矿区空气环境质量恶化，还会改变区域大气的组成成分，尤其是排放的 N_2O 和 SO_2 及其产生的气溶胶，因散射太阳辐射，影响区域的热量收支平衡，所以这些气体的长期大量排放不可避免地对区域大气质量和微气候产生影响。另外，煤矿矿井中产生的煤层瓦斯气的主要成分是重要的温室气体甲烷（CH_4），其增温效应是 CO_2 的 21 倍。据统计，我国每年煤矿矿井开采排放甲烷 70 亿~90 亿 m^3，约占世界甲烷总排放量的三分之一（张建彪等，2008），这是煤矿开发加剧温室效应的一个不可忽视的因素。

3. 地下水污染和疏干

由于矿山废弃地的土壤具有众多不良的理化性质，尤其是重金属含量过高，而重金属在土壤系统中的污染过程又具有隐蔽性、长期性和不可逆性，因此常给周边地区地下水环境造成重大的影响。矿山采矿堆积的废石和尾矿在雨水淋滤过程中，其中的污染物下渗进入地下含水层，会造成地下水的污染，废弃的坑道也可能成为地下水污染的通道（赵方莹，2008）。尾矿中残留的选矿药剂和含有的重金属离子（如砷[①]、汞等污染物质），会随淋溶水流入附近河流或渗入地下，严重污染河流及地下水源。我国因尾矿造成的直接污染面积已达百万亩（1 亩≈667m^2），间接污染面积 1000 余万亩（朱胜元，2002）。

矿山开采活动的疏干排水及废水废渣排放导致区域性地下水位大幅度下降，造成地下水疏干漏斗，破坏了整个地下水均衡系统，使水资源短缺，泉水干枯。水环境发生变异甚至恶化，水资源逐步枯竭，河水断流，地表水入渗或经塌陷区灌入地下，影响了矿山地区的生态环境。沿海地区的一些矿山因疏干漏斗不断发展，当其边界达到海水面时，易引起海水倒灌入侵现象。矿产资源开发污染地下水的案例很多，如贵州省黔南布依族苗族自治州荔波县更班煤矿矿区抽水引起泉水干枯，黑龙江省黑河市七道沟金矿开采破坏河道，湖南省湘西土家族苗族自治州花垣县东方锰业公司冶炼废水严重污染地下水，山西省临汾市霍州矿井水污染汾河等。

1.1.3.3　地质灾害

1. 地表塌陷

矿山地质灾害严重威胁着工农业生产，并给生态环境带来严重威胁，会造成人员伤亡、财产损失和资源破坏。矿业开发强烈影响和改变着矿区地质环境条件。矿山开采经常会出现地表塌陷、开裂、沉降现象。矿石采出后，原岩应力平衡遭到破坏，使围岩发生变形、位移、开裂和塌落，甚至产生大面积移动。随着采空区不断扩大，岩石移动范围也相应扩大。当岩石移动到地表时，地表将产生变形和移动，形成下沉盆地或塌陷坑，局部出现断层和裂缝（图 1-4）。

图 1-4　地表塌陷与裂缝

---

① 砷（As），非金属元素，鉴于其化合物具有金属性，本书将其归入重金属一并统计。

如山西省临汾市浮山晋峰明铁矿露采场山体滑坡和地面塌陷等；山西省孝义市西辛庄西泉村采煤引起地面塌陷；湖南省浏阳市七宝山硫铁矿因矿坑突水引发90余处地面塌陷坑，造成135户民房开裂、350亩农田不能耕作；山西省沁水县加丰镇永安村采煤造成地裂缝；山西新泰华丰煤矿良父村采煤形成开裂（宽6m）、不稳定边坡等，以及固体废弃物堆积引起崩塌等（李悦，2010）。

2. 水土流失

矿山废弃地会改变原有的地形地貌，使原本植被覆盖率不高的生态景观和原有植被在露天采掘后被破坏殆尽，变成人为的次生裸地，若遇到中强度降水将会造成局部地段大量水土流失。露天采矿剥离矿体覆盖层，彻底清除了地表植被和土壤，使地表裸露，同时排岩场岩石堆形成松散的堆积体，受降水渗入的影响及矿渣自然沉降、人为活动共同作用，可能会加剧水土流失，对生态造成严重的影响。矿山开采产生的固体废弃物主要包括废石和煤矿开采产生的煤矸石以及尾矿。废石、煤矸石大多无序地堆积在矿山附近沟谷中，是泥石流发生的重要隐患。矿物洗选工艺中产生的尾矿均露天堆积在尾矿库中，如果尾矿库的选址和修筑未达到要求，易引发滑坡、溃坝、泥石流等次生地质灾害（武雄等，2008）。矿山地表坡度的改变，破坏了地表物质的平衡临界状态，容易出现裂隙、滑动，继而极易出现大面积的山体滑坡，造成严重的环境破坏，威胁下游居民的生命财产安全。如山西兴县马圆圙煤矿采空区塌陷引起崩塌、泥（渣）石流，河南义马煤业集团公司跃进煤矿矸石山发生坍塌，产生地质灾害风险（图1-5）。

图1-5　山体滑坡和溃坝等地质灾害

1.2　我国矿山废弃地现状

矿山废弃物不仅破坏和占用大量的土地资源，还使我国人多地少的矛盾日益加剧。矿产废弃物的排放和堆存也带来一系列影响深远的环境问题。《全国矿产资源规划（2016~2020 年）》中的数据显示，我国长年积累的矿山环境问题突出，采矿累计占用、损毁土地超过 375 万 hm^2。我国矿山废弃地总体情况不容乐观，废弃地土层破坏较严重，有机质含量较低，土壤贫瘠，保水保墒能力差。矿山开采导致植被无法自然恢复，生物种类及数量大量减少，生态系统严重破坏（郭军等，2008；夏汉平等，2002）。加快转变资源开发利用方式，推动矿业绿色低碳循环发展的任务十分繁重。本小节主要从矿山废弃地分类、我国矿山占地情况和我国矿山修复治理情况三个方面来论述我国矿山废弃地的现状，阐明我国矿山废弃地目前出现的种种亟待解决的问题。

1.2.1　矿山废弃地分类

矿山废弃地是指在矿区开采的一系列活动中，所形成的露天矿场、地下矿洞、矸石山、尾矿库和地表大量塌陷等的区域，因破坏和污染等失去了土地原有的利用价值，只能被弃置（钟爽，2005）。这些因采矿活动对土地造成破坏或侵占，使该区域的土地在未修复的情况下无法继续使用，失去使用功能而变成的废弃土地，统称为矿山废弃地。矿山废弃地产生的最初原因是大规模的工业化生产及矿山无序开采对土地造成污染和破坏，致使土地失去了其原有的生态功能（张军，2017）。由于矿产资源开发所使用的开采工艺、技术流程、开发程度和矿产类型、土地利用类型等差异，所造成的土地破坏类型也不尽相同。从土地利用类型方面划分，矿产资源开发导致的废弃土地具体可分为以下几类。

1. 采矿废弃地

采矿废弃地是矿山开采结束后留下的采空区和塌陷区所形成的地表凹陷区域，是高强度采矿活动破坏或占用后无法利用的土地（图 1-6）。在矿产开采前，生态系统处于稳定状态，生物与生物之间、生物与环境之间彼此作用，互相依存，生态系统内部能够实现自我组织、自我调整，从而使其生产功能和保护功能处于正常状态（高怀军，2015）。而矿产开采后，生态系统遭到破坏性改变，物种的适应能力和生态系统的调节能力无法维持生态系统的稳定性。采矿废弃地是曾经进行矿产资源采掘的场所，是矿业用地的主要组成部分，其特点是占地面积较大，所产生的土壤破坏与地质环境影响较大。根据开采形式的不同，采矿区可为露天开采区和井下开采区两种类型，在矿山生态修复时应分别对其采用不同的修复技术。露天开采侵占大量土地，对地表土壤和植被造成极大破坏，大面积的采矿作业，导致土地资源和植被资源无法被利用，只能闲置。大面积的采矿作业用地被开采利用后，时有矿坑地表裸露，加剧地表水土流失等现象发生。地下开采作业挖掘地表以下岩层，采矿作业后遗留不同程度的采空区，会出现岩层地质塌陷等现象。无论是露天开采还是井下开采，都会对矿山环境造成不同程度的破坏，严重影响矿山地表、地下地质环境与整体景观生态，亟须采取措施进行生态修复。

图 1-6　采矿废弃地

2. 废石堆积地

废石堆积地是矿山中的排土场，又称排岩场、废石场，是矿山开采过程中用于集中存放剥离的舍岩、废石、残土等废弃物的场所（图 1-7）。废石堆积地是由剥离表土、开采的岩石碎块、煤矸石和低品位矿石所堆积而成的地表凸出区域，在地表形成山丘样地形。在采矿过程中，从井下或露天采矿场采出的或混入矿石中的矸石（废石）因无法进行提炼而被废弃，这些没有用途的废石需要特定场地进行堆置，这种堆放废石的场地被称为废石堆积地，也被称为"矸石场"。由于矸石场对于场地面积需求较大，且矸石的处置难度更大，只能弃置，故该场地的生态恢复治理也相对困难。目前，针对矸石场的生态恢复和治理工作已经成为各大矿企环保工作的重点内容，矸石场是采矿企业在采矿中和采矿后需要重点治理的对象（温玉强等，2019）。排土场内存有大量的废石和残土，堆放在矿区，不仅占用大面积的土地资源，且由于排土场缺乏修筑护坡等保护措施和必要的管理维护措施，极容易造成废石滑坡、山体坍塌等地质灾害，对周边道路与居民产生威胁，必须采取措施对其进行生态修复。

图 1-7　废石堆积地

3. 尾矿废弃地

尾矿废弃地是通过筑坝拦截或围地构成的、用以储存金属或非金属矿山尾矿或其他工业废渣的场所（陈聪聪等，2019；柴建设等，2011），通常称为尾矿库（图 1-8）。由于部分尾矿或废渣粒度较小（如铁尾矿），露天储存时极易形成粉尘被风刮走，为确保尾矿湿度，尾矿库中大多含有水分，故尾矿通常以泥浆形式存在。尾矿废弃地的形成是在矿石开采过程中，选矿厂将矿山企业开采出来的矿石进行粉碎处理，过滤掉有用的矿物成分后剩下的矿渣一般以浆体的形式堆积，日积月累形成尾矿库（李鸿江等，2007）。尾矿中往往含有可作其他用途的成分，但目前仅一小部分尾矿得到综合利用，绝大部分尾矿长时间堆积，没有得到利用。目前，在所有类型的矿山废弃地中，尾矿库对生态环境危害是最大的，尾矿库一旦溃坝，不仅会产生滑坡、崩塌以及泥石流等严重的次生地质灾害，也会对矿山区域的大气、水和土壤产生不同程度的污染（陈永亮，2012）。国内很多矿区开采时间很长，如鞍钢的大孤山矿已经开采了近百年，由于早年选矿技术的限制，尾矿库中存在着大量可二次提取的铁尾矿。铁尾矿中含有大量的伴生组分，如铜、锌、铅等，这些元素并没有得到有效提取，而是直接被排放到尾矿库中。尾矿中的部分金属成分对土壤和水资源都会产生一定程度的污染，对当地的生态系统造成威胁。

4. 工业废弃地

工业废弃地是指采矿工作进行时形成的作业面、机械设施、矿石辅助建筑和道路交通等先占用后废弃的土地（图 1-9）。在矿山开采过程中，原有工业场地是利用大型设备进行矿石筛选流程运作，并进行设备管理维护、工人生产生活活动所提供的综合场所，由矿山生产系统和辅助生产系统服务的地面建筑物、构筑物以及有关设施的场地组成。在矿山闭矿后，矿石开采活动结束，原有的机械设备与设施停止运作，原有场地建筑物与构筑物闲置，无法重新利用，矿山工业场地丧失了原有的功能，会被闲置甚至废弃，造成矿山建筑物与土地资源的浪费。

图 1-8　尾矿库

图 1-9　工业废弃地

1.2.2　我国矿山占地情况

我国矿产资源丰富，采矿历史由来已久，矿山开采活动致使土地资源被占用和破坏的现象早已普遍存在。2014 年，中国国土资源航空物探遥感中心通过遥感监测调查手段，在全国开展了矿山地质环境监测工作，除香港、澳门、台湾和上海外，共 30 个省（自治区、直辖市）存在矿山开发占地情况。此次监测工作共圈定矿山开发占地面积共计 220.4 万 hm² （杨金中等，2017），其中已恢复治理矿山面积仅为 8.69 万 hm²，占总用地面积的比例为 3.95%，可见国内的矿山恢复与治理工作仍然艰巨。截至 2014 年，矿山开发占地面积情况见表 1-4。

表 1-4　2014 年度矿山开发占地面积统计表

单位：hm^2

省（自治区、直辖市）	采矿占地	废石、尾矿堆积占地	工业生产占地	恢复治理区	占地面积总计
北京	4906.57	1449.78	182.21	1415.73	7954.29
天津	2453.66	5.45	74.02	203.20	2736.33
河北	111387.91	44460.83	2267.91	2547.38	160664.03
山西	415639.15	32002.57	1191.88	8310.13	457143.73
内蒙古	237659.44	3172.01	47996.75	17642.89	306471.09
辽宁	89241.45	25655.08	1029.21	6832.27	122758.01
吉林	16963.33	2758.41	912.54	1336.74	21971.02
黑龙江	82004.74	7197.53	1222.32	2805.65	93230.24
江苏	30034.61	219.96	1084.06	3758.19	35096.82
浙江	19413.57	302.04	314.05	241.70	20271.36
安徽	35746.54	23164.19	3872.56	632.93	63416.22
福建	6897.99	10266.08	409.50	491.94	18065.51
江西	27337.1	4961.42	2343.43	1789.43	36431.38
山东	170014.16	9516.51	5087.67	19170.39	203788.73
河南	33620.69	7310.76	1646.30	2450.27	45028.02
湖北	14371.69	3267.39	139.56	391.28	18169.92
湖南	30248.24	3103.86	860.78	2038.49	36251.37
广东	16144.42	9185.49	251.01	754.64	26335.56
广西	30873.03	5606.18	1366.11	934.76	38780.08
海南	5411.83	198.12	177.62	3874.09	9661.66
重庆	47002.42	626.87	796.26	604.26	49029.81
四川	14267.62	13094.75	768.20	1233.25	29363.82
贵州	16868.27	1298.64	81.00	182.81	18430.72
云南	21214.1	6912.96	1293.14	270.13	29690.33
西藏	7127.06	462.90	292.14	220.32	8102.42
陕西	43308.19	4203.88	895.70	1700.51	50108.28
甘肃	37382.87	10132.76	1492.89	1087.34	50095.86
青海	133099.13	13514.12	3757.63	209.26	150580.14

续表

省（自治区、直辖市）	采矿占地	废石、尾矿堆积占地	工业生产占地	恢复治理区	占地面积总计
宁夏	13613.34	10272.24	1736.27	3671.91	29293.76
新疆	50677.61	11703.91	2757.00	97.17	65235.69
合计	1764930.73	266026.69	86299.72	86899.06	2204156.20

资料来源：杨金中等，2017

通过表 1-4 中各个矿山开发占地类型面积统计数据可知，除矿山环境恢复治理区外，30 个省（自治区、直辖市）矿山开发占用与损毁的面积总量已达 211.73 万 hm²。其中，以矿产资源开采作业所遗留下来的采矿占地为主，面积为 176.49 万 hm²，占总用地面积的 80.07%，其余为废石、尾矿堆积占地和工业生产占地，所占比例较小，分别为 12.07% 和 3.92%。

从 30 个省（自治区、直辖市）的矿山占地情况统计结果可以看出，各省（自治区、直辖市）中矿山开发占地面积总量较大的依次为山西、内蒙古、山东、河北和青海五省（自治区），矿山占地积占用地总量的比例为 58.01%，其中煤矿大省山西因采矿所产生的矿山占地面积占用地总量的五分之一，但恢复治理面积占总用地面积的比例仅为 1.82%，低于我国平均水平，受资源枯竭与产业发展制约，山西省的矿山恢复治理工作仍然相对缓慢。

从各省市的矿山开发占地面积数据可以分析得出，由于矿产资源的分布不均，各区域禀赋差异，以及各省份资源开发利用的时间与跨度不同，我国矿产资源开发的地域特点表现为"西多东少"或"西强东弱"趋势（葛振华等，2019）。受地下矿藏分布和岩层走势影响，我国矿产资源分布不均衡，各地矿产资源开发利用的布局结构性特点明显。矿山开发占地大部分分布在华北、东北和西北地区，这些地区矿产资源较为丰富，采矿活动较多，占现有开发矿山的 50% 以上；其次为中部及西南地区，占全部矿山开发面积的近三分之一，福建、重庆、海南、西藏、北京，天津等省（自治区、直辖市）分布最少，占比不到 20%。我国矿产资源分布存在北多南少、西北多东南少的特点。

1.2.3　我国矿山修复治理情况

2016 年，《关于加强矿山地质环境恢复和综合治理的指导意见》中提到我国矿山恢复治理严峻的形势，数据截至 2015 年，中央和地方及企业已投入超过 900 亿元，治理矿山地质环境面积超过 80 万 hm²，一批资源枯竭型城市的矿山地质环境得到有效恢复。但总体上看，我国矿山地质环境恢复和综合治理仍不适应新形势要求，粗放开发方式对矿山地质环境造成的影响仍然严重，地面塌陷、土地损毁、植被和地形地貌景观破坏等一系列问题依然突出。主要目标是：到 2025 年，建立动态监测体系，全面掌握和监控全国矿山地质环境动态变化情况。建立矿业权人履行保护和治理恢复矿山地质环境法定义务的约束机制。矿山地质环境恢复和综合治理的责任全面落实，新建和生产矿山地质环境得到有效保护和及时治理，历史遗留问题综合治理取得显著成效。基本建成制度完善、责任明确、措施得当、管理到位的矿山地质环境恢复和综合治理工作体系，形成"不再欠新账，加快还旧账"的矿山地质环境恢复和综合治理的新局面。

根据中国国土资源航空物探遥感中心的调查数据（表 1-4），目前已恢复治理矿山面积约为 8.69 万 hm^2，仅占 3.95%，表明随着资源枯竭的趋势愈加明显，矿山恢复治理工作依然没有到位，进行相对缓慢。从各省（自治区、直辖市）矿山恢复治理面积上看，山东、内蒙古、山西、辽宁和海南的矿山生态恢复治理面积位居 30 个省（自治区、直辖市）前 5 位，其总和占全国恢复治理矿山开发占地的 63.41%，恢复治理面积最大的是山东，达 1.92 万 hm^2，西藏、青海、天津、贵州和新疆的矿山环境恢复治理面积分居全国后五位，各省（自治区、直辖市）占比均不足全国总量的 1%。为进一步明确 30 个省（自治区、直辖市）矿山恢复治理情况，根据全国矿山开发占地面积数据结果进行详细分析，统计 30 个省（自治区、直辖市）矿山恢复治理情况，以矿山环境恢复治理率（矿山环境恢复治理面积/矿山开发占用土地面积）进行统计，具体结果详见图 1-10。

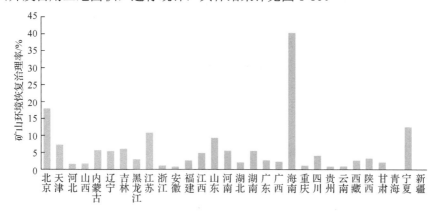

图 1-10 各省（自治区、直辖市）矿山环境恢复治理率对比图

从各省（自治区、直辖市）矿山环境恢复治理率对比分析可以看出，目前海南矿山环境恢复治理率为 40.10%，为各省（自治区、直辖市）中最高，并远远超过排名第二的北京（其恢复治理率为 17.80%），宁夏矿山环境恢复治理率稍逊于北京，为 12.53%，位居第三。各省（自治区、直辖市）矿山环境恢复治理程度较低的是青海和新疆，其恢复治理率分别为 0.14% 和 0.15%。受地质环境和经济发

展等因素限制，全国各省（自治区、直辖市）矿山环境恢复治理率存在很大差异，特别是以采矿经济为主导产业的省份，矿山恢复治理与经济发展所产生的矛盾是矿山环境难以恢复的主要原因。

随着全国矿山开发占地面积连续增加，部分矿产开发集中区内土地资源的利用缺乏系统的规划，废石、废渣就近堆放，土地资源滥用、浪费现象严重。然而，矿山环境恢复治理工作进展缓慢，矿山环境恢复治理速度仍远远小于矿山开发占地增加的速度。近年来，国家一直采取各项鼓励政策与措施，致力于积极推进矿山环境恢复治理工作。国土资源部在《全国矿产资源规划（2016～2020 年）》中提出矿山环境恢复治理的明确要求，以 2015 年为基准年，2020 年为目标年，加快推进闭坑矿山、废弃矿山、政策性关闭矿山和国有老矿山等历史遗留矿山地质环境问题治理，改善矿区及周边地区生态环境，完成治理恢复面积 50 万 hm^2。2021 年 2 月，《财政部办公厅 自然资源部办公厅 生态环境部办公厅关于组织申报中央财政支持山水林田湖草沙一体化保护和修复工程项目的通知》（财办资环〔2021〕8 号）发布，拟支持地方开展山水林田湖草沙一体化保护和修复工程，突出对国家重大战略的生态支撑，着力提升生态系统质量和稳定性。2021 年 12 月，财政部办公厅和自然资源部办公厅发布《关于支持开展历史遗留废弃矿山生态修复示范工程的通知》（财办资环〔2021〕65 号），重点遴选修复理念先进、工作基础好、典型代表性强、具有复制推广价值的项目，开展历史遗留废弃矿山生态修复示范，突出对国家重大战略的生态支撑，着力提升生态系统质量和碳汇能力。进行矿山环境恢复治理不可避免地会影响区域产业结构和经济发展，各省（自治区、直辖市）在执行过程中仍面临很大困难。

1.3　矿山生态修复研究

1.3.1　矿山生态修复理论

1.3.1.1　生态学理论

生态学在学术界的准确定义是"研究生物与其生存环境之间相互关系的科学"。生态学理论（ecology theory）是自然界普遍的、广泛的系统规律，是各个领域研究的基础。在矿山生态学的相关研究中，由于矿山生态环境复杂、自然条件多变和地理位置差异，矿山环境问题难以采用传统的思维方法、数学模型和研究工具来解决。因此，近年来，用生态学及相关理论指导矿区废弃地生态环境治理与生态修复的实例不胜枚举。在进行矿山资源化与能源化生态修复研究的过程中，应综合恢复生态学、景观生态学、污染生态学等相关理论进行研究，探索适宜的矿山生态修复和治理模式。

1. 恢复生态学理论

恢复生态学（restoration ecology）是研究生态系统退化的原因、退化生态系统恢复与重建的技术和方法及其生态学过程和机理的学科（余作岳等，1996）。这一科学术语最早是由美国学者 John D. Aber 和 Willian R. Jordan Ⅲ提出的，在 20 世纪 80 年代得以迅猛发展，已逐渐成为世界各国的研究热点（谢运球，2003）。恢复生态学最初被划分为生态学的一门新的应用性分支（任海等，2014），认为该领域是生态学理论的一个新的综合研究，它主要致力于那些在自然灾变和人类活动压力下受到破坏的自然生态系统的恢复与重建，它是最终检验生态学理论的判决性试验。从学科的研究历史上看，恢复生态学是一门较为年轻的学科，迄今尚无统一的定义，目前出现的颇具代表性的概念主要有三方面的学术观点：第一种强调受损的生态系统要恢复到理想的状态。如 John Cairns 认为生态恢复是使受损生态系统的结构和功能恢复到受干扰前状态的过程，而且保持生态系统和人类的传统文化功能的持续性（Hobbs et al.，1996）。第二种强调其应用生态学过程。如 Bradshaw（1997）认为生态恢复是有关理论的一种"严密验证"（acid test），它研究生态系统自身的性质、受损机理及修复过程，John Lander Harper 认为生态恢复是关于组装并试验群落和生态系统如何工作的过程（任海等，2014；章家恩等，1999）。第三种强调生态整合性恢复。恢复生态学是研究生态系统退化原因、退化生态系统恢复与重建技术与方法、生态学过程与机理的科学（彭少麟等，2003；余作岳等，1996；彭少麟，1996）。恢复生态学可以看成是怎样修复人为损害、形成生态系统新的综合体的过程，但是恢复损害过程不应该降低对已有的健康生态系统的保护。

恢复生态学理论与矿山生态修复研究的结合始于 80 年代初，英国学者 Johnson 等（1981）提出将恢复生态学理论应用于矿山生态修复工作中，主要是因为许多矿山位于自然生态系统中，如热带和温带森林，以及北极和高山苔原等都含有原生植物群和动物群，具有重要的生态价值。恢复生态学的原理和技术可用于矿山恢复过程，以改善恢复效果和确保长期结果（Lei et al.，2016）。以恢复生态学理论为指导思想的矿山生态修复，是按照自然规律，结合矿山地区的生态环境的特点，对矿山环境进行生态层面上的修复，并以最低的经济投入换来最大的环境生态效益。生态环境修复设计尊重场地的生态发展过程，从生态格局安全、植被恢复、保护生物多样性、开发新能源等多方面，稳定再生景观的生态结构，通过对原有能源和生态资源的可持续性利用，使场地自身恢复、生态循环的能力得以重建，从而实现生态恢复理念的相关规划设计目标（袁哲路，2013）。不得不承认，将恢复生态学的理论运用到生态修复中是非常实用的设计手法，越来越多的设计师把恢复生态学理论运用到改造矿山或工业废弃地场地的实践之中，并通过一定的景观生态艺术手法，在加速恢复原有场地生态系统的同时，实现原有资源的循环利用，并且增加这些废弃地景观的美学价值。

2. 景观生态学理论

景观生态学（landscape ecology）是一门研究景观单元的类型组成、空间格局及其生态过程的综合性学科（肖笃宁等，2003；傅伯杰等，2001；邬建国，2001）。它以整个景观为对象，通过物质流、能量流、信息流与价值流在地球表层的传输和交换，还有生物与非生物要素以及人类之间的相互作用与转化，运用生态系统原理和系统方法研究景观结构和功能、景观动态变化、相互作用机制，以及景观的美化格局、优化结构、合理利用和保护。景观生态学的概念最初由德国植物学家特罗尔（Troll）在1939年利用航摄像片研究土地利用时提出，并为学科开拓了由地理学向生态学的发展道路（傅伯杰等，2011）。景观生态学学科真正的发展始于20世纪80年代后期。1989年，全国首届景观生态学学术研讨会于沈阳召开，预示中国关于景观生态学的研究开始逐渐活跃起来（赵文武等，2016）。Forman等（1986）在给出确切"景观"定义的基础上，认为景观生态学是研究景观结构（structure）、功能（function）和变迁（change）的一门学科。肖笃宁等（2003）则认为景观生态学研究应当以所关心的生态过程和目的为中心，否则，任何对景观结构的描述都是人为定义的，没有太大的科学意义。随着全球气候变化的效应、环境、资源、生态、城市化等一系列问题的日渐突出，景观生态学的研究也引起了广泛的重视和不断深入，学科的应用和创新不断提升，发展迅速，具有成熟的理论基础、研究手段和研究核心，在自然保护、生态重建、旅游开发、城市规划等领域得到了广泛应用（葛书红，2015）。

景观生态学作为生态学和环境科学领域的一门新兴综合交叉学科，关注的重点从土地利用规划和设计逐渐扩展到资源开发与管理、生物多样性保护等领域，在理论上强调景观的多功能性、综合整体性，强调景观与文化的协同性，并提出了一系列整体性的景观生态学的概念框架。景观生态学的核心理论是"基质—斑块—廊道"的理论，景观的格局与过程是研究的核心，景观格局指数是研究的手段，重点考虑土地资源的空间配置和生态环境效应。与普通生态学相比，景观生态学包含了地理、资源、环境、规划、管理等多学科的理论精髓，具有更宽阔的适用范围。此外，更大的空间尺度、人类活动对景观的影响、多个生态系统之间的相互关系、地貌过程等也都是景观生态学的研究特征。可以说，跨学科和应用性是景观生态学的显著特征。景观生态学的基础理论一般有以下几个方面：生态建设与生态区位理论、生物地球化学与景观地球化学理论、空间分异性与生物多样性理论、岛屿生物地理与空间镶嵌理论、尺度效应与自然等级组织理论、生态进化与生态演替理论、景观异质性与异质共生理论（袁哲路，2013）。这些理论可以指导退化生态系统如何恢复实践，获得生态恢复所需的各项要素，使其具有更合适的空间构型，进而实现退化生态系统的恢复目标，可以通过景观空间格局的配置构型来对退化生态系统恢复进行指导，使得生态恢复工作能够成功。

3. 污染生态学理论

污染生态学（pollution ecology）是研究生物系统与被污染的环境系统之间的相互作用规律及采用生态学原理和方法对污染环境进行控制和修复的科学（马世骏，1991；Freedman，1989），是应用生态学的重要组成部分，是生态学中实践意义较强的一个重要分支，是生态学与环境科学相融合、相交叉的产物（孙铁珩等，2000）。污染生态学的定义是以生态学的理论为基础，采用生物学、化学、数学等分析手段，研究污染条件下生物与环境之间的相互关系。关于它的研究起步于 20 世纪 60 年代末和 70 年代初。经历了发生、成长、发展和壮大等几个历史阶段，已经形成了具有自己学科特色的理论体系和研究方法论。近年来，污染生态学的研究重点是围绕污染生态过程的基础研究和污染生态修复与污染生态工程的应用研究，主要包括四个方面：一是生物监测研究。利用植物或动物对污染环境的反应监测环境污染的程度。如用植物叶 K^+ 渗出量进行 SO_2 污染监测（刘荣坤等，1991），利用原生动物群落进行污染监测（许木启，1991）。二是生物净化研究。如凤眼莲（水葫芦、凤眼蓝）对水体的净化作用的研究（李卫平等，1995；郑师章等，1994），宽叶香蒲对铅锌矿废水的净化作用研究（叶志鸿等，1992），红树林对汞、镉等重金属的积累、吸收和净化研究（郑逢中等，1992）。三是树木年轮分析。如通过树木年轮分析过去的污染状况，进而研究与工业发展的关系（喻斌等，1994）。四是土地处理系统。如重金属在土壤中的氮转化研究，土壤处理系统等研究（高拯民等，1984）。

随着矿山生态环境的逐步恶化，科学家开始将污染生态学理论应用于矿山生态修复研究中。Shu 等（1997）依据污染生态学理论，对尾矿中的重金属污染物质及其影响因素进行研究，其研究结论表明，尾矿中重金属的毒性和营养元素的极端贫瘠是矿业废弃地植被重建过程中影响植物定居的主要因子。他们对铅锌尾矿酸化与重金属移动性的关系，以及植被重建过程中耐性物种的选择、基质改良等生态学问题也进行了系统研究。

1.3.1.2　循环经济理论

循环经济（circular economy）即物质循环流动型经济，是指在人、自然资源和科学技术的大系统内，在资源投入、企业生产、产品消费及其废弃的全过程中，把传统的依赖资源消耗的线型增长的经济，转变为依靠生态型资源循环来发展的经济。循环经济理论的发展变革最早可以追溯到 20 世纪 60 年代，当时兴起的环境保护热潮，促使循环经济产生。受"稳态经济理论"以及"宇宙飞船经济思想"的启发，戴维·W.皮尔斯（David W. Pearce）和 R.凯利·特纳（R. Kerry Turner）在 1989 年建立了正式的模型，该模型命名为"循环经济"。在他们看来，相对独立的经济系统和自然生态系统其实质是合二为一的，共同组成生态经济大系统（Pearce et al., 1990）。一般说来，在人、自然资源和科学技术的大系统内，在资源的投入、生产过程、消费及副产品（废弃物）产生的全过程中，要把传统资源消耗的线型经济增长方式转变成生态型资源经济增长方式，就必须实行循环经济。因此，作为一种新的经济形态，循环经济的主要特征是：节约型经济和生态型经济的高度结合。该理论提出后，最初主要应用于化工、经济、社会领域等，现在逐渐蓬勃发展起来，已扩大到环境、生态、工业生产、废弃物综合利用等领域（陆学等，2014）。循环经济强调资源的高效、循环利用和环境保护，以减量化、再利用、再循环为原则，以低消耗、低排放、高效率为基本特征，符合可持续发展理念的经济增长模式，是对大量生产、大量消费、大量废弃的传统增长模式的根本变革。循环经济理论是在生态经济学理论的基础上提出的，有很多分支科学，如农业循环经济、产业循环经济、城市循环经济、矿业循环经济等。在矿山生态修复领域，主要应用到的循环经济理论是"3R 原则"和矿业循环经济理论，核心是提高资源利用效率。

1. 循环经济的"3R 原则"

"3R 原则"（the rule of 3R）的含义是"减量化（reduce）、再使用（reuse）、再循环（recycle）"。循环经济要求以"3R 原则"为经济活动的行为准则。"减量化"要求在生产过程中通过管理技术的改进，减少进入生产和消费过程的物质和能量；"再使用"要求通过再利用，防止物品过早成为垃圾；"再循环"要求尽可能地通过对"废物"的再加工处理使其作为资源再次进入市场或生产过程，以减少垃圾的产生。"3R 原则"的历史开端在 1996 年，《循环经济和废弃物管理法》在德国的颁布，标志着该理论得到发达国家的正式认可并使用，由于重点是对日益增多的垃圾的处理和再生利用，又称为垃圾经济。1998 年，我国正式介绍并引进德国的"循环经济与废弃物管理"概念，在实践的层面上，将"3R 原则"确立为循环经济的核心操作原则。2000 年，日本颁布了《循环型社会形成推进基本法》

和若干专门法，通过抑制废弃物的产生、资源再利用、废弃物再循环等措施，力图减少对自然资源的消费，进而降低环境的压力。欧盟各国和地区以及美国、澳大利亚和加拿大等国也在 20 世纪最后 10 年相继出台了包装废弃物的回收、再生利用等办法。2009 年 1 月 1 日，《循环经济促进法》正式实施，这标志着循环经济在中国正式"上路"。

2. 矿业循环经济理论

随着循环经济理论研究的不断深入，矿业循环经济（mining circular economy）的发展问题开始受到学术界的关注。崔彬等（2003）较早提出了矿业循环经济的内涵，将循环经济理论应用到矿业城市的发展研究中，能够减少对矿产资源的消耗，把矿产活动对自然环境的影响降低到尽可能小的程度，提高矿物质的综合回收率，从根本上消解资源、环境与发展之间的尖锐冲突。姚敬劬（2004）提出改变当前传统矿业发展模式，替代新型循环经济模式，即"资源—产品—再生资源"模式，按照循环经济的"3R 原则"减少矿石开采量，强化共生伴生组分的回收，提高尾矿废渣的利用率，最大限度地使矿产资源得到合理利用，减少矿业对环境的影响，缓解经济与环境的冲突。兰天等（2008）认为矿业循环经济与工业共生，倡导经济、环境、社会和谐的可持续发展模式。李燕群等（2006）指出循环经济是实现矿产资源综合利用的有效途径。马跃等（2018）从循环经济的角度出发，阐述了矿山生态修复和矿产综合利用的重点领域和方向，并给出了相应的对策建议。

矿业循环经济理论为矿山的生态修复提供了全新的思路，按照循环经济的"3R 原则"对矿山的生态修复模式进行重新设计。对矿山中的尾矿和排土场进行资源化利用，提高废弃资源的使用效率，实现污染物排放的减量化要求。并将资源化利用产品应用于矿山的修复过程中，减少一次资源的使用，降低矿山的修复成本，实现废弃资源的再循环和再利用。同时部分资源化利用产品还可以在市场上进行销售，创造可观的经济收益，弥补矿山修复的资金缺口问题。最后，根据使用需要将资源化利用后的铁矿山修复成多种土地类型，实现土地资源的最优配置。

1.3.1.3　低碳经济理论

低碳经济（low-carbon economy）是指在可持续发展理念指导下，通过技术创新、制度创新、产业转型、新能源开发等多种手段，尽可能地减少煤炭、石油等高碳能源的消耗，从而减少温室气体排放，达到经济社会发展与生态环境保护双赢的一种经济发展形态，核心是减少温室气体排放。低碳经济概念最早见于政府文件是在 2003 年的英国能源白皮书《我们能源的未来：创建低碳经济》中，低碳经济由英国提出并将这一概念推广到全世界。低碳经济的目的是综合运用碳捕获与碳埋存等技术，最大限度地减少煤炭和石油等高碳能源消耗，以低能耗、低污染、低排放为基本特征，在世界范围内实现温室气体控制目标，减少温室气体排放。这是应对气候变暖最有效的经济方式，是人类社会继农业文明、工业文明之后的又一次重大进步（王飞，2012）。其核心是要通过能源技术和减排技术创新、产业结构和制度创新，最大限度地减少温室气体排放，减缓全球气候变暖，改善生态系统的自我调节能力，转变人类生存和发展观念，实现经济社会的能源高效利用、绿色发展与可持续发展。

低碳能源系统是低碳经济理念的衍生发展分支，其概念是指通过发展清洁、可再生能源，包括风能、太阳能、水能、核能、地热能和生物质能等替代传统的煤、石油、天然气等化石能源以达到减少二氧化碳排放的目的。全师渺等（2019）通过在矿山废弃地发展光伏和生物质能源等可再生能源系统，研究矿山废弃地发展可再生能源潜力，为全球碳减排提出新的思路。低碳能源系统衍生的低碳技术主要包括整体煤气化联合循环发电（Integrated Gasification Combined Cycle，IGCC）技术和二氧化碳捕捉及储存（carbon capture and storage，CCS）技术等等。低碳产业体系包括火电减排、新能源汽车、节能建筑、工业节能与减排、循环经济、资源回收、环保设备、节能材料等。郗凤明等通过分析水泥、石灰、钢渣等工业建材和废弃物的碳吸收、碳累积情况，建立新型碳汇核算方法，力求从生态学和气候变化视角阐述各类型工业材料碳汇对城市碳循环的影响（刘丽丽等，2018a，2018b；郗凤明等，2015）。王丽等通过对辽宁省各工业行业节能减碳效率进行测算和分解，核算各工业行业的 CO_2 排放，从而提高工业节能减碳效率，以达到优化城市能源结构，推进可再生能源和清洁能源开发的目的（Wang et al.，2020；王丽等，2016）。

1.3.1.4　绿色经济理论

英国经济学家皮尔斯在 1989 年出版的《绿色经济蓝皮书》中首次提出绿色经济概念。绿色经济（green economy）指能够遵循"开发需求、降低成本、加大动力、协调一致、宏观有控"五项准则，并且得以可持续发展的经济。绿色经济既是指具体的一个微观单位经济，又是指一个国家的国民经济，甚至是全球范围的经济。绿色经济的核心是人类生存环境和人体健康的保护。在矿山生态修复领域，只考虑其微观概念，从微观角度来说，绿色经济就是以绿色技术体系为基础，以环境改善、实现经济效益为目标的一种全新的经济形态（Taylor，2008）。绿色经济可以被归结为循环经济和低碳经济的融合。在这个过程中，原材料的选择、加工工艺流程、半成品及成品销售等环节都必须运用绿色技术体系。绿色经济是以维护人类生存环境、合理保护资源与能源、有益于人体健康为特征的经济，或称为综合平衡式经济形态。通过绿色技术体系的运用，减少并治理污染、降低消耗、改善生态环境。

纵观绿色经济发展历史轨迹，各个国家逐渐重视其发展与推进。2007 年，联合国气候变化大会上，联合国秘书长指出："人类正面临着一次绿色经济时代的巨大变革，绿色经济和绿色发展是未来的道路。"绿色经济正在为发展和创新产生积极的推动作用，它的规模之大可能是自工业革命以来最为罕见的。为应对金融危机和气候危机，2008 年美国通过了《美国清洁能源安全法》，积极推行"绿色金融"和"绿色新政"。英国在 2009 年 7 月颁布了《英国低碳转换计划》，计划把英国打造成绿色制造业和世界绿色能源中心，以发展绿色经济作为战略目标（Johnston et al.，2005）。

1.3.1.5　可持续发展理论

可持续发展理论（sustainable development theory）是指既满足当代人的需要，又不对后代人满足其需要的能力构成危害的发展，以公平性、持续性、共同性为三大基本原则。可持续发展理论的出现可以追溯到 20 世纪 60 年代。1962 年，美国海洋生物学家蕾切尔·卡森（Rachel Carson）出版的《寂静的春天》一书提出人类应该与大自然的其他生物和谐共处，共同分享地球的思想（卡逊，1979）。1972年，一个由学者组成的非正式国际学术组织"罗马俱乐部"发表了题为《增长的极限》的报告，这份报告深刻地阐述了自然环境的重要性以及人口和资源之间的关系，并提出了"增长的极限"的危机（Meadows et al.，1972），可持续发展在20 世纪 80 年代逐渐成为社会发展的主流思想。1984 年美国学者爱迪·B. 维思在塔尔博特·R. 佩奇所提出的社会选择和分配公平理论基础上，系统地论述了代际公平理论，该理论成为可持续发展的理论基石（Weiss，1984；Page，1977）。1987年，世界环境与发展委员会（World Commission on Environment and Development，WCED）在题为《我们共同的未来》的报告中正式提出了可持续发展模式，并且明确阐述了可持续发展的概念及定义。进入 20 世纪 90 年代以后，可持续发展问题正式进入国际社会议程（方行明等，2017）。可持续发展追求的是要实现当代人需求的满足，并且对后代人切身利益不造成损害。也就是说，在经济发展的同时，要注重合理利用资源、保护环境以及促进和谐社会的建设。其中核心还是要发展，不过除了传统上所指的经济发展，还需要在符合经济目标的基础上，保证自然环境不受损害，包括森林、水资源、大气、土地等自然资源，实施合理化利用和维护（张翼霏，2017）。可持续发展的内涵主要体现在以下三方面。

（1）注重经济增长。一方面体现在增长的数量；另一方面更注重经济增长发展的质量，不但要促进经济效益的提高，还要尽量减少能源消耗，尽量避免污染环境，改变传统的生产和消费模式，实施清洁文明能源消费的模式以及清洁生产的模式。

（2）在发展经济的同时，还要以保护生态环境为基础。协调好发展经济和生态资源环境承受能力之间的关系，在高速发展经济的同时还要注重生态环境的保护，包含大力控制环境污染、保护地球完整生态环境、保持多样性动植物物种，保证人类发展在地球合理的承载范围之内。

（3）基本目标是促进人类生活条件的改善和提高，构建和谐社会。另外，当前世界上很多人的生活仍然处于贫困状态，还有一个需要达到的显著目标是推动世界贫困问题的解决。

1.3.2　矿山生态修复技术

1. 植被恢复限制性因子研究

矿山生态修复技术始于对矿山植被的研究，Gemmel（1977）最早开始对矿山废弃地植被进行研究，结果表明：矿山废弃地如果存在对植物不利的条件，如高浓度重金属离子等，那么即使对矿产废弃物添加各种主要养分（N、P、K）也不能促进植物生长。束文圣等（2000）认为尾矿的重金属毒性尤其是有效态 Zn 和 Cd 的毒性是铅锌尾矿影响植物定居的限制性因子。Martinez-Ruiz 等（2005）在西班牙中部地区还研究了基底的粗糙程度和坡向对铀矿废弃物上的植被演替的影响，认为在北坡和破碎化的废弃物上的植被演替更快。郭逍宇等（2004）认为光照和水分是安太堡矿山植被恢复进程中起决定性作用的限制性因子，二者当中由于光照不受人为控制，所以在选择物种时水分作为主要因子考虑。Martinez-Ruiz 等（2005）研究了坡向对露天矿废弃物土壤自然恢复的影响，认为北坡的植被演替速度较快。

2. 土壤基质改良研究

一部分科学家将矿山修复的重点放在土壤基质改良的相关研究中。如 Bradshaw（1997）认为土壤作为植物生长的基底，理化性质和营养状况是决定生态恢复与重建的关键因子。在生态环境恢复与重建的过程中，研究用于废弃地基质改良的复垦材料和土地整理技术也是非常重要的。影响植物生长的土壤条件主要有三种，分别是物理条件、营养物质条件和毒性条件。如聂湘平等（2002）在研究锌对大叶相思（*Acacia auriculiformis*）及其根际微生物的影响时发现，根瘤菌对锌的耐受力明显高于寄主植物，能够有效对矿山废弃地进行生物改良。卞正富等（1999）在开滦矿区试点进行客土改良中研究不同的覆土方式对矸石酸性控制的影响，发现人为通过条带式覆土和全面覆土方式矸石酸性能够得到较好的控制，而穴植覆土不能有效控制矸石酸性。莫测辉等（2001）在研究城市污泥在矿山废弃地复垦中应用的试验中发现，城市污泥能够改良矿山废弃地的理化性质和防治水土流失，有利于迅速有效地恢复植被、提高矿山废弃地中微生物的活动性。聂湘平等（2002）深入研究了寄生于大叶相思和美丽胡枝子（*Lespedeza thunbergii* subsp. *formosa*）中的两种根瘤菌，分析其在 Zn^{2+} 和 Cu^{2+} 这两种重金属环境中的耐受性，以及植物-根瘤菌共生固氮体系在这两种环境中的结瘤、固氮和生长变化，发现大叶相思上的根瘤菌对这两种重金属的耐受性都较美丽胡枝子上的根瘤菌强，可以忍受小于 10.0mmol/L 离子浓度的 Zn^{2+} 和小于 0.8mmol/L 离子浓度的 Cu^{2+}，证明某些水生植物具有抵抗重金属污染的潜力。

3. 植被恢复品种研究

不同类型的矿山废弃地土壤恢复功能有很大差异，李晋川等（1999）在安太堡露天煤矿植被恢复研究中选择 90 余种植物，并从中选出了 20 余种适合在黄土高原脆弱生态区复垦使用的适宜植物。杨修等（2001）在德兴铜矿废弃地选择 13 种草种进行生长适宜性试验，并认为其中 12 种较适宜生长。Grant 等（2002）在澳大利亚新南威尔士州对某些当地物种在废弃矿山生长的适宜性分别进行了实验研究，通过生物量确定每个乡土物种的适应能力。郭逍宇等（2004）研究发现森林群落是适合安太堡矿山特殊生境的群落配置方式。古锦汉等（2006）在湖南茂名的矿山迹地上引种 30 多种阔叶物种，营造植被恢复试验林，通过生长比较，找出海南蒲桃、海南红豆、红胶木、桃花心、桃花心木等物种为适生物种。

4. 促进植物成活技术研究

矿山废弃地土壤条件恶劣，通常含有重金属，且有机质含量过低，植物无法正常生长，如何促进植被成活成为研究热点。蒋高明等（1993）对英国圣海伦斯煤矿废弃地植被恢复研究表明，废弃地酸碱度直接影响种子在废弃地上的萌发能力。Duque 等（1998）认为应施加氮磷钾复合肥，并采用相应的固氮植物，同时穿插使用禾本科植物可在采砂场废弃地形成快速的覆盖，产生有机质。王宏镔等（1998）对云南会泽铅锌矿矿渣废弃地植被恢复研究发现，在矿渣上覆盖表土和增施有机肥，是对矿渣废弃地进行植被恢复的有效途径。张志权等（2000）研究了一种利用土壤种子库对铅锌尾矿废弃地进行植被恢复的方法，结果表明该方法能够为植物提供足够的营养空间。胡振琪等（2003）通过实地观测，对煤矸石山人工植物群落的生长规律、生产力水平和土壤理化特性的影响及其制约因素进行了研究，结果表明植被具有明显减小矸石山渗透速率、提高保水和持水能力的作用。

Rao 等（2002）研究了印度干旱地区石灰石采石场不同物种植入丛枝菌根真菌（arbuscular mycorrhizal fungi，AMF）菌根对其生长和养分吸收的影响，发现 AMF 菌根能够促进植物的养分吸收，并能增强植物抵抗高温的能力。Burton 等（2006）研究了乡土植物种组合的播种密度，结果表明植被种植密度与生物量有一定的关系。

5. 植被恢复影响研究

矿山植被恢复的技术方法逐渐成熟，但影响植被生长的关键技术研究仍需继续完善。如任海等（2001）研究发现，在矿山废弃地利用生态植被进行土壤恢复可以增加区域植被覆盖度，减缓地表径流，拦截泥沙，调蓄土体水分，防止风蚀及粉尘污染，利用植物的有机残体和根系的穿透力以及分泌物的物理、化学作用，可以改变下垫面的物质、能量循环，促进废石渣的成土过程，利用植物群落根系错落交叉的整体网络结构，可以增加固土防冲能力以及退化生态系统的迅速恢复和重建。于君宝等（2001）通过对矿山复垦典型元素时空变化研究，发现利用矸石回填覆土后，营养元素含量在覆土初期恢复较快，覆土中重金属元素含量逐年递减，施肥造成重金属元素和营养元素含量表层高于 30cm 层和 60cm 层，覆土中重金属主要来源于外界输入，矸石母质中的重金属不存在对覆土耕作层的污染问题。张志权等（2001）研究定居植物对重金属的吸收和再分配，发现木本植物对重金属的吸收只有很小的比例会随着落叶归还到环境中去，在利用植物修复重金属污染土壤的实践中，这是一个特别值得利用的优点。丁青坡等（2007）通过抚顺矿山不同复垦年限土壤的养分及有机碳特性研究发现，随着复垦年限的增加，土壤 pH 逐年降低，全氮、速效磷、碱解氮等呈现逐年增加的趋势，土壤中钾含量较高。随着土层深度增加，pH 逐渐升高，全氮、速效磷、碱解氮逐渐降低。复垦土壤中，随着复垦年限的增加，受自然、人为活动的影响，炭黑、颗粒状碳趋向于减少，而一氧化碳的数量增加。

6. 植被恢复群落演替研究

植被恢复的方法可以修复矿山生态环境，但需要较长的周期，如 Holl（2002）通过研究美国东部复垦 35 年的煤矿植被，认为恢复 35 年的植被组成与棕壤阳坡缓坡植物群落相似，但种植具有侵略性的外来种会减缓植被演替的进程。Hodacova 等（2003）比较了褐煤矿山植被的人工恢复与自然恢复的特点，认为人工恢复仅仅是时间上的特征，而自然演替会在长时间尺度上进行。Pensa 等（2004）比较了爱沙尼亚 4 种在废弃油页岩堆上生长的 30 年林木，认为自然演替能够促进多种植被的恢复。Burton 等（2006）认为自然过程的植被恢复会长达十几年或几个世纪，可利用人工演替过程加快植被恢复。牛星等（2011）对呼伦贝尔草原区伊敏露天煤矿排土场的自然恢复植物群落特征进行研究发现，随着自然恢复时间的增加，植被物种趋向原生稳定状态，但完全恢复还需更长时间。陈芳清等（2001）对磷矿废弃地植物群落的形成与演替进行了研究，由于空间的异质性增加，群落的生物量增加，生境进一步分化，群落的生活型组成不断丰富，植物种数和群落的生物多样性随之增加。废弃地植物群落的形成与演替过程中植物成分有所消长，并且在磷矿废弃地植被几种优势种植物的生长与分布与土壤速效磷浓度存在着显著的负相关性。郝蓉等（2001）运用多样性指数、生态优势度、均匀度对安太堡矿山主要群落进行分析，预测了人工植被的演替方向。

7. 坡面植被恢复技术研究

一些发达国家如美国、德国、英国和日本等，较早开始重视坡面绿化工作，并开创了一系列坡面绿化工程技术，包括种子喷播法、客土喷播法、植生吹附工法、钢筋水泥框格法、植生卷铺盖法、纤维绿化法、厚层基材喷射绿化法、生态多孔混凝土绿化法等（赵方莹等，2006；李凤等，2004）。国内针对矿山开采形成不同类型裸露陡坡进行的相关技术研究也有涉猎，如西南交通大学等单位开发了厚层基材喷射植被护坡技术（张俊云等，2001），三峡大学发明了植被混凝土护坡绿化技术（许文年等，2004），北京林业大学牵头进行裸露边坡植被恢复技术研究（陈小栋，2007）以及深圳市开展了一系列相关的技术研究，还有些单位开展了基材喷附技术、矿山植被恢复技术组合创新研究（刘振春，2011；石健，2007；赵方莹等，2006）。

1.3.3　国内外矿山生态修复进展

1. 国外矿山修复进展

矿山废弃地的土地复垦和植被恢复始于 20 世纪初，德国和美国开始着手对矿山土地进行复垦（高国雄等，2001）。至 20 世纪 70 年代后期，德国、美国、澳大利亚、加拿大等国相继制定了专门的土地复垦法规。日趋严格的土地复垦政策法规和完善的管理体制保证了这些国家达到较高的土地复垦率（金丹等，2009）。

德国曾是世界上重要的采煤国家之一，年产煤量达 2 亿 t，以露天开采为主（刘国华等，2003），遗留下来大量的矿山废弃土地亟待进行利用。德国政府通过制定法律、确保恢复资金、重视科技等，使矿山废弃地的生态恢复工作取得了很大成绩。在立法方面，涉及土地复垦利用方面的专门立法有《废弃地利用条例》《土地整理法》，又有与矿山废弃地相关的《矿山采石场堆放条例》《矿山采石场堆放法规》《控制污染条例》等，这些法律法规都明确规定了土地复垦利用的程序、内容、操作步骤等，同时也规定了采矿从业者的法律责任，使矿山修复得到法律保障（潘明才，2002）。德国在 20 世纪 20 年代初开始对露天开采褐煤区进行绿化，其发展过程大致经历了实验阶段（1920～1950 年）、综合种植阶段（1951～1958 年）、物种多样化和分阶段种植阶段（1958 年以后）三个阶段。到 1996 年，全国煤矿采矿破坏土地 15.34 万 hm²，已经完成复垦、生态恢复的面积有 8.23 万 hm²，恢复率达 53.5%（李树志等，1998）。

美国早年间就尝试在印第安纳州煤矿的矸石堆上进行再种植试验，但由于资本市场的限制，相关法律法规还未完善。直至 1939 年，西弗吉尼亚州颁布了第一部管理采矿的法律——《复垦法》（*Land Reclaim Law*），州矿业主管部门被指定为实施这部法律的唯一管理机构。随后，美国西弗吉尼亚、印第安纳、伊利诺伊等先后制定露天开采和土地复垦法，使土地复垦逐步走上了法治轨道。到 1975 年，美国已有 34 个州制定了相关土地复垦法规，其余几个州也根据本州特点制定了土地复垦管理条例。这些土地复垦法律或管理条例的颁布和实施，对所在州的土地复垦起了很大促进作用，同时也为美国联邦政府制定相关法律提供了实践基础（于左，2005）。1977 年 8 月 3 日，美国国会通过并颁布第一部全国性的土地复垦法规——《露天采矿管理与复垦法》（*Surface Mining Control and Reclamation Act*），实现了在全美建立统一的露天矿管理和复垦标准（金丹等，2009）。根据美国矿务局调查结果，每年平均采矿占用土地 4500hm²，已有 47% 的废弃地进行了生态恢复，20 世纪 70 年代以来，生态恢复率为 70% 左右（刘国华等，2003）。

加拿大矿山土地复垦工作的开端在 20 世纪 70 年代后期，联邦政府从宏观角度制定土地复垦政策。《露天矿和采石场控制与复垦法》的颁布实施，为土地复垦制定了严格而科学的政策和法律法规，明确了复垦资金的来源，规定了政府各级部门的职责以及土地复垦技术标准，要求在生产建设的过程中企业和个人都严格遵守保护土地资源和生态环境的有关法规，加拿大联邦、省及市政府对土地复垦各负不同的职责。为此，各省均制定有相关的法律，例如不列颠哥伦比亚省相关的法律有《矿山法》《水管理法》《环境评价法》《废料管理法》等，安大略省《矿业法》中有专门与矿山恢复有关的章节，规定所有生产和新建矿山必须提交矿山闭坑阶段将要采取的恢复治理措施和步骤。加拿大 10 省 3 地区分别有独立的环境部，依据各省和地区的特点制定省级土地保护政策。划分细致的法规、政府间的良好合作和严格的监督是加拿大保持良好生态环境和土地资源的基本保证（金丹等，2009）。

英国在 20 世纪 30～40 年代就已开始这方面的研究，1944 年《城乡规划法》实施，规定地方政府有权要求恢复荒芜的土地。英国的复垦立法首次出现在 1949 年，当时地方政府被授权恢复因采矿破坏的土地环境。1951 年《矿物开采法》规定应提供一笔资金用于因采用地面剥离开采法而造成的荒地复原工作，通过方便的拨款以满足土地复垦的高成本需要。1969 年，英国颁布了《矿山采矿场法》，要求矿业主开矿时必须同时提出采后的复垦和管理工作，并明确按农业或林业复垦标准复垦。1980 年实施"弃用地拨款方案"，为弃用地和签证污染地的土地复垦提供资金支持。1990 年颁布了《环境保护法》，该法作为立法上的分水岭，首次将污染行为界定为犯罪，该法责令当地政府检查本地区是否存在有害于人类健康和环境的污染地，并规定了土地复垦抵押金制度（金丹等，2009）。目前英国的许多度假休闲公园就是早期矿山废弃地进行综合利用的产物，已经实现功能置换。

澳大利亚是矿石的主要出口国之一。在澳大利亚，采矿业是主导产业，矿山废弃地的土地复垦、生态恢复已经成为开采工艺和后续产业的重要组成部分（刘国华等，2003；李树志等，1998）。自 20 世纪 70 年代以来，澳大利亚加强了土地复垦工作的监督管理，被认为是世界上先进而且成功处理扰动土地的国家。澳大利亚通过对草场草类改善研究，利用草场豆科植物固定矿区废弃物，可控制风蚀和水蚀，改善土壤物理、化学和微生物性质（李若愚等，2007）。除了土地复垦法律法规外，和其他大多数国家一样，澳大利亚也执行复垦抵押金（保证金）制度，抵押金的数量要足够保证土地的复垦。矿山开采前或开发前要进行环境影响评价，有详尽的复垦方案。

苏联也十分重视土地复垦工作，早在 1954 年苏联部长委员会议中就明确指出"采矿使用结束后的土地必须恢复到适宜农业利用或其他建设需要的状态"。1962 年各加盟共和国通过《自然保护法》。1962 年，部长委员会决议中明确要求在矿山废弃地进行土地复垦，并鼓励出台一些法律法规保障其顺利实施。在 1968 年的苏联宪法和 1976 年的部长会议决议中，土地复垦法得以进一步发展和具体化（金丹等，2009）。

此外，法国、加纳、菲律宾、巴西、西班牙等国家在矿山废弃地的矿产废弃物处理、土地复垦和植被恢复方面也做了大量的工作（高国雄等，2001）。法国 1963 年的《区域规划法》明文规定矸石处理规划和土地利用政策，确定矸石山的位置，提出综合处理废矸的意见，实施审定了地形规划和种植方案，为土地复垦计划的综合处理创造了条件。加纳 1999 年的《环境评估条例》规定了矿业公司必须交纳复垦保证金。菲律宾在《矿业法》（1995 年修订）和《矿业法实施细则》（1997 年）中也将复垦计划、缴纳复垦保证金与签发采矿许可证挂钩，并对土地复垦基金提出了更具体的要求。其他国家也有较为完善的复垦制度，如巴西的"退化土地复垦计划"、西班牙的"采矿破坏区复垦计划"等（朱晓冬，2004）。这些制度在有关的法律法规中都有明确说明，有的甚至制定了专门的法律来保障其贯彻执行。

2. 我国矿山修复进展

我国矿山废弃地土地复垦和生态环境修复工作始于 20 世纪 50 年代。细数我国矿山修复工作历程，主要经历了四个发展阶段：①20 世纪 50～60 年代，以实现矿山土地可进行农业耕种为目标的植被恢复。伴随着国家经济的发展，一些工矿企业由于建设和生产大量破坏土地，个别矿企和周边农民为便于耕作而自发进行了一些小规模土地修复治理工作，自发地填土造田，但没有形成规模化。②20 世纪 70～80 年代，以零散的企业进行矿山土地资源稳定与持续利用为目标的环境工程恢复工作。20 世纪 70 年代，土地复垦工作还处于自发探索阶段。进入 20 世纪 80 年代，才逐步得到各级政府的重视，从自发、零散状态转变为有组织的修复治理阶段，开始了小范围地组织企业进行土地复垦活动（潘明才，2000）。特别是 1988 年颁布《土地复垦规定》和 1989 年颁布《中华人民共和国环境保护法》，标志着我国矿山土地复垦和生态环境修复走上了法治化的轨道。③20 世纪 90 年代，在矿山废弃地的土地复垦法律法规与政策中提出具体规定，保障其顺利实施。随后在修订的《中华人民共和国土地管理法》《中华人民共和国矿产资源法》《中华人民共和国环境保护法》和制定的《中华人民共和国煤炭法》《中华人民共和国铁路法》等法律中都有土地复垦方面的规定，这项工作在我国尽管起步较晚，但发展十分迅速。1997 年，我国政府作出了明确规定，生产或建设过程中破坏的土地，其复垦所需资金列入生产成本或建设项目总投资。有些地方借鉴国外的做法，建立并施行了土地复垦保证金制度。到 1999 年，中央财政和地方财政已分别投资 5500 多万元到矿山土地复垦和生态环境修复中，之后继续加大资金投入，扩大土地复垦的范围。④21 世纪以来，以矿山生态系统健康与环境安全为目标的生态恢复。2000 年在北京成功召开了新世纪第一次国际土地复垦学术研讨会，标志着我国土地复垦的研究与国际接轨，促进了该学科在我国的建立与发展。进入 21 世纪后，我国矿山土地复垦与生态修复工作进入新的阶段，"十五""十一五""十二五"期间，国家 863 计划中都安排了若干与土地复垦、矿山生态修复、植被恢复、土壤污染防治等相关科研项目，我国矿山修复工作步入稳定发展期（胡振琪，2019）。2021 年开始，国家陆续开展山水林田湖草沙一体化保护修复工程和历史遗留废弃矿山生态修复示范工程，加大力度对历史遗留矿山进行保护与修复。

多年来，在中央和地方各级政府的积极领导下，矿山土地复垦与生态修复工作已取得了一定的成效。从数据上来看，我国的矿地复垦率呈逐年上升的趋势。在土地复垦工作刚刚起步的 20 世纪 80 年代初，复垦率仅在 0.7%～1.0%，80 年代末期为 2% 左右，90 年代初为 6.67%，到 1994 年飞速发展，已达 13.33% 左右（束文圣等，2000）。1990～1995 年全国累计恢复各类废弃土地约 53.3 万 hm^2，其中恢复 1526 家大中型矿山废弃地约 4.67 万 hm^2，占全国累计矿山废弃地面积的

1.62%。截至 2015 年，我国治理矿山地质环境的面积超过 80 万 hm²，但仍有 220 万 hm² 损毁土地面积没有得到有效治理。

1.4　本 章 小 结

本章回溯我国矿山生态修复的发展历程，我国矿山修复与治理工作经历了近百年的历史演变，梳理了我国矿山生态修复工作发展背景，包括政策、社会经济和生态环境三个方面：在政策方面，从 1989 年至今，我国矿山生态修复工作历经了萌芽阶段、发展阶段和逐渐完善阶段，在艰难探索中稳步前行；在社会经济方面，资源的逐渐枯竭引发一系列的社会经济问题，社会经济发展受到区域产业结构单一、经济发展滞后和居民就业压力大等实质性问题制约；在生态环境方面，人们环境保护意识崛起，矿产资源过度开采带来的土地资源浪费、植被土壤破坏、景观破碎化、生物多样性降低、服务功能丧失等生态问题逐渐凸显，同时意识到土壤、大气、水等环境污染和地质灾害问题的严重性。分析我国矿山废弃地发展现状、占地情况和修复治理工作发展历程，在实践性研究中结合我国矿山废弃地修复治理情况，分析矿山生态修复理论、技术的历史沿革。研究表明，探索一条科学性、可行性的矿山生态修复模式，是实现矿山土地复垦利用、矿山生态环境恢复与污染治理的重要途径。新型矿山生态修复模式旨在消除地质灾害与潜在安全隐患，实现矿山产业转型，使矿山废弃地再利用、再开发，将劣势转变为优势，推动矿山区域经济实现可持续发展。

参 考 文 献

卞正富, 2005. 我国煤矿区土地复垦与生态重建研究[J]. 资源·产业(2): 18-24.

卞正富, 张国良, 1999. 矿山土复垦利用试验[J]. 中国环境科学(1): 82-85.

柴建设, 王姝, 门永生, 2011. 尾矿库事故案例分析与事故预测[M]. 北京: 化学工业出版社.

陈聪聪, 赵怡晴, 姜琳婧, 2019. 尾矿库溃坝研究现状综述[J]. 矿业研究与开发, 39(6): 103-108.

陈芳清, 卢斌, 王祥荣, 2001. 樟村坪磷矿废弃地植物群落的形成与演替[J]. 生态学报, 21(8): 1347-1353.

陈小栋, 2007. 裸露边坡植被恢复技术及其可持续发展[J]. 公路与汽运(4): 101-103.

陈永亮, 2012. 鄂西低硅铁尾矿烧结制砖及机理研究[D]. 武汉: 武汉科技大学.

崔彬, 赵磊, 刘焱, 等, 2003. 矿业城市循环经济发展模式[J]. 资源·产业(6): 83-84.

丁青坡, 王秋兵, 魏忠义, 等, 2007. 抚顺矿区不同复垦年限土壤的养分及有机碳特性研究[J]. 土壤通报(2): 262-267.

方行明, 魏静, 郭丽丽, 2017. 可持续发展理论的反思与重构[J]. 经济学家(3): 24-31.

傅伯杰, 陈利顶, 马克明, 等, 2011. 景观生态学原理及应用[M]. 2 版. 北京: 科学出版社.

高国雄, 高保山, 周心澄, 等, 2001. 国外工矿区土地复垦动态研究[J]. 水土保持研究, 8(1): 98-103.

高怀军, 2015. 矿业城市采矿废弃地和谐生态修复及再利用研究[D]. 天津: 天津大学.

高拯民, 张福珠, 熊先哲, 等, 1984. 重金属对土壤-植物系统中氮的转化与 NO₃淋失影响的研究[J]. 环境科学学报, 4(2): 117-123.

葛书红, 2015. 煤矿废弃地景观再生规划与设计策略研究[D]. 北京: 北京林业大学.

葛振华, 吴琪, 李政, 2019. 全国矿产资源开发利用形势分析[J]. 国土资源情报(3): 19-25.

古锦汉, 冯光钦, 梁亦肖, 等, 2006. 矿山迹地植被恢复树种选择技术研究[J]. 湖南林业科技(5): 18-20.

郭军, 赵连臣, 贾红日, 等, 2008. 辽宁省温室气体排放现状及减排措施分析[J]. 可再生能源(2): 110-113.

郭美楠, 2014. 矿区景观格局分析、生态系统服务价值评估与景观生态风险研究[D]. 呼和浩特: 内蒙古大学.

郭逍宇, 张金屯, 宫辉力, 等, 2004. 安太堡矿区植被恢复过程主要种生态位梯度变化研究[J]. 西北植物学报(12): 2329-2334.

郝蓉, 陕永杰, 白中科, 等, 2001. 露天煤矿复垦土地的植物群落多样性与稳定性[J]. 煤矿环境保护(6): 14-16.

胡振琪, 2019. 我国土地复垦与生态修复 30 年: 回顾、反思与展望[J]. 煤炭科学技术, 47(1): 25-35.

胡振琪, 张光灿, 魏忠义, 等, 2003. 煤矸石山的植物种群生长及其对土壤理化特性的影响[J]. 中国矿业大学学报(5): 25-29, 33.

蒋高明, Putwain P D, Bradshaw A D, 1993. 英国圣·海伦斯 Bold Moss Tip 煤矿废弃地植被恢复实验研究[J]. 植物学报(12): 951-962.

蒋皓, 赵晨, 2004. 我国资源枯竭型城市经济转型面临的问题及对策[J]. 湖北社会科学(5): 117-118.

金丹, 卞正富, 2009. 国内外土地复垦政策法规比较与借鉴[J]. 中国土地科学, 23(10): 66-73.

卡逊, 1979. 寂静的春天[M]. 吕瑞兰, 译. 北京: 科学出版社.

兰天, 向来生, 2008. 循环经济与煤矿产业生态系统稳定性的实现途径[J]. 中国人口·资源与环境, 18(2): 40-43.

李凤, 陈法扬, 2004. 生态恢复与可持续发展[J]. 水土保持学报(6): 187-189.

李鸿江, 刘清, 赵由才, 2007. 冶金过程固体废物处理与资源化[M]. 北京: 冶金工业出版社.

李晋川, 王文英, 卢崇恩, 1999. 安太堡露天煤矿新垦土地植被恢复的探讨[J]. 河南科学(S1): 99-102.

李若愚, 侯明明, 卿华, 等, 2007. 矿山废弃地生态恢复研究进展[J]. 矿产保护与利用(1): 50-54.

李树志, 苗建国, 1998. 关于煤炭行业土地复垦政策的探讨[J]. 矿山测量(3): 35-38, 47.

李卫平, 王军, 李文, 等, 1995. 应用水葫芦去除电镀废水中重金属的研究[J]. 生态学杂志, 14(3): 30-35.

李武斌, 2011. 九寨沟马脑壳金矿露天矿山生态恢复研究[D]. 重庆: 西南大学.

李燕群, 贾瑞强, 2006. 循环经济在矿业中的运用[J]. 矿业快报(11): 5-8, 26.

李悦, 2010. 废弃矿山的生态恢复与景观营造[D]. 北京: 北京林业大学.

刘国华, 舒洪岚, 2003. 矿区废弃地生态恢复研究进展[J]. 江西林业科技(2): 21-25.

刘丽丽, 凌江华, 铁莉, 等, 2018a. 石灰碳汇综述[J]. 应用生态学报, 29(1): 327-334.

刘丽丽, 王娇月, 邴龙飞, 等, 2018b. 我国钢渣碳汇的量化分析[J]. 应用生态学报, 29(10): 3385-3390.

刘荣坤, 李珍珍, 1991. 植物叶钾离子渗出量在大气质量评价中的应用: II. 利用叶片 K⁺渗出量和含硫量监测大气 SO₂ 污染的比较研究[J]. 环境科学学报, 11(3): 336-342.

刘振春, 2011. 紫金山金铜矿边坡厚层基材喷播绿化工程施工技术探讨[J]. 福建建材(6): 108-110.

陆学, 陈兴鹏, 2014. 循环经济理论研究综述[J]. 中国人口·资源与环境, 24(S2): 204-208.

马世骏, 1991. 中国生态学发展战略研究: 第一集[M]. 北京: 中国经济出版社.

马跃, 李森, 赵福强, 等, 2018. 铁矿山资源化生态修复模式研究[J]. 生态经济, 34(1): 214-219.

莫测辉, 蔡全英, 王江海, 等, 2001. 城市污泥在矿山废弃地复垦的应用探讨[J]. 生态学杂志, 20(2): 44-47, 51.

聂湘平, 蓝崇钰, 束文圣, 等, 2002. 锌对大叶相思-根瘤菌共生固氮体系影响研究[J]. 植物生态学报(3): 264-268.

牛星, 蒙仲举, 高永, 等, 2011. 伊敏露天煤矿排土场自然恢复植被群落特征研究[J]. 水土保持通报, 31(1): 215-221.

潘明才, 2000. 我国土地复垦发展趋势与对策[J]. 中国土地(7): 16-18.

潘明才, 2002. 德国土地复垦和整理的经验与启示[J]. 国土资源(1): 50-51.

彭少麟, 1996. 恢复生态学与植被重建[J]. 生态科学, 15(2): 28-33.

彭少麟, 陆宏芳, 2003. 恢复生态学焦点问题[J]. 生态学报, 23(7): 1249-1257.

全师渺, 郗凤明, 王娇月, 等, 2019. 在矿山废弃地上发展可再生能源的潜力: 以辽宁省为例[J]. 应用生态学报, 30(8): 2803-2812.

任海, 蔡锡安, 饶兴权, 等, 2001. 植物群落的演替理论[J]. 生态科学, 20(4): 59-67.

任海, 王俊, 陆宏芳, 2014. 恢复生态学的理论与研究进展[J]. 生态学报, 34(15): 4117-4124.

师学义, 陈丽, 2006. 我国矿区土地复垦利用的困境: 产权与政策层面分析[J]. 能源环境保护(2): 54-57.

石健, 2007. 门头沟龙凤岭废弃矿生态修复效益评价研究[D]. 北京: 北京林业大学.

世界环境与发展委员会, 1997. 我们共同的未来[M]. 王之佳, 柯金良, 译. 长春: 吉林人民出版社.

束文圣, 张志权, 蓝崇钰, 2000. 中国矿业废弃地的复垦对策研究(Ⅰ)[J]. 生态科学, 19(2): 24-29.

孙铁珩, 周启星, 2000. 污染生态学的研究前沿与展望[J]. 农村生态环境(3): 42-45, 50.

王飞, 2012. 绿色矿业经济发展模式研究[D]. 北京: 中国地质大学.

王宏镔, 文传浩, 谭晓勇, 等, 1998. 云南会泽铅锌矿矿渣废弃地植被重建初探[J]. 云南环境科学(2): 44-47.

王兰霞, 秦大海, 冯彬, 等, 2014. 城山煤矿区土地利用景观破碎化分析[J]. 安徽农业科学, 42(36): 12977-12979.

王丽, 郗凤明, 李金鑫, 等, 2016. 基于数据包络分析方法的辽宁省工业节能减碳效率[J]. 应用生态学报, 27(9): 2925-2932.

王林, 曹珂, 车轩, 等, 2013. 矿山废弃地生态修复研究进展[J]. 现代矿业, 29(12): 170-172.

王宪礼, 布仁仓, 胡远满, 等, 1996. 辽河三角洲湿地的景观破碎化分析[J]. 应用生态学报(3): 299-304.

温玉强, 王笑峰, 郭显峰, 等, 2019. 煤矿矸石场生态恢复与治理措施探讨[J]. 环境与发展, 31(8): 189-191.

邬建国, 2001. 景观生态学: 格局、过程、尺度与等级[M]. 北京: 高等教育出版社.

武雄, 韩兵, 管清花, 等, 2008. 北京市固体矿山生态环境现状及修复对策[J]. 地学前缘(5): 324-329.

郗凤明, 石铁矛, 王娇月, 等, 2015. 水泥材料碳汇研究综述[J]. 气候变化研究进展, 11(4): 288-296.

夏汉平, 蔡锡安, 2002. 采矿地的生态恢复技术[J]. 应用生态学报(11): 1471-1477.

向来生, 2005. 循环经济的评价体系探讨[J]. 山东科技大学学报(自然科学版)(2): 1-4, 23.

肖笃宁, 李秀珍, 高俊, 等, 2003. 景观生态学[M]. 北京: 科学出版社.

谢宏全, 张光灿, 2002. 煤矸石山对生态环境的影响及治理对策[J]. 北京工业职业技术学院学报(3): 27-30, 62.

谢永, 2008. 某矿废坑口台地自然植被恢复特征研究[D]. 兰州: 甘肃农业大学.

谢运球, 2003. 恢复生态学[J]. 中国岩溶(1): 28-34.

修涛, 1997. 我国污染生态学的研究进展[J]. 沈阳师范学院学报(自然科学版)(1): 56-59.

徐华伟, 2009. 某矿优势植物对重金属的累积及耐性研究[D]. 兰州: 甘肃农业大学.

许木启, 1991. 利用 PFU 原生动物群落监测北京排污河净化效能的研究[J]. 生态学报, 11(1): 80-85.

许文年, 叶建军, 周明涛, 等, 2004. 植被混凝土护坡绿化技术若干问题探讨[J]. 水利水电技术(10): 50-52.

杨金中, 聂洪峰, 荆青青, 2017. 初论全国矿山地质环境现状与存在问题[J]. 国土资源遥感, 29(2): 1-7.

杨金中, 秦绪文, 聂洪峰, 等, 2014. 中国矿山遥感监测[M]. 北京: 测绘出版社.

杨修, 高林, 2001. 德兴铜矿矿山废弃地植被恢复与重建研究[J]. 生态学报, 21(11): 1932-1940.

姚敬劬, 2004. 矿业纳入循环经济的几种模式[J]. 中国矿业, 13(6): 27-30.

叶志鸿, 陈桂珠, 蓝崇钰, 等, 1992. 宽叶香蒲净化塘系统净化铅/锌矿废水效应的研究[J]. 应用生态学报, 3(2): 190-194.

于君宝, 刘景双, 王金达, 等, 2001. 矿山复垦土壤典型元素时空变化研究[J]. 中国环境科学(3): 44-48.

于左, 2005. 美国矿地复垦法律的经验及对中国的启示[J]. 煤炭经济研究(5): 10-13.

余作岳, 彭少麟, 1996. 热带亚热带退化生态系统植被恢复生态学研究[M]. 广州: 广东科技出版社.

喻斌, 黄会一, 1994. 城市环境中树木年轮的变异及其与工业发展的关系[J]. 应用生态学报, 5(1): 72-77.

袁哲路, 2013. 矿山废弃地的景观重塑与生态恢复[D]. 南京: 南京林业大学.

张驰, 刘晓茜, 张敏, 2018. 尾矿库灾害主要特征及防治对策[J]. 世界有色金属(1): 188, 190.

张建彪, 闫美芳, 上官铁梁, 2008. 山西采煤的主要生态问题及恢复和重建对策[J]. 安徽农业科学, 36(24): 10668-10670.

张军, 2017. 矿山废弃地景观生态设计研究[J]. 艺术科技, 30(12): 357, 379.

张俊云, 周德培, 李绍才, 2001. 厚层基材喷射护坡试验研究[J]. 水土保持通报, 21(4): 44-46.

张绍良, 彭德福, 1999. 试论我国土地复垦现状与发展[J]. 中国土地科学, 13(2): 2-6.

张兴辽, 2008. 试谈矿产资源在河南经济社会发展中的地位和作用[J]. 资源导刊(8): 17.

张翼霏, 2017. 光伏发电项目的成本效益研究[D]. 大庆: 黑龙江八一农垦大学.

张志权, 束文圣, 蓝崇钰, 等, 2000. 引入土壤种子库对铅锌尾矿废弃地植被恢复的作用[J]. 植物生态学报(5): 601-607.

张志权, 束文圣, 蓝崇钰, 等, 2001. 土壤种子库与矿业废弃地植被恢复研究: 定居植物对重金属的吸收和再分配[J]. 植物生态学报(3): 306-311.

章家恩, 徐琪, 1999. 恢复生态学研究的一些基本问题探讨[J]. 应用生态学报, 10(1): 111-115.

赵方莹, 2008. 北京铁矿废弃地植被恢复技术与效应研究[D]. 北京: 北京林业大学.

赵方莹, 赵廷宁, 丁国栋, 等, 2006. 基材喷附技术的植物选配与建植方式[J]. 中国水土保持科学(S1): 155-157.

赵文武, 王亚萍, 2016. 1981~2015年我国大陆地区景观生态学研究文献分析[J]. 生态学报, 36(23): 7886-7896.

郑逢中, 林鹏, 郑文教, 等, 1992. 秋茄对镉的吸收、积累及净化作用的研究[J]. 植物生态学与地植物学学报(3): 220-226.

郑师章, 乐毅全, 吴辉, 等, 1994. 凤眼莲及其根际微生物共同代谢和协同降酚机理的研究[J]. 应用生态学报, 5(4): 403-408.

钟爽, 2005. 矿山废弃地生态恢复理论体系及其评价方法研究[D]. 阜新: 辽宁工程技术学.

周小燕, 2014. 我国矿业废弃地土地复垦政策研究[D]. 徐州: 中国矿业大学.

朱胜元, 2002. 尾矿综合利用是实现我国矿业可持续发展的重要途径[J]. 铜陵财经专科学校学报(1): 38-40.

朱晓冬, 2004. 国内外土地复垦现状及经验[EB/OL]. (2004-06-05)[2009-06-20]. http://www.cigem.gov.cn/qingbao_ReadNews.asp?NewsID=480.

Barrow C J, 1991. Land Degradation[M]. Cambridge: Cambridge University Press.

Bradshaw A, 1997. Restoration of mined lands-using natural processes[J]. Ecological Engineering, 8(4): 255-269.

Burton C M, Burton P J, Hebda R, et al., 2006. Determining the optimal sowing density for a mixture of native plants used to revegetate degraded ecosystems[J]. Restoration Ecology, 14(3): 379-390.

Cairns J, 1988. Rehabilitation Damaged Ecosystems[M]. Boca Raton: CRC Press.

Duque J F M, Pedraza J, Diez A, et al., 1998. Matin A geomorphological design for the rehabilitation of an abandoned sand quarry in central Spain[J]. Landscape and Urban Planning, 42(1): 1-14.

Forman R, Godron M, 1986. Landscape Ecology[M]. New York: Wiley & Sons.

Freedman B, 1989. Environmental Ecology[M]. San Diego: Academic Press.

Gemmel R P, 1977. Colonization of Industrial Wasteland[M]. London: Edward Arnold.

Grant C D, Campbell C J, Charnock N R, 2002. Selection of species suitable for derelict mine site rehabilitation in New South Wales, Australia[J]. Water, Air, and Soil Pollution, 139(1-4): 215-235.

Hobbs R J, Norton D A, 1996. Towards a conceptual framework for restoration ecology[J]. Restoration Ecology, 4(2): 93-110.

Hodacova D, Prach K, 2003. Spoil heaps from brown coal mining: Technical reclamation versus spontaneous revegetation[J]. Restoration Ecology, 11(3): 385-391.

Holl K D, 2002. Long-term vegetation recovery on reclaimed coal surface mines in the eastern USA[J]. Journal Of Applied Ecology, 39(6): 960-970.

Johnson M S, Putwain P D, 1981. Restoration of native biotic communities on land disturbed by metalliferous mining[J]. Minerals and the Environment, 3(3): 67-85.

Johnston D, Lowe R, Bell M. 2005. An exploration of the technical feasibility of achieving CO_2 emission reductions in excess of 60% within the UK housing stock by the year 2050[J]. Energy Policy, 33(13): 1643-1659.

Jordan W R, Gilpin M E, Aber J D. 1987. Restoration Ecology: A Synthetic Approach to Ecological Research[M]. Cambridge: Cambridge University Press.

Lei K, Pan H Y, Lin C Y, 2016. A landscape approach towards ecological restoration and sustainable development of mining areas[J]. Ecological Engineering, 90: 320-325.

Martinez-Ruiz C, Fernandez-Santos B, 2005. Natural revegetation on topsoiled mining-spoils according to the exposure[J]. Acta Oecologica, 28(3): 231-238.

Meadows D H, Randers J, Meadows D L, et al., 1972. The Limits to Growth: The 30-Year Update[M]. New York: Universe Books.

Page T, 1977. Conservation and Economic Efficiency: An Approach to Material Policy[M]. Baltimore: The Johns Hepkin University Press.

Pearce D W, Turner R K, 1990. Economics of Natural Resources and the Environment[M]. New York: Harvester Wheatsheaf.

Pensa M, Sellin A, Luud A, et al., 2004. An analysis of vegetation restoration on opencast oil shale mines in Estonia[J]. Restoration Ecology, 12(2): 200-206.

Rao A V, Tak R, 2002. Growth of different tree species and their nutrient uptake in limestone mine spoil as influenced by arbuscular mycorrhizal (AM)-fungi in Indian arid zone[J]. Journal of Arid Environments, 51(1): 113-119.

Shu W S, Lan C Y, Zhang Z Q, 1997. Analysis of major constraints on plant colonization at Fankou Pb/Zn mine tailings[J]. Chinese Journal of Applied Ecology, 8(3): 314-318.

Taylor P, 2008. Worldwide trends in energy use and efficiency: Key insights from IEA indicator analysis[R]. Paris: International Energy Agency (IEA).

Wang L, Xi F M, Yin Y, et al., 2020. Industrial total factor CO_2 emission performance assessment of Chinese heavy industrial province[J]. Energy Efficiency, 13(1): 177-192.

Weiss E B, 1984. The planetary trust: Conservation and intergenerational equity[J]. Ecology Law Quarterly, 11(4): 495-581.

第 2 章　矿山生态修复模式

传统矿山生态修复模式主要有复绿模式、景观再造模式、地质环境治理模式和复垦模式等，四种修复方式各有优缺点。目前来看，传统矿山生态修复模式仍有诸多不足，由于历史遗留原因，矿山修复责任主体不清、修复资金缺口大，以至安全隐患无法消除、有用资源严重浪费。在矿山修复运营方面，区域修复机制不健全，没有较为成熟的市场运营模式，导致资本介入困难，所以该领域投资运营者鲜少。总结来说，主要是由于传统的矿山修复目标较为单一，仅仅考虑区域土壤、植被等自然条件的影响，单纯恢复土壤、植被等地表环境，而未曾考虑区域政策、发展战略与社会背景等因素。资源化和能源化矿山生态修复模式是在传统矿山生态修复模式的基础上进行的一种新的尝试，资源化矿山生态修复模式旨在通过充分利用尾矿、排岩、残土等矿山废弃资源，制作水泥、砂浆、陶粒等基础建设材料，用于矿山环境修复，修复后土地被赋予新的使用价值，打造矿山循环经济产业，不仅节约资金投入，同时创造经济、生态、社会三重效益。能源化矿山生态修复模式旨在利用矿山废弃地得天独厚的土地空间，发展太阳能、风能、生物质能等可再生能源，让矿山生态修复与新能源开发相结合，打造矿山新能源产业，以缓解矿山企业的化石能源消费量大的问题和碳排放量大的问题。根据矿区的类型特点，两种模式既可单独使用，也可视情况进行耦合。资源化与能源化耦合矿山生态修复模式就是将资源化矿山生态修复模式与能源化矿山生态修复模式进行有机耦合，统筹发展矿山循环经济产业、矿山新能源产业和矿山生态修复产业，实现矿山循环发展、低碳发展、绿色发展的目标。三种新型的矿山生态修复模式不仅可以为地方政策的落实、区域发展的可持续性和产业的转型找到适当的契合点，而且可以为当前不同地区、不同类型矿山废弃地生态修复工作提供更多的选择空间与思路。

2.1　传统矿山生态修复模式

2.1.1　传统矿山生态修复模式分类

1. 复绿模式

矿山生态复绿模式就是使用人工手段为矿山废弃地进行植被覆盖，创造植物生长所需的土壤条件,并引入适生物种,使矿区植被在短时间内恢复生长状态(温庆忠,2008)。生态复绿是最常见的矿山生态修复模式之一,通常首先针对不同类型的土壤基质条件采取相应的改良方式(刘国华等,2005),然后客土或覆盖特殊材料进行地表处理,以此来提高植被成活率,最后再根据矿区废弃地的具体特点选择适宜的物种进行种植(Schuman et al.,2010),目前矿山复绿技术体系已较为成熟(张连生等,2011),具有投资低、见效快、效果显著等特点,但缺点是土地并没有得到利用,矿产废弃物也没有进行处理,表面问题虽已解决,深层次的病灶依然存在。

2. 景观再造模式

矿区景观再造模式就是基于景观生态学理论,在宏观、中观和微观尺度上,通过营造不同景观类型,进而调整矿区原有的景观格局,改善受损的生态系统,恢复其原有服务功能与生态价值,从而提高矿区景观系统的总体生产力(姜杰,2012),维持系统稳定性。该模式是在矿山现有地形地貌条件的基础上,通过科学的景观规划与设计,将矿山废弃地打造成如矿山历史文化公园、地质公园和矿山博物馆等特色文化旅游景观。目前国内外矿山景观再造模式有很多成功案例,如中国的首云国家矿山公园(周锦华等,2007)、大冶黄石国家矿山公园(李军等,2008)和美国科维诺沃国家历史公园(Liesch,2016)等。该模式的优点是充分挖掘废弃矿山历史文化价值,重新赋予其使用功能,适合历史较为悠久、具有时代特点的大型矿山。缺点是该模式的应用不具有普适性,对于一些无显著特点的小型矿山仍无法适用。

3. 地质环境治理模式

矿山的地质环境是矿山生态环境的重要组成部分,有些矿山虽已废弃,但依然存在大量的安全隐患。矿山地质环境治理模式就是在生态环境恢复前,利用现有的工程技术手段消除矿山潜在的地质灾害,进而达到改善矿山生态环境的目的(张兴等,2011)。目前地质环境治理技术主要是针对地下开采区域的采空区和塌陷区,通过钻探、采尾、井下封堵、胶结充填等工程技术手段,防止地表滑坡、塌陷等地质灾害的发生,从而改善矿区的地质环境(边同民等,2008),为后续的土地利用提供基础条件,同时在施工过程中可以利用现存的尾矿和废石、残土等,既能消耗部分矿产废弃物(王伯银等,2017;包继锋等,2016),还可节约矿山修复成本。但缺点是单一的工程技术都相对复杂,且需要大量资金投入,必须与区域整体产业发展相结合。

4. 复垦模式

客土复耕是矿山废弃地生态恢复最直接、最快速的途径，是指在有客土条件的矿山废弃地表面覆盖一定厚度的（通常为 50cm 左右）有生产能力的土壤，进而将废弃地恢复为具备耕种条件的土地。在客土过程中，需进行土壤熟化改良，每年要向土壤施用生物有机肥，以增加土壤有机质含量，促进微生物繁殖，改善土壤的理化性质和生物活性。配施有机肥的同时，需逐年对耕层深翻 20~30cm，逐步活化耕作层，有效增加土壤孔隙度，提高土壤蓄水、保肥能力，同时改善土壤的通气条件，促进微生物活动，加速土壤矿物质养分的风化和有机质富集。作物选择时应优先选择有固氮能力的豆科作物（李凤鸣，2013），可以提高土壤水肥保持及供给能力。复垦模式的优点是工艺简单，无二次污染，能快速将废弃土地转变为可耕作的农用地，但缺点是没有彻底消除土壤污染问题，在复垦后的土地上种植的农作物存在安全隐患。

2.1.2　传统矿山生态修复模式的不足

2.1.2.1　修复责任主体不清

我国采矿历史悠久，但历史遗留问题导致矿山修复责任主体模糊。自然资源部发布的《矿山地质环境保护规定》中明确提出，开采矿产资源造成矿山地质环境破坏的，由采矿权人负责治理恢复，治理恢复费用列入生产成本。矿山地质环境治理恢复责任人灭失的，由矿山所在地的市、县自然资源主管部门，使用经市、县人民政府批准设立的政府专项资金进行治理恢复。但从我国矿山生态修复治理的历程来看，矿山修复责任主体发生了历史性迁移，最终落到地方政府身上。具体问题有以下几个方面。

1. 乡镇及个体小矿山监管不严

乡镇及个体小矿山基本上是由私营业主承包，这些小矿山业主一般不会主动把矿山环境治理纳入经营工作事项，也没有缴纳环境治理相关经费，自 2005 年 8 月，在国务院下发的文件《国务院关于全面整顿和规范矿产资源开发秩序的通知》（国发〔2005〕28 号）中明确提出，财政部、国土资源部等部门应积极推进矿山生态环境恢复保证金制度等生态环境恢复补偿机制，到 2014 年各省市先后制定矿山生态环境恢复保证金制度后，小矿山企业已依法缴纳了矿山生态环境恢复保证金。由于矿山生态环境恢复保证金远远低于矿山修复的治理费用，所以大多数企业宁愿放弃矿山生态环境恢复保证金，也不对自己矿区进行修复治理。随着当今矿业行情的愈发不景气，以及环保法制的严苛要求，大部分乡镇及个体小矿山面临被迫关停，甚至破产的危机，最终成为无主矿企，矿山成为无主废弃矿山，接着步入老矿山所面临的生态环境问题。

2. 国有大中型矿山利益为先

国有大中型矿山是我国矿产采掘业的主力军，相较于个体小矿企，国有大中型企业对矿山环境治理行动要更加积极。从这方面看，国有大中型矿山环境问题是存在自我监督约束力的，但是这种约束力相当脆弱，远远不能使矿山环境问题得到彻底整治。目前考察国有大中型矿山企业经营好坏的核心指标是矿山企业的整体利润状况。为了追求单纯的利润指标，国有大中型矿山对矿山环境治理也是有很大的抵触情绪或者侥幸心理。对于新建矿山，虽然动工建设之初就意味着生态环境肯定会遭受破坏，但此刻企业所追求的目标是尽快进入生产期，对新产生的环境问题基本不在意，加之环境影响效应具有相对滞后性的特征，这就使得在生产活动期间企业的环境保护意识相当淡薄。"边破坏，边修复"于企业而言也就成为一句空话，待到日积月累，环境问题足够突出的时候，矿山企业又很难拿出大笔资金来治理，使得矿山环境问题不断凸显，接着步入所有老矿山面临的同样问题。

3. 历史遗留矿山问题

我国自改革开放以来，随着社会经济的飞速发展，在矿山资源整合的过程中，由于经历了企业性质的变更，民营矿企的层层转包等发展过程，最终也很难说清谁是造成矿山的生态环境破坏的罪魁祸首，在建立专项矿山生态修复治理资金之前已经存在或废弃的矿山，由于责任很难明晰，修复治理的任务自然留给当地政府处理。而已经闭坑的矿山早已人去楼空，找不到责任主体，针对这些矿山的环境问题，又没有建立起相应的治理资金账户（陈甲球，2006）。因此，这些具有历史遗留问题的矿山，如要对其环境问题进行生态修复治理，责任自然都要落在政府身上。矿山修复治理所需资金巨大，政府自然也无力承担，导致矿山问题成为历史难题。

2.1.2.2　修复资金缺口大

从目前的研究进展来看，各种类型的修复技术研发已比较丰富，矿山生态恢复的前景被大多数人看好，但由于相关政策机制特别是针对矿山生态修复的经济补偿制度还未完善，因此大规模产业化推进仍显缓慢。作为其中重要分支的矿山生态修复缺乏完善的政策激励机制，尽管多年来国家及地方财政每年投入的资金支持已达数十亿元，但这相对于总体超过万亿元的投资需求仍显不足。另外，根据中国投资咨询网的分析，目前我国矿山环境治理和生态恢复资金筹措的良性运行机制仍然欠缺，由于专项资金来源单一，涉及矿产资源收费名目多、部门多，部门收费使用方向不明确，地方政府投资积极性整体不高，企业投资和治理意识都比较淡薄。具体表现在以下几个方面。

1. 矿山生态环境恢复保证金适用范围太小

矿山生态环境恢复保证金制度是矿山生态补偿体系的一部分重要内容，旨在对新建、正在开采的矿山企业收取一定的费用，以保证矿山开采者在闭矿后主动履行环境修复责任，并为土地复垦提供有效的资金保障（宋蕾等，2011）。矿山生态环境恢复保证金主要由土地复垦费用、环境污染修复费用、健康损失与发展机会补偿费用等共同构成。目前全国多数省份已经建立矿山生态环境恢复保证金制度，但仅仅规定保证金范围只适用于新建矿山企业，或新矿山开发新产生的生态破坏和环境污染。而对于历史遗留的无主矿山的环境治理与生态恢复成本仍然未纳入保证金的范畴，导致矿山修复的资金问题依然无法解决。

2. 现行矿产资源补偿费未包含生态环境补偿

矿产资源补偿费是指采矿权人为补偿国家矿产资源的消耗而向国家缴纳的一定费用。1994 年国务院发布的《矿产资源补偿费征收管理规定》明确在中华人民共和国领域和其他管辖海域开采矿产资源，应当依照规定缴纳矿产资源补偿费。我国矿产资源补偿费的开征目的是保障和促进矿产资源的勘查、保护与合理开发，维护国家对矿产资源的财产权益，仅仅将资源补偿费作为调整国家和矿产资源开发利用者之间的经济利益关系的手段。因此，国家将补偿费的开支主要集中于矿产资源勘探成本补助上（不低于 70%），并适当用于矿产资源保护支出和矿产资源补偿费征收部门经费补助预算，而环境治理和生态恢复所需要的资金没有纳入补偿费的支出范围。

3. 矿产资源补偿费征收标准过低

现行的矿产资源补偿费征收标准是 1994 年建立的，在 1997 年经历过一次修订，但征收标准已不能满足现行市场与社会经济发展需求，补偿费税率未能随矿产资源价值、市场情况变动而进行改变，行业平均税率仅为 1.18%（范振林，2013）。如中国的石油、天然气、煤炭、煤成气等重要能源的补偿费都只有 1%，而国外石油天然气矿产资源补偿费征收率一般为 10% 至 16%，即使是美国这样一个矿产资源远比中国丰富的国家，其石油、天然气、煤炭（露天矿）的权利金费率也高达12.5%。

4. 中央专项资金资助范围有限

矿山环境治理与生态恢复中央专项资金的总量小，致使地方配套困难。当前，中央矿山环境治理的专项资金来源主要是矿产资源补偿费和矿权使用费与价款，但是中央下达的专项资金估计只占三项收费收入的 10%～20%，占矿山历史所创利税的 1%，可见总体投资量不大。相对于老旧矿山环境治理和生态修复实际资金需求，中央投入的资金远远无法满足需要。此外，矿山环境治理与生态恢复中央专项资金要求地方政府和企业配套，但由于有的地方政府和企业财力有限等，实际到位配套率不高。

5. 部门经费整合效果不佳

矿区生态破坏问题不单纯是土地破坏问题，还涉及污染和森林植被破坏等多个方面。我国《中华人民共和国森林法》《土地复垦条例》《中华人民共和国水土保持法》《中华人民共和国土地管理法》《中华人民共和国环境保护法》均规定了各级政府和矿山企业对矿山环境和生态恢复的法律责任，并赋予了林业、土地、水利、环保等部门依法收取相关费用（如植被补偿费等）的权力。但是，从矿山环境治理和生态恢复的资金来源的实际情况看，目前只有自然资源管理部门一家"孤军奋斗"，其他部门基本上置身事外，没有为矿山环境治理和生态修复工程提供过应有的资金支持。值得关注的是，《矿山地质环境保护规定》强化了自然资源管理部门垄断矿山环境治理和生态修复的权利和义务，相关的环境保护、林业、水利等部门被排除在矿山生态环境治理、生态修复质量评价和监督体系之外，环保、林业等部门无法在矿山生态环境保护监督方面行使执法权。

2.1.2.3　有用资源严重浪费

1. 矿山固体废弃物资源浪费

在传统矿山资源开发方式下，人类所获得的最终产品只占原材料的 20%～30%，另外 70%～80% 的资源都成为废物排放到环境中（王雪峰，2008），造成环境污染和生态系统紊乱，不仅每年形成数千亿元的经济损失，也造成资源的极大浪费。我国矿产质量不佳，许多主要矿产品位较低，大多呈多组分共生，矿物嵌布粒度细，加上长期以来粗放式经营，选矿设备陈旧老化现象普遍，管理水平不高，选矿回收率低，采、选技术水平低下，导致矿产资源总体利用率较低。根据《重要矿产资源开发利用水平通报》，在"十三五"初期，全国 20 种主要矿产中，除耐火黏土不经选矿直接利用外，其余 19 个矿种共计排放尾矿 6.51 亿 t，尾矿循环利用率为 18.97%，年排放废石 19.65 亿 t，废石利用率为 17.77%。采矿废石、选矿尾矿排放量大，其中所含有用组分和有用矿物较高，从而也相应形成我国矿山二次资源的巨大潜力。由于尾矿中含有可再选的有用组分，而且不可再选的最终尾矿也有不少用途，浪费的尾矿中的有用组分数量是相当可观的。同时，我国对尾矿资源综合利用的政策和立法，缺乏完善的管理体系和严格的强制性法律法规和政策措施。我国对尾矿和废石综合利用的产品无特殊的价格政策和资金扶持政策。这导致矿山企业对资源综合利用的积极性不高，综合利用率低，资源浪费和环境问题严重。

2. 矿山土地资源浪费

传统的矿区生态修复多将受损土地简单修复成农地、林地，土地的使用类型十分有限，同时也限制了修复后土地的进一步增值。一方面，近些年尾矿废石产生量巨大，除了少部分尾矿废石得到综合利用外，相当数量的尾矿只有堆存，占用了大量土地，导致其堆存占地面积逐年增加，其中占地包括大量的农用和林用土地。另一方面，对矿山废弃地的生态修复仅限于覆土复绿，矿山生态修复治理很难做到因地制宜、因矿制宜、宜农则农、宜林则林、宜牧则牧、宜渔则渔、宜建则建、宜景则景、宜商则商、宜园则园等目标，没有实现矿山产业转型、废弃资源变废为宝、废弃土地高附加值开发。我国的可利用土地资源十分紧张，人均可利用土地仅为世界平均水平的三分之一，矿山废弃地没有充分发挥土地的价值，也是对土地资源的一种浪费。因此，为了进一步改善我国的矿山生态环境，弥补传统矿山生态修复模式的不足，应当建立一种全新的矿山生态修复模式。

2.1.2.4 缺乏新型修复模式

常用的一些矿区生态修复模式都有着一定的不足之处，如：客土修复法需要异地取土，并且修复矿山所需土量巨大，会改变取土地的地质地貌，使该地容易产生次生危害；而化学淋洗技术的淋洗剂如果处理不当，也会污染土壤和地下水，给矿区带来二次危害；矿山进行简单复绿，并没有将尾矿库腾空，当发生地质灾害或管理不当，存在一定的溃坝风险。矿产资源综合利用技术水平不高，综合利用产品档次低，经济效益不理想。我国尾矿在工业上的应用，大多仅停留在对尾矿中有价元素的回收上或直接作为砂石代替品销售。高档次建材产品如微晶玻璃等，因工艺复杂、成本较高，无法与市场上销售的建材产品相竞争，很难在工业上推广。尽管国内外对矿山废弃地的生态恢复已做过大量的研究工作，但仍存在着一些不足。

1. 人工植被恢复过程中的急功近利

尽管在演替后期植被最终会以本土植被为终结，但目前许多矿山生态恢复努力都集中于能够尽快控制侵蚀进而引入外来种，许多研究人员认为这些强化的恢复努力会长期抑制生态系统的恢复。由于技术和条件的限制，很难在较短的时期判断恢复是否成功，如美国东南部露天矿恢复一般在五年之后评价，这就鼓励了业主采用短期目标最大化的策略，如增加地面覆盖以减小侵蚀，而不是恢复物种的多样性（Holl，2002）。

2. 生态植被恢复目标不科学、不合理

对矿山废弃地生态系统缺乏系统和长期的定位观测和研究，导致在人工植被恢复过程中采用不恰当的生态恢复目标，主要表现为以园艺（gardening）方法代替生态系统（ecosystem）或景观（landscape）方法，忽视功能和结构的完善。雅典采石场的植被恢复一定程度上提升居民的生活环境，但是大多数恢复措施都以不适当的景观美学设计以及场地的未充分利用为特征（Damigos et al.，2003），忽视与周边自然景观的融合。我国一些地区特别是经济发达地区近年实施的采石场多数只是一味模仿外来技术，对矿山废弃地的植被恢复及演替缺乏定量研究，导致生态恢复的失败。

3. 我国矿山修复基础研究不足，没有可靠的技术支撑

对立地类型和矿山植被类型的调查显示，进行物种相关性和植物组成动态变化的基础性、规律性研究不够，盲目引进技术是造成矿山植被恢复效果不显著的重要原因之一。在矿山生态环境恢复方面，我国与国外相比还有很大差距。仅限于一些应用技术的沿袭应用，没有根据整个矿山的具体条件和按照生态学、生态经济学原理，进行因地制宜、生态经济的生态植被恢复研究，致使生态环境改善不明显，尤其后期效果出现退化和不稳定现象。与煤矿矿山相比开展的基础机理研究严重不足，对矿山土壤修复和植被恢复中乡土植物应用、配置以及土壤与植物的对位研究甚少。

2.1.2.5　安全隐患无法消除

由于堆存排岩废石、尾矿占地多，维护成本高，安全隐患没有彻底消除，风险依然存在。以尾矿堆存为例，尾矿在选矿过程经受了破磨，粒度减小，表面积较大，堆存时易流动和塌漏，造成植被破坏和伤人事故，并且在雨季极易引起塌陷和滑坡。而随着尾矿数量的不断增加，尾矿库坝体高度也增加，安全隐患日益增大，尤其是坝高超过 100m 的大型尾矿库，一旦发生事故，其造成的破坏是相当巨大的（张锦瑞等，2005）。大量的尾矿长期存放在尾矿库，尾矿库建设运营成本高，且存在安全隐患。尾矿库的任何溃坝事故都不是突然爆发，而是由各种生产活动导致的环境问题引起的。长期堆放的尾矿库存在安全隐患，长期发展最终会导致事故发生。种种矿难事故的发生都是废弃矿产资源的乱堆放、长期堆放，导致地区土壤发生质变，最终发生不可挽回的后果。

　　从目前的矿山生态修复模式来看,尾矿库库满后多采用闭库处理,在库面和坝体植树种草,以达到表面生态恢复的效果,但究其本质,从根本上没有消除潜在安全隐患,如果发生重大地质灾害,或者在高发雨季,极易发生溃坝,一旦发生事故,后果不堪设想。

2.1.2.6　修复机制不健全

　　《矿山地质环境保护规定》中明确提出,矿山地质环境治理恢复责任人灭失的,由矿山所在地的市、县自然资源主管部门,使用经市、县人民政府批准设立的政府专项资金进行治理恢复。但在实际工作中,矿山生态修复治理作为一项综合性的工程,无论是自然资源部门牵头,还是生态环境部门、林业部门负责该项工作,矿山生态修复治理只涉及其各自部门职责的一部分。实际工作中涉及多个部门,如自然资源、生态环境、农业农村、林业草原、水务等部门,由于各部门自己的事务繁杂,都有自己的管理权限,并且管理上也都是各自为政,对其他部门的管理权限仅限于大概了解,具体的细节并不清楚。另外我国的管理制度是由上级部门领导下级部门,部门之间无法相互领导,且各部门本着自身利益出发,部门之间缺乏合作与信息沟通,致使对矿山生态修复治理项目执行可能不力,管理工作可能出现缺位或者是多头管理（周小燕,2014）。

2.1.2.7　项目运营模式单一

　　目前,我国的矿山生态修复主要是政府行为,把矿山生态修复列为国家基础建设的范畴,不利于矿山生态修复的市场化运作（师学义等,2006）。有些地方虽然对矿山生态修复进行政府和社会资本合作等其他经营模式的尝试,但由于经营市场体制机制的不健全,矿山生态修复进行进入与退出市场化运作的障碍较多,价格机制没有发挥作用,难以形成多元化投资格局。同时,矿山生态修复工程建设缺乏竞争,项目建设一般局限于内部操作,技术水平低,质量难保证,修复成本高。修复后的土地利用产权、土地利用税收政策也不明晰,导致矿区土地复垦难以进行市场化运作。

2.2　资源化矿山生态修复模式

2.2.1　资源化矿山生态修复模式的含义

　　资源化矿山生态修复模式是在传统矿山生态修复模式的基础上的总结与创新,旨在通过充分利用矿产废弃物资源,与土地开发相结合,进一步打造可循环的矿山生态修复体系。该模式是基于生态学与矿业循环经济理论，结合《矿山生态环境保护与恢复治理技术规范（试行）》和《矿山生态环境保护与恢复治理方案（规划）编制规范（试行）》中对矿山生态环境保护与生态修复的指导性要求，将矿山废弃地物的资源化利用同矿山生态修复有机地融合在一起，并严格遵循循环经济的"3R 原则"，进行矿山生态修复模式的创新与开发。资源化矿山生态修复模式技术路线如图 2-1 所示。

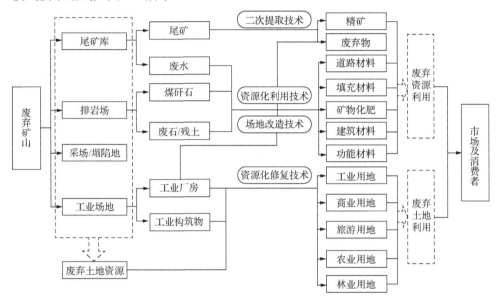

图 2-1　资源化矿山生态修复模式技术路线

　　针对矿山尾矿废弃地，废石、残土堆积地，采矿塌陷区和废弃工业场地等不同土地类型的具体划分，考虑到不同区域对生态环境的破坏程度的差异，以及可进行循环利用资源和利用方式的不同，因地制宜地在这四种主要区域类型采取不同的生态修复方式。主要利用方式有：尾矿库中的尾矿可以提取精矿后进入市场，废水可作为资源化利用的生产配料；排岩场中的煤矸石与废石、残土可以进行资源化利用，植被填充材料、矿物化肥、建筑材料和功能材料等进入市场；采场和塌陷地在生态修复过程中直接使用资源化利用产品，节约修复成本；工业场地中的厂房和构筑物可以与土地资源化利用相结合，通过使用场地改造与景观重塑技术，转变原有土地使用性质，变更为工业、商业、旅游、农业或林业用地，最终进入资本市场，每处环节相互支撑，缺一不可，形成一个完整的无污染无排放的自循环系统。

　　资源化矿山生态修复模式的应用，不仅可以获得环境、经济和社会三重效益，也符合国家生态文明建设中对矿山绿色开采和循环发展，合理保护和修复治理矿山生态环境的根本要求。矿山循环经济理念的提出给了矿山生态修复研究全新的视角，将循环经济理念融入矿山生态修复工作中，结合先进的资源利用技术，积极开展矿山土地修复相关领域的技术创新、模式创新和组织机制创新，是构建资源化矿山生态修复模式的必由之路。

2.2.2　资源化矿山生态修复模式的优势

相较于传统矿山生态修复模式存在的诸多问题，资源化矿山生态修复模式的提出，在资金、技术、安全、资源利用效率与土地价值这五个方面可以体现出更多优势，更具有实际应用价值，适合在当前各个类型的矿山生态修复工作中进行广泛应用。传统矿山生态修复模式与资源化矿山生态修复模式的比较具体内容如表 2-1 所示。

表 2-1　传统矿山生态修复模式与资源化矿山生态修复模式的比较

类型	传统矿山生态修复模式	资源化矿山生态修复模式
资金	政府大量资金投入，存在着巨大的资金缺口	吸引社会资本投入，有效降低政府投入，同时能够带来可观的经济效益
技术	关键技术缺乏，技术集成度低，修复效果不显著	将资源化利用技术和生态修复技术有机集成，修复效果显著
安全	修复过程存在着二次污染和生态风险，有尾矿库溃坝等次生地质灾害风险	腾空尾矿库和排土场，彻底消除了生态环境风险和次生地质灾害风险
资源利用效率	没有对废弃物进行资源化利用，资源综合利用率低	对尾矿库和排土场废弃物进行资源化利用，极大提高了资源使用效率
土地价值	没有消除尾矿和排土场，土地利用类型有限，土地价值增值空间小	消除尾矿和排土场，修复后土地使用类型多样，土地价值增值空间大

与传统矿山生态修复模式相比，资源化矿山生态修复模式使用矿产废弃物的深加工产品实现尾矿和废石的资源化利用，减少一次资源开发造成的新损害。深加工产品可以用于矿山修复本身，也可进入市场，大大降低了矿山修复的成本。矿山废弃地经资源化、无害化处理后，有多种用途，极大地盘活了存量用地，缓解土地资源瓶颈约束，促进耕地等各种土地资源保护利用。尾矿库及废石场经过资源化、无害化处理后，彻底消除废弃矿山污染的安全隐患。与传统矿山生态修复模式对尾矿库进行闭库工程、废石堆进行加固工程相比，资源化矿山生态修复模式可以一次性解决问题，免除了闭库工程需要定期进行维护产生的后续资金投入。使用自体修复方式，有效解决了异地取土所带来的次生危害。恢复后区域人民生存环境得到极大的改善，促进了矿区的可持续发展，有效提高了区域经济、环境和社会三重效益。

2.3　能源化矿山生态修复模式

2.3.1　能源化矿山生态修复模式的含义

　　能源化矿山生态修复模式是一种利用矿山废弃地建设多能互补的可再生能源系统的方法，以解决修复后矿山废弃地再利用方式单一、垃圾处理后产品利用率低以及矿山废弃地可再生能源未被有效开发等问题。在优化修复后的矿山废弃地再利用方式的同时，实现了土地利用价值最大化，解决了垃圾处理后产品的出口问题，建立了生物质能、光能、风能、地热能、储能等多能互补的可再生能源系统。通过矿山废弃地生态修复、固体废弃物垃圾以及可再生能源循环利用，实现无废弃、零污染的绿色低碳生态修复模式。能源化矿山生态修复模式是基于可再生能源开发利用的背景之下应运而生的，通过研究发现，我国的可再生能源有较大的资源理论可获得量，达到每年 7.30Gt 标准煤，在可再生能源实际获得量上的增速明显高于世界平均水平（张俊祥，2014；周凤起，2005），可再生能源的充分利用为我国矿山生态修复工作提供了机遇与挑战。该修复模式旨在耦合低碳发展理论、循环经济理论、可持续发展理论和生态恢复理论，力求对矿山废弃地进行修复的同时发展可再生能源。

　　能源化矿山生态修复模式技术路线如图 2-2 所示。

　　矿山废弃地的能源化利用主要包括生物质发电、光伏发电、风力发电、水能发电、储能等。生物质能主要是对矿山废弃地的土壤条件和地质情况有一定的要求，所以在发展生物质能之前要对地形、地貌进行整理，优先选择在尾矿库、工业场地和排土场进行生物质能源植物的栽种，通过间作和短周期轮伐大批量生产优质生物质燃料，通过碳化或者生物质气形式进行发电。植物成长过程中可以通过吸收，根滤、净化土壤或水体中的污染物，达到彻底消除矿区污染、修复受损土地的目的，进而实现矿区土地的增值。光伏发电主要设置在采矿区，露天采矿形成巨大的矿坑，岩石裸露，不适宜用作一般工业、农业和建筑用地，且矿坑采挖过程中形成一定剖面，非常适宜用作光伏发电，既能有效利用低价值废弃地，又可以做到不占用林地或耕地、不破坏生态系统平衡。矿山地势高差较大，在风力资源较好、地势较高处非常适合发展风力发电，同时不影响其他产业发展。在水资源比较发达的矿区，可以利用得天独厚的水利条件发展水力发电。为配合矿山新能源开发，发展不同规模、不同类型的储能，保障能源使用的持续稳定。矿山废弃地发展可再生能源的同时可以发展与其相关的产业，打造具有区域特色的绿色、低碳、循环经济产业链，在提高经济的同时，满足人们对美好环境的需求

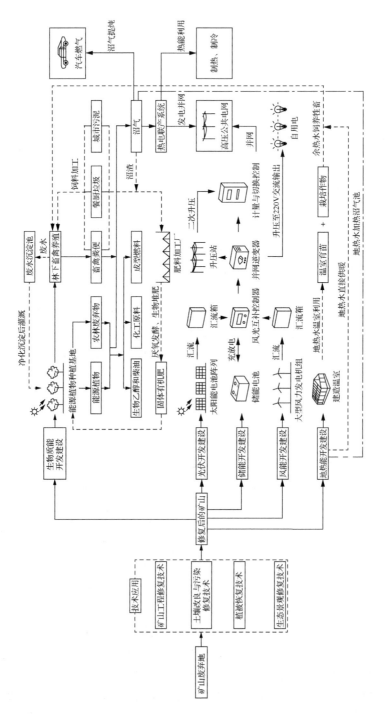

图 2-2　能源化矿山生态修复模式技术路线图

和提升生态系统功能。矿山开发用地是边际土地中最主要的部分，且目前大部分处于废弃闲置状态，可随时加以利用，合理利用这部分土地面积，发展新能源对我国能源结构的调整有着极其重要的作用。

2.3.2　能源化矿山生态修复模式的优势

传统的矿山生态修复模式虽然通过地形改造和复绿可以在一定程度上起到生态修复的作用，但并未能解决矿山废弃地的根本问题，能源化矿山生态修复模式在矿山废弃地的综合利用方面具有显著的优势，对于废弃地的污染问题、区域产业转型发展问题、经济发展问题、碳减排问题和土地资源紧张问题等，都提出了合理的解决方案。传统矿山生态修复模式与能源化矿山生态修复模式的比较如表 2-2 所示。

表 2-2　传统矿山生态修复模式与能源化矿山生态修复模式的比较

类型	传统矿山生态修复模式	能源化矿山生态修复模式
污染	只关注土地复垦，未从根本上消除土壤污染	彻底消除污染和矿山地质灾害，恢复生态系统功能
产业	主要关注其环境的修复，修复主要以公益性投入为主，对产业经济几乎没有关注，未形成区域产业集群	结合国家矿山生态修复发展战略和可再生能源发展规划，针对矿山废弃地不同区域的特点建立可再生能源产业，打造低碳能源相关产业链
经济	单纯的生态修复阻碍区域的经济发展，造成资源浪费	腾空尾矿库和排土场，彻底消除了生态环境风险和次生地质灾害风险
碳减排	没有对废弃物进行资源化利用，资源综合利用效率低	利用矿山废弃地发展生物质能与太阳能等可再生能源，在修复矿山废弃地的同时，也能够起到节约化石能源和减少碳排放作用
土地资源	修复后土地可利用性低，未能解决国家目前土地资源紧张问题	矿区土地的恢复和再利用，将有效解决我国耕地和可利用土地资源紧张的状况

实施能源化矿山生态修复不仅可以有效解决国家可再生能源的需求问题，同时可以打造区域经济新的增长点。利用矿山的土地资源，发展光伏、风电等可再生能源，产生的绿色电力可以替代原有燃煤发电，不仅节约用电成本，而且减少碳排放，获得减排收益。结合新能源配套储能建立矿山智能微电网，打造矿山源网荷储一体化模式，实现矿山的低碳发展和永续利用。利用矿山废弃地种植能源作物作为生物质能源产业原料，发展生物质发电产业和生物质燃料产业，而生产过程中排放的沼液沼渣等生产废弃物可以作为能源林的肥料，进行循环利用。同时利用能源林发展林下经济，打造林下养殖业，养殖产生的畜禽粪便也可以作为能源林的肥料进行补给，同时也可以作为生物质燃料产业的原材料，循环联动，打造矿山区域独有的新型产业。实施能源化矿山生态修复模式，可以为国家提供

大量的可再生能源，从而减少一次能源的开发，同时还带动区域相关经济产业的发展，经过能源化修复后的土地，污染得以彻底消除，可作为耕地和城市用地，实现土地增值，促进区域经济、社会、环境的可持续发展。

2.4　资源化与能源化耦合的矿山生态修复模式

资源化矿山生态修复模式与能源化矿山生态修复模式存在密切的关系，矿山废弃地经过资源化修复模式修复后达到资源的最大化利用，修复后的土地可以作为发展生物质能、太阳能和风能等可再生能源的用地，所生产的产品用于能源化修复模式相关产业的建设，达到新能源开发利用的最大化，有效应对节能降耗，二者相辅相成，共同构成新型的、循环的、可持续发展的矿山生态修复创新模式。基于矿山废弃地生态系统与产业、社会发展的综合评估，因地制宜进行合理的资源化利用和能源化利用，是资源化与能源化耦合的矿山生态修复成功的关键。资源化与能源化耦合的矿山生态修复模式是按循环经济理论、生态经济理论和低碳经济理论，以人为本，由生态循环开始，逐级发展到产业循环、经济循环、社会循环，形成"生产-生活-生态-生命（人）"四生一体化的矿山废弃地生态修复模式。

矿山废弃地"四环四生"一体化生态修复模式如图 2-3 所示。

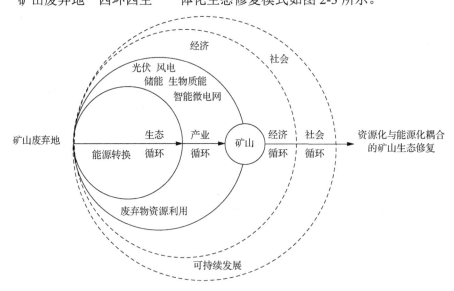

图 2-3　矿山废弃地"四环四生"一体化生态修复模式图

资源化与能源化耦合的矿山生态修复模式不仅关系到资源能源的利用和生态环境安全，而且与产业的可持续发展及社会的经济建设紧密相关，图中的"四环"循环修复模式如下：第一个"环"是生态循环，从矿山本身出发，通过一系列保护与修复措施，恢复矿山生态系统的服务和功能，重建矿山景观格局，实现自然系统的物质和能量循环；第二个"环"是产业循环，通过综合利用矿产废弃物，矿山废弃地种植能源林和发展光伏、风电等可再生能源，延伸产业链，打造光伏产业、风电产业、储能产业、生物质能产业、智能微电网、生物质燃料制造业及林下养殖业，服务于矿业和社会各个行业，构建产业循环的发展模式；第三个"环"是经济循环，转变传统矿山生态修复投入方式，发展新型矿山产业，不仅实现矿山经济发展模式的转变，同时产生更大的经济效益；第四个"环"是社会循环，矿山生态系统功能恢复、矿山产业链延伸和产业打造、矿山循环经济的发展，可以对就业、税收、经济、节能、降碳、减污等产生不同的贡献，这些贡献推动了全社会的可持续发展，因此并入社会的大循环。资源化与能源化耦合的矿山生态修复模式是全社会大循环和物质代谢重要环节，也是推动社会可持续发展的重要组成部分。

2.4.1　矿山废弃资源综合开发利用

2.4.1.1　区域产业转型发展

随着工业发展的日益壮大，原生矿产资源被过度开发，资源急剧枯竭，导致多数依靠矿产开发的城市开始出现经济衰退、生态环境恶劣等诸多问题，这些城市曾经作为基础能源的供应地，为我国经济社会发展作出了突出贡献（程琳琳等，2018）。但矿产废弃物、废弃土地无法利用，工业地物占用土地，产业无法转型等问题的出现，导致矿业城市区域发展遭遇瓶颈，开始阻碍城市持续发展，城市经济逐步停滞、生态环境持续恶劣。因此，合理预测区域的产业发展方向、确定产业发展类型是矿业城市突破发展瓶颈、实现区域产业转型的首要任务。

矿业城市因矿产资源采掘、初步开发利用而兴建与发展，且整个城市运转在很大程度上基于矿产资源储量的变化和市场价格的波动而呈现出典型的阶段性和周期性特征。因此，由于过度开采而呈现资源枯竭的城市转型的关键和核心是经济转型（乌拉尔·沙尔赛开等，2018），即资源型经济结构的转变，由资源依赖型产业结构和主导产业向非资源依赖型产业结构和主导产业的转变。由于区域地理环境、自然生态环境和矿产资源开发类型的限制，区域产业发展方向也有所不同。资源枯竭型城市的产业发展方向一般有三种：一是彻底放弃已经失去优势的矿业，从横向重新选择后续优势替代产业；二是继续立足现有优势主导产业，从纵向延伸原有矿业产业链，利用其带来的经济效益支持其他新兴产业，使这些产业逐渐代替矿产业，从而减轻城市对于资源的依赖性（王会萍，2014）；三是复合型发展，在现有优势产业纵向发展的基础上适当增加其他新型产业，以保持城市发展的可持续性。

2.4.1.2　确定潜在产品类型

从目前关于矿产废弃物综合利用的相关研究成果中可以总结出，尾矿及其他废弃物的用途主要有：再选回收有用矿物，用于生产建筑材料，用作充填材料，用作土壤改良剂及微量元素肥料，作为土壤复垦和生态恢复基础材料等。在传统矿山生态修复工作中，矿山空场充填是废弃物利用最主要的方式，约占其利用总量的53%（薛亚洲等，2014）。金矿山、铜矿山及其他有色和稀有贵金属矿山、铁矿山是废弃物充填利用的主力军，分别占其利用总量的18.0%、23.6%和11.4%。其次是生产建材，占矿产废弃物利用总量的43%。再选回收占矿产废弃物利用总量的3%。未来废弃物利用将继续呈增长态势。矿产废弃物综合利用持续提高的主要驱动力主要有两个方面：一是胶结充填采矿技术的推广，产量增长需要增加充填材料；二是新建尾矿库、排岩场等场地的征地要求越来越高，导致场地争取越来越困难，成本越来越高。经过近年来不断地尝试与实践，研究发现矿产废弃物通过资源化利用，能够制备出多种类型的矿山资源化产品，多数可以投入市场进行交易，进而产生经济效益。根据废弃物组分、功能和利用方式的不同，其市场化产品主要有以下几种类型。

1. 工业生产原料

金属尾矿中通常含有一些稀有金属成分，具有很高的市场价值，如果将尾矿废弃物中金属或非金属等有价组分进行二次回收，包括留存在尾矿中的原选矿目的组分和伴生组分，也包括原未查明和未发现用途的新型有价组分，形成新型的工业生产原料，可以产生新的经济效益。有价组分的回收可以在原有选矿工艺设备基础上，通过改进工艺流程、选矿设备来实现（张骄，2018）。有时也需建立二次选厂，以新的工艺流程和设备来制备新型产品。

2. 高附加值的再利用产品

将二次回收的矿产废弃物进行不同方式的深加工，可以产生高附加值的再利用产品。如利用含有特殊成分的尾矿废弃物来制造各种功能材料、复合材料、光学制品、陶瓷制品、玻璃制品等，同时也包括无再选价值尾矿的整体利用产品，根据废弃物的化学成分、粒度特性等，制造高附加值的微晶玻璃、建筑陶瓷、日用陶瓷和水泥。

3. 建筑材料的原料产品

不同类型矿产废弃物在粒度、物理化学性质等方面存在差异，使其在建筑工程方面可以有不同的利用途径（贾敏，2019）。例如，块状矸石、尾矿可用作铁路道渣、混凝土骨料（张国权，2019），细粒尾矿、残土可以用作混凝土细骨料、砂浆等（麻建锁等，2018），利用非金属矿废弃物中的白云石、粉煤灰等可以制备保温砌块，用于建筑领域（王剑平，2017）。利用矿产废弃物制备的建材具有很大的市场空间，随着生产工艺的不断改进与更新，已经被很多企业实施与推广。

4. 矿物肥料或土壤改良剂

生产矿物肥料和土壤改良剂也是尾矿利用的主要方式之一。有些矿产废弃物中含有某些植物生长所需的微量元素，如 Mn、Re、Zn、Mo、K、P 等，将这种类型的废弃资源进行适当加工，制成矿物肥料产品（刘玉林等，2018），施于土壤中，可以与施钾肥、磷肥、微量元素肥的作用等同，具有一定的市场推广价值。在矿山修复工作中，利用提取出的微量元素与土地整理相结合，达到改良土壤的目的，减少修复资金投入。

5. 井下充填物或产品

井下充填或造地复田是目前针对矿产废弃物开发利用最常见的形式，也是其消耗量较大的利用方式，这种产品虽价格低廉，但由于利用方便，所以在矿山修复工作中应用广泛，同时便于大量消耗，对开发土地资源、减少矿产废弃物污染及改善矿山环境均有积极意义。但充填产品几乎没有市场价值，仅对矿区地质灾害消除具有一定的作用。

2.4.2 矿山土地综合开发利用

2.4.2.1 土地能源化开发

1. 光伏发电产业开发

判断区域是否能够进行可行的能源化利用，就必须考虑该区域所处地理环境条件和自身发展条件等。以能源化利用最普遍的光伏发电为例，由于我国幅员辽阔，区域差异性较大，而光伏发电量与太阳高度角、阳光辐射量、所在位置的经纬度及海拔高度等关系密切，不同条件下的发电量也有很大差异。同时考虑到光伏组件的安装方式、角度与难易程度，以及发展光伏的投资回收情况（谭运嘉等，2009），光伏发电具有很大的区域差异性，在实际应用中由多重因素相互作用而相互影响。

柳君波等（2009）通过成本效益分析方法研究全国 331 个城市的光伏发电潜力，研究结果表明：目前最适宜发展光伏能源的区域为甘肃、宁夏、陕北、冀北、川西、海南地区，应积极引导推动这些地区的光伏发展；其次为青海、内蒙古、东北、山东、豫北、皖北、江西、广东等地区，发展光伏能源优势较大；较适宜发展区域为新疆、陕南、山西、冀中南、京津沪、江苏、浙江、福建、湖南、广西等地区，可以有条件、有选择地发展光伏能源；其他地区如云南、贵州、重庆、陕中、湖北发展光伏能源的经济性较低，不建议发展光伏能源。

2. 风电产业开发

风力发电作为一种新能源发电技术，已广泛应用于我国风力资源较好的地区，技术水平也趋于成熟。从地形地势上看，矿山地区地势高差较大，很适合发展风力发电，因此风电可作为矿山能源化发展的主要新能源产业。相较于光伏发电而言，风电对场地面积和要求较低，投入成本低、发电效率高，具有诸多优势。我国地形条件复杂，风资源差异很大，宋婧（2013）对我国垂直 50m 高度的风资源分布情况进行统计分析，结果显示：东南沿海、山东半岛、辽东半岛、三北地区、松花江下游地区为风资源丰富区，具有很大的开发潜力；东南沿海内陆和渤海沿海区、青藏高原为风资源较丰富区，可以适当发展风电；两广沿海地区、大小兴安岭地区、中部地区为风资源一般区，可以有选择地发展风电；川云贵和南岭山地区、雅鲁藏布江河谷地区、塔里木盆地西部地区为风资源贫乏区，不适宜发展风电。

3. 抽水蓄能产业开发

在水资源较丰富、地势高差较大的矿山地区，建设抽水蓄能电站是一种切实可行的矿山新能源开发方式。抽水蓄能电站是通过水的重力势能作为能源媒介来完成能源的转化存储。存在能源存储需求时，利用电能驱动水泵将水从位置较低的蓄水区域抽到位置较高的蓄水区域，将电能转化为水的重力势能存储起来；而在有能源利用需求时，将水从高蓄水区域释放并通过涡轮机驱动发电机发电，将水的重力势能重新转变为电能进行利用。相比于传统化石能源受区域自然地理气候条件、风力和光照强度等影响，无法提供长效、安全、稳定的能源输出，抽水蓄能电站是一种高效稳定的可再生能源存储设施（郗富瑞等，2020）。利用矿山废弃地建设抽水蓄能电站已有先例，如阜新的海州露天矿规划利用露天矿坑建设1200MW 装机的抽水蓄能电站，预计年发电量可达 20.08 亿 kW·h。

4. 生物质能源产业开发

生物质能源的发展相较于光伏发电而言对土地空间与土壤条件要求更加严苛（石元春，2011）。矿山废弃地所能提供的土地空间恰恰能够填补生物质种植空间所需，二者相互契合，所产生的效益相辅相成。唯一需要注意的是不同气候与地理环境能够提供的土壤条件不同（康文星等，2010），适配的生物质能源植物也有所区别（张蓓蓓等，2018；侯新村等，2013）。在我国范围内适宜的生物质原材料有很多种，主要包括：淀粉类、糖类、麦类、植物油等。产生干物质量比例相对较大的植物比较适合作为生物质能源植物进行广泛种植。如中国东北、西北地区能够适配的生物质能源植物主要有：柳枝稷（李继伟，2011）、芒（吴道铭等，2017）、荻（陈瑜琦等，2016）、沙棘（宗俊勤等，2012；胡建忠，2004）、蓖麻（谷孝东，2012；董伟伟，2010；袁晓宇等，2009；汪多仁，2000）、文冠果（迟琳琳等，2009）、甜高粱、菊芋（刘祖昕等，2012）、草木樨和斜茎黄芪（杨晓晖等，2005）。在区域具体能源植物配置工作中，还应根据区域经济条件和产业发展条件进行实际研究。

全师渺等（2019）以辽宁省矿山废弃地为研究对象，将能源植物分为纤维素类能源植物（柳枝稷、芒、荻、沙棘）、糖类能源植物（甜高粱、菊芋）、油料能源植物（蓖麻、文冠果）和恢复性能源植物（草木樨、斜茎黄芪、荻）四种类型，通过分析光伏发电和生物质能源植物种植的能源产出量（田徵，2010），研究矿山废弃地发展可再生能源的潜力。研究结果表明，光伏发电与生物质能源种植相结合的发展方式所产生的总能源是非常可观的，占辽宁省 2016 年总电力消费量的15.3%~38.9%，能源产出潜力很大（全师渺等，2019）。

2.4.2.2 配套储能建设

随着国家"构建以新能源为主体的新型电力系统"工作的深入推进，电力系统呈现明显的双高和双峰特性，未来以新能源为主体的新型电力系统面临新能源消纳受限、电力系统安全稳定运行风险增大两大问题。为促进矿山新能源消纳，解决新能源发电的间歇性和波动性问题，需要在开发光伏、风电等新能源的同时配套建设储能系统。储能技术主要分为物理储能（如抽水储能、压缩空气储能、飞轮储能等）、化学储能（如铅酸电池、氧化还原液流电池、钠硫电池、锂离子电池）和电磁储能（如超导电磁储能、超级电容器储能等）三大类。随着储能技术的不断发展，衍生出相变储能等多种储能技术的耦合系统。在实际建设过程中，需要根据新能源开发的不同场景，选择相应的储能方式，以达到最大化利用的目的。

2.4.2.3 智能电网系统开发

智能电网是矿山源网荷储一体化开发的重要环节，与新能源开发、储能系统开发共同构成矿山能源化综合开发体系。智能电网是传统电网与现代传感测量技术、通信技术、计算机技术、控制技术、新材料技术高度融合而形成的新一代电力系统，能够实现对电力系统信息、电能全方位监控和智能化统一管理。与传统电网比较，智能电网更加清洁、高效、安全、经济，是未来智能城市建设的重要基础。在美国、欧洲和日本等地，矿山智能电网的开发和应用已趋于成熟，国内也开始迅速发展，国家从战略的高度将包括智能电网的新能源产业作为战略性新兴产业培育和发展，以此带动和促进整个产业的转型和升级。因此，发展智能电网已成为未来矿山生态修复的重要内容，具有很大的发展前景。

2.5 本章小结

本章通过分析传统矿山生态修复模式，发现传统修复模式的不足，在此基础上提出三种新型矿山生态修复模式。资源化矿山生态修复模式旨在通过将矿山废弃地表以上废弃资源进行有效利用，变废为宝，并应用于矿山生态修复整体环境景观营造中，具有节约资源、修复环境、创造经济效益等多重优势。能源化矿山生态修复模式旨在利用矿山废弃地中被占用的土地资源，进行光伏、风力发电和生物质能源种植等能源化利用，为矿山废弃地重新赋予可利用价值，这些可再生能源的利用可有效替代传统能源使用，具有保护环境、减少碳排放、增加经济效益等诸多优势。资源化与能源化耦合的矿山生态修复模式是以上两种模式耦合而成，建立"四环"循环修复模式，实现自然系统的物质和能量循环，构建新型能源发展的产业循环，构建矿山经济循环，实现可持续发展社会的大循环。资源化与能源化耦合的矿山生态修复模式是全社会大循环和物质代谢重要环节，为矿山可持续发展和资源枯竭型城市的产业转型提供可行性思路。

参 考 文 献

包继锋, 周富诚, 2016. 大红山铁矿地表塌陷区综合治理方案研究[J]. 现代矿业, 32(2): 135-137, 146.

边同民, 孙立杰, 王琳, 等, 2008. 马庄铁矿采空区及尾矿库综合治理研究与实践[J]. 矿业快报(2): 43-45.

陈甲球, 2006. 矿山环境修复治理资金筹措机制探讨[J]. 化工矿物与加工(4): 35-37.

陈瑜琦, 陈丰琳, 2016. 在边际土地上种植能源作物的综合可行性分析: 以甘肃榆中为例[J]. 可再生能源, 34(7): 1079-1085.

程琳琳, 刘县昌, 杨丽铃, 等, 2018. 产业转型背景下的矿业废弃地开发利用模式和战略: 以北京市门头沟区为例[J]. 中国矿业, 27(7): 70-74, 80.

迟琳琳, 胡春元, 闫彩峰, 等, 2009. 不同基质组合对神东矿区文冠果生长的影响[J]. 安徽农业科学, 37(11): 5207-5208, 5242.

董伟伟, 2010. 种植密度和施氮量对中度盐碱地蓖麻生育特性和养分吸收的影响[D]. 扬州: 扬州大学.

范振林, 2013. 中国矿产资源税费制度改革研究[J]. 中国人口·资源与环境, 23(S1): 42-46.

谷孝东, 2012. 蓖麻生物柴油制备工艺及其排放特性研究[D]. 泰安: 山东农业大学.

侯新村, 范希峰, 武菊英, 等, 2013. 边际土地草本能源植物应用潜力评价[J]. 中国农业大学学报, 18(1): 172-177.

胡建忠, 2004. 沙棘作为农村能源植物开发的可行性分析[J]. 国际沙棘研究与开发(4): 36-43.

贾敏, 2019. 煤矸石综合利用研究进展[J]. 矿产保护与利用, 39(4): 46-52.

姜杰, 2012. 首云矿业生态化开发的实践及分析[J]. 中国矿业, 21(5): 56-58, 62.

康文星, 田徵, 何介南, 2010. 我国能源利用现状的初步分析[J]. 中南林业科技大学学报, 30(12): 127-133.

李凤鸣, 2013. 西天山石炭纪火山-沉积盆地铁锰矿成矿规律和找矿方向[D]. 北京: 中国地质大学.

李华娟, 2014. 吉林省典型煤矿区废弃地土壤重金属污染评价及豆科植物修复效应研究[D]. 长春: 吉林大学.

李继伟, 2011. 栽培管理措施和环境胁迫对柳枝稷生长特性和生物质品质的影响[D]. 呼和浩特: 内蒙古农业大学.

李军, 李海凤, 2008. 基于生态恢复理念的矿山公园景观设计: 以黄石国家矿山公园为例[J]. 华中建筑(7): 136-139.

刘国华, 舒洪岚, 张金池, 等, 2005. 南京幕府山矿区废弃地植被恢复模式研究[J]. 水土保持研究, 12(1): 141-144.

刘玉林, 刘长淼, 刘红召, 等, 2018. 我国矿山尾矿利用技术及开发利用建议[J]. 矿产保护与利用(6): 140-144, 150.

刘祖昕, 谢光辉, 2012. 菊芋作为能源植物的研究进展[J]. 中国农业大学学报, 17(6): 122-132.

柳君波, 张静静, 徐向阳, 等, 2009. 中国城市分布式光伏发电经济性与区域利用研究[J]. 经济地理(10): 54-61.

麻建锁, 刘永伟, 2018. 铁尾矿路缘石的设计与制备技术[J]. 建材与装饰(2): 227-228.

仝师渺, 郗凤明, 王娇月, 等. 2019. 在矿山废弃地上发展可再生能源的潜力: 以辽宁省为例[J]. 应用生态学报, 30 (8): 2803-2812.

师学义, 陈丽, 2006. 我国矿区土地复垦利用的困境: 产权与政策层面分析[J]. 能源环境保护(2): 54-57.

石元春, 2011. 中国生物质原料资源[J]. 中国工程科学, 13(2): 16-23, 2.

宋婧, 2013. 我国风力资源分布及风电规划研究[D]. 北京: 华北电力大学.

宋蕾, 李峰, 2011. 矿山修复治理保证金的标准核算模型[J]. 中国土地科学, 25(1): 78-83.

谭运嘉, 李大伟, 王芬, 2009. 中国分区域社会折现率的理论、方法基础与测算[J]. 工业技术经济, 28(5): 66-69.

田徵, 2010. 辽宁省能源消耗及碳排放规律研究[D]. 长沙: 中南林业科技大学.

汪多仁, 2000. 蓖麻籽与蓖麻油应用进展[J]. 粮食与油脂(2): 12-14.

王伯银, 张云鹏, 马雪坤, 2017. 遵化张庄子凤良铁矿地质环境问题与恢复治理措施[J]. 现代矿业, 33(1): 221-224.

王会萍, 2014. 矿业城市产业转型模式及实证研究[J]. 西安科技大学学报, 34(1): 98-103.

王剑平, 2017. 基于磷矿尾矿自保温砌块制备与节能效果研究[D]. 广州: 广州大学.

王雪峰, 2008. 开发利用矿山二次资源是发展矿产资源循环经济的关键[J]. 国土资源(5): 32-36.

温庆忠, 2008. 废弃石灰岩矿山植被恢复方法探讨[J]. 林业资源管理(4): 108-111, 123.

乌拉尔·沙尔赛开, 杨海平, 2018. 矿业城市转型及其阶段识别的理论与应用[J]. 地域研究与开发, 37(3): 50-53.

吴道铭, 陈晓阳, 曾曙才, 2017. 芒属植物重金属耐性及其在矿山废弃地植被恢复中的应用潜力[J]. 应用生态学报, 28(4): 1397-1406.

郗富瑞, 张进德, 王延宇, 等, 2020. 中国废弃矿山地下抽水蓄能电站技术要点与可行性分析[J]. 科技导报, 38(11): 41-50.

薛亚洲, 王海军, 2014. 全国矿产资源节约与综合利用年度报告: 2014[R]. 北京: 地质出版社.

杨晓晖, 王葆芳, 江泽平, 2005. 乌兰布和沙漠东北缘三种豆科绿肥植物生物量和养分含量及其对土壤肥力的影响[J]. 生态学杂志, 24(10): 1134-1138.

袁晓宇, 胡春元, 赵娜, 等, 2009. 不同农艺措施对神东矿区采煤塌陷区蓖麻产量的效应[J]. 安徽农业科学, 37(12): 5474-5476.

张蓓蓓, 马颖, 耿维, 等, 2018. 4 种能源植物在中国的适应性及液体燃料生产潜力评估[J]. 太阳能学报, 39(3): 864-872.

张国权, 2019. 探析绿色发展理念下的煤矸石处理与利用[J]. 资源节约与环保(10): 145.

张骄, 2018. 金属尾矿资源综合利用现状及对策探讨[J]. 中国资源综合利用, 36(5): 74-75, 78.

张锦瑞, 徐晖, 饶俊, 2005. 循环经济与金属矿山尾矿的资源化研究[J]. 矿产综合利用(3): 29-33.

张俊祥, 2014. 对我国新能源产业发展潜力的再认识[J]. 高科技与产业化(12): 80-83.

张连生, 纪海波, 胡超时, 等, 2011. 牛河梁弃矿区植被恢复技术[J]. 水土保持应用技术(1): 13-14.

张兴, 王凌云, 2011. 矿山地质环境保护与治理研究[J]. 中国矿业, 20(8): 52-55.

周凤起, 2005. 中国可再生能源发展战略[J]. 石油化工技术经济(4): 5-10.

周锦华, 胡振琪, 王乐杰, 2007. 景观生态学在矿山地质环境治理中的应用[J]. 煤炭工程(10): 24-27.

周小燕, 2014. 我国矿业废弃地土地复垦政策研究[D]. 徐州: 中国矿业大学.

宗俊勤, 郭爱桂, 陈静波, 等, 2012. 7 种多年生禾草作为能源植物潜力的研究[J]. 草业科学, 29(5): 809-813.

Damigos D, Kaliampakos D, 2003. Environmental economics and the mining industry: Monetary benefits of an abandoned quarry rehabilitation in Greece[J]. Environmental Geology, 44(3):356-362.

Holl K D, 2002. Long-term vegetation recovery on reclaimed coal surface mines in the eastern USA[J]. Journal of Applied Ecology, 39(6): 960-970.

Liesch M, 2016. Creating Keweenaw: Parkmaking as response to post-mining economic decline[J]. Extractive Industries and Society, 3(2): 527-538.

Schuman G E, Fortier M I, Hild A L, 2010. Culture practices and ecological considerations in establishing native shrubs on mined land: A case study on *Artemisia tridentata* ssp. *wyomingensis*[C]. Proceedings of the International Symposium on Land Reclamation, Beijing, China Land Science Society.

第3章 资源化矿山生态修复

随着矿山绿色开采、矿山生态恢复、矿区环境治理、矿区可持续发展等理念的提出，矿山的环境保护工作引发了越来越多人的关注。在过去一段时间里，采矿经济的快速发展牺牲了自然生态环境，违背了发展规律。在这种情况下，加快构建可循环的绿色矿山发展模式具有重要的现实意义。想要打造绿色发展的矿山经济，就要考虑矿山修复的经济性与实用性，以及对区域经济发展的适应性，换而言之，发展矿山生态经济必须要与区域整体的经济发展方向相契合，才能达到共赢的目的。本章提出资源化矿山生态修复模式，将尾矿、废石、废水等矿山废弃资源进行综合利用，形成资源化产品，一部分面向市场，一部分作为矿山生态修复的基础材料，达到变废为宝的目的，从而实现矿山循环发展。通过实施资源化矿山生态修复模式，企业能够以没有市场价值的废弃资源置换而获得经济效益，提升资源利用效率，并使得经济发展和环境保护两者达到良性循环，实现绿色发展。

鉴于矿山废弃地在无序开采过程中出现的生态破坏、环境污染和资源浪费以及传统生态恢复技术局限性等问题，研究者在传统矿山生态修复模式的基础上，结合循环经济和可持续发展理念进行一种新的尝试，提出资源化矿山生态修复模式。该模式旨在充分利用尾矿、煤矸石、煤泥、舍岩、残土等矿山废弃资源，通过一定的工艺流程制作水泥、砂浆、陶粒等建材原料和土壤改良剂、种植土等材料，用于矿山的基础设施建设和矿山生态环境修复中，而后在土地整理、污染消除之后的矿山土地上采用地形与景观重塑、工业地物改造、土地类型重新划分等规划方法，改变其原有单一的利用方式，赋予矿山废弃土地新的使用价值，从而实现区域产业成功转型的和经济的可持续发展。该模式的核心是提高废弃资源的综合利用效率，发展循环经济，不仅节约矿山修复资金投入，同时创造经济、生态、社会三重效益。修复矿山环境的同时发展循环经济、矿山旅游和农业观光等适宜产业，从而激活矿山发展潜能，延长矿区土地使用寿命，使其具有长远的发展前景和发展潜力，进而实现区域产业顺利转型和经济的可持续发展。

3.1　资源化矿山生态修复模式

3.1.1　资源化矿山生态修复模式构建

资源综合利用是通过相关技术，以矿产废弃物中主要包含的尾矿和废岩为基础原材料，生产建筑成型材料、环保材料和基础设施材料等产品，既创造了可观的经济价值，又降低了一次资源的使用，同时也减少了对环境的污染。对现存的废弃尾矿与废岩资源进行综合再利用，形成新型矿山固体废弃物深加工产业链，建立城区与矿区联动的上下游产业链条，最大限度地资源化利用现有资源的同时彻底消除矿山固体废弃物的各种污染和次生危害，带动区域循环经济发展。针对尾矿和废岩资源化利用后的土地，采用微生物修复、植物修复等技术消除各种污染，结合恢复生态学、景观生态学、低碳经济发展等相关科学，依照区域经济发展目标，因地制宜地开展矿山恢复和土地资源开发，可使用土地量以及土地价值得到极大提升，区域生态系统服务功能得到提升，为地方经济发展注入新的活力。资源化利用与资源化矿山生态修复技术相结合，将矿山尾矿、废石资源与土地资源重新整合利用，同时达到矿产废弃物无污染残留、矿山土地利用最大化、修复当地生态环境、拉动当地经济协同发展的目的（马跃等，2018）。资源化矿山生态修复体系主要包括矿山固体废弃物资源化利用和矿山废弃地再开发利用两方面。

1. 矿山固体废弃物资源化利用

在大部分矿山中，由于采选技术落后，所产生的尾矿都含有大量有价成分没被提炼，造成矿产资源的浪费。更加严重的是，大量的无法利用的尾矿堆积在矿区中，不仅占用大量土地资源，并且对矿区的大气、土壤及水环境都造成了不同程度的污染和破坏，对当地生态环境形成威胁。在资源化矿山生态修复过程中，首先将尾矿进行复选或磁选，利用尾矿二次提取技术，提纯出可利用的精矿，创造矿石的二次使用价值；另外，针对尾矿再次提取后的残留资源，以及矿石采选和排岩所产生的废石、残土，采用资源化利用技术，将这些矿山废弃资源重新利用，运用提炼和烧制等技术所生产的填充材料和矿物化肥可以用于矿山景观地貌重塑和复垦修复，生产的建筑装饰材料和功能材料可以用于矿山基础设施建设。将这些废弃物资源化利用后，不仅可以消除矿山环境污染，而且可以降低矿山重建过程中的经济投入。

2. 矿山废弃地再开发利用

针对尾矿堆积地，废石、残土堆积地，采矿塌陷区和工业场地遗留的废弃土地，采用资源化修复技术，将土地上的废弃资源转移利用，进一步实施整理地形、水系疏浚、地质安全处理、灾害防治等一系列土地整治措施，着力进行土壤环境修复，使其恢复土地正常的使用性质，促使土地资源可以重新得以利用。在矿山重建过程中，结合当地人文、地理和经济发展等自然和社会条件，将资源化利用后的尾矿库占地，通过生态修复措施后，因地制宜地选择土地利用形式和规模，将土地重新规划，采用土地能源化发展、景观重新构建等方式进行梳理整合，改造成工业、商业和旅游等用地类型，增加土地使用价值，为当地经济可持续发展创造契机。

3.1.2　矿山固体废弃物资源化利用

经过对矿产资源半个多世纪的大规模开发，我国已成为居世界前列的矿业大国。根据我国矿产资源的特点和用途，通常将其分为四类，即能源矿产、金属矿产、非金属矿产和水气矿产，目前记录在册的矿种已有 168 种。但由于矿产资源差异化特点和综合利用技术水平的局限，我国矿山固体废弃物排放量与堆存量都是巨大的。近年来，国家发展改革委、财政部等相关部门已出台一系列经济和产业优惠政策鼓励煤矸石资源综合利用。目前，煤矸石在发电、生产建筑材料、生产复合肥、塌陷区充填等领域综合利用都有突破性进展，但有色、冶金等金属矿山的尾矿和废石、残土综合利用工作还处于起步阶段。据工业和信息化部印发的《工业绿色发展规划（2016—2020 年）》显示，截至 2015 年，我国煤矸石综合利用率为 68%，尾矿综合利用率仅为 22%。相较发达国家而言，我国在矿山废弃矿产资源综合利用领域仍具有很大进步空间。

目前，我国矿山固体废弃物主要包括尾矿、煤矸石、煤泥，以及矿山剥离的废石、残土四种类型。针对矿产废弃物各自具有的特点，因材施料，采取不同的资源化利用手段，并考虑到矿山修复的最终定位，有目的地对矿山四种典型废弃物进行综合利用，保障矿山修复过程中资源利用最大化、零排放、无二次污染。废弃矿产资源化利用技术路线如图 3-1 所示。

3.1.2.1　尾矿资源化利用

1. 尾矿复选再提取

随着建筑行业兴起，矿产市场日益繁荣，矿石资源的需求量日益增加，矿山开采活动日渐频繁。但随着时间的推移，由于对矿石开采利用率没有统一的行业标准，采矿企业水平良莠不齐，大多数企业开采技术工艺没有达到先进水平，导致大部分尾矿中残留的大量的有价金属元素无法被利用，矿石利用率很低，造成矿产资源的严重浪费。将这些有价矿产资源进行复选再提取，不但可以挽回经济损失，同时还可为其创造新的资源市场。废弃尾矿复选再提取利用主要有以下三种方式。

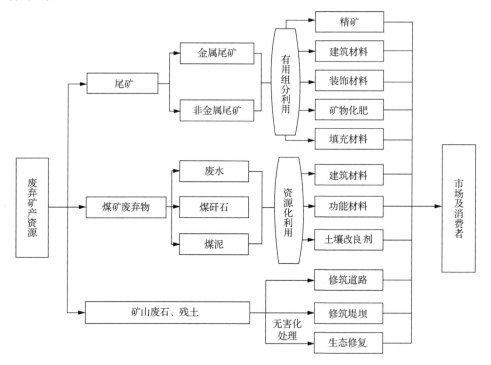

图 3-1　废弃矿产资源化利用技术路线图

1）大宗矿产回收再利用

由于大多数尾矿中都残留不同含量的铁、锰、铜、铅、锌、铝、硫、磷、钾等大宗矿产成分，如不加以利用，极容易造成资源浪费。在资源化综合利用之前，可使用磁选、浮选等方法对尾矿中的大宗矿产有用组分进行二次提取回收。尾矿复选提取技术是将现有尾矿重新磁选，提炼出有价值矿物成分，进行回收再次利用的技术。由于现有大多数尾矿已经呈粉末状，在二次复选过程中，省去了开采、破碎与磨矿的技术流程，大大降低复选成本，针对含有不同成分的尾矿，通过一次粗选、两次扫选、四次精选等复选方法，能够提炼出 90%以上高品位矿石，尾矿回收率可达 80%以上，从而大大提高矿产资源综合利用率。

例如，河北钢铁集团司家营研山铁矿有限公司应用尾矿磁选技术，采用阶段磨矿—粗细分级—重选—强磁选—阴离子反浮选工艺流程处理风化严重、嵌布粒度微细的"鞍山式"沉积变质型赤铁矿矿石，年处理浮选尾矿约 95 万 t，增产铁精矿 5 万多 t，增加了有用矿物的回收利用，减少了尾矿排放，节约了尾矿堆存成本，延长了尾矿库的使用年限（魏焕民等，2012）。

2）稀有贵金属再提取

在矿山开采过程中，有些矿石中往往含有金、银、镁、钼等高价值贵金属成分，在采选矿初期采矿企业未经过详细成分检测，只是盲目开采，由于生产技术水平和能力的限制，这些伴生的高价稀有金属往往被忽视。通过稀有贵金属提取、分离、溶液萃取和冶炼技术，将尾矿中检测出的稀有贵金属成分按市场价值、可利用程度以及提取难易程度等进行权重分配与提取分析，按实际所需进行分层次提取，不但可以提高尾矿综合回收率与利用率，同时可以取得一定经济效益，减少矿山恢复重建经济投入。

这种从尾矿中提取稀有贵金属的方法在国内已有先例，如云南某铜矿厂在浮选尾矿过程中，通过一系列复杂工艺，提炼出一定量的铅、铋和银，大大提高了尾矿回收利用率。河南某选矿厂在复选过程中，通过采用重选、浮选和再处理的工艺对铜尾矿进行提取，得到的金精矿经细磨后用浮选法回收金，也取得了良好的经济效益（薛建森等，2014）。

3）伴生矿物回收

很多矿石的尾矿中含有伴生矿物，这些伴生矿物都具有很大的利用价值。如石墨尾矿中含有钒云母(刘建国等,2015)，金刚石尾矿中含有钙钛矿(王进,1982)，高岭土尾矿中富含石英砂(刘思等,2013)，萤石尾矿中含有石英及有色金属矿(刘航等，2019)，滑石尾矿中含有白云石（姜晓谦等，2011），石棉尾矿中含有蛇纹石（杜高翔，2007），硅藻土尾矿中含有石英及黏土矿物（高将等，2016）等。可根据这些伴生矿物的嵌布特性，采用一种或多种选矿技术对其进行回收利用。常见尾矿复选可回收金属成分如表 3-1 所示。

表 3-1　常见尾矿复选可回收金属成分表

尾矿种类	尾矿名称	可回收有价成分	一般处理流程	制备难易程度	回收率/%
金属矿产	铁尾矿	钛、钴、镍、钼、锡、镉	强磁-电选	容易	25
		锌	粗选-精选	一般	0.5
		硫、磷、稀土	摇床	一般	30
	金银尾矿	铅	粗选-精选	一般	1
		铜	复选分离	一般	0.2
		锌	粗选-精选	一般	0.5
	铜、铅、锌尾矿	铁、金、银、镉	粗-精磁选	一般	63
		钨	溜槽磁选-浮选摇床	难	67
		硫、砷	摇床	一般	30
	钼尾矿	钨	脱硫-粗选-精选	难	20
	铝尾矿	镉、钒、钛	粗-精磁选	一般	63

续表

尾矿种类	尾矿名称	可回收有价成分	一般处理流程	制备难易程度	回收率/%
金属矿产	汞尾矿	铜、钼、金、银	粗-精磁选	一般	63
		砷	摇床	一般	30
	锡尾矿	铁、铜、钼、银	粗-精磁选	一般	63
		铅、锌	粗选-精选	一般	1
		硫、砷	摇床	一般	30
非金属矿产	煤矸石	镓、钒、钛、钴	粗-精磁选	难	20
		硫	摇床	一般	30
	磷尾矿	铀、锰、锂、钛、钒、铁、	粗-精磁选	难	20

资料来源：李士彬等，2011

2. 尾矿生产建筑材料

受生产工艺的限制，某些尾矿资源无法进行二次复选，生产建材成为尾矿综合利用的主流方式，目前比较常见的利用尾矿生产的建筑材料主要包括以下几种类型。

1）尾矿砂生产生态透水砖/地面砖

生态透水砖/地面砖是一种具有高孔隙率的透水性路面铺装材料，在人行地面铺装中被广泛使用。较高的孔隙率使它具有其他砖所不具有的一些优势特性，主要是良好的透水性、透气性及保湿性。生态透水砖/地面砖的制作方法，是以尾矿和尾渣等作为再生骨料，加入适量的外加剂或掺合料，加水搅拌后制成型，经自然养护或蒸汽养护制成。具体生产工艺流程如图3-2所示。

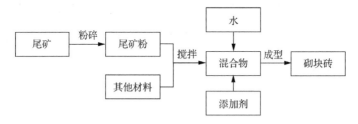

图3-2　生态透水砖/地面砖生产工艺流程图

为使尾矿制备的生态透水砖/地面砖能在市场推广，它与市面通用的同属性的产品应具有相同的耐磨性、防滑性、吸水率和抗冻性（严寒地区），其物理性能应符合《再生骨料地面砖和透水砖》（CJ/T 400—2012）等标准要求，主要技术参数如表3-2所示。

表 3-2　生态透水砖/地面砖物理性能参数

项目	透水砖	地面砖
耐磨性	磨坑长度≤35mm	磨坑长度≤35mm
防滑性	防滑值≥60	防滑值≥60
吸水率	透水系数（15℃）≥$1.0×10^{-2}$cm/s	≤8.0%
抗冻性（严寒地区）	50 次冷冻循环试验后，正面粘皮及缺损的最大投影尺寸≤10mm，缺棱掉角的最大投影尺寸≤15mm，非贯穿裂纹最大投影尺寸≤10mm，不允许分层、色差、杂色不明显，且强度损失率≤20%	

利用尾矿生产生态透水砖/地面砖方面的研究目前较为成熟，如李德忠等（2016）以北京首钢密云铁尾矿作为骨料，成功地制备了高强度、高透水率的铁尾矿透水砖。结果表明：铁尾矿掺量 82%，胶凝材料掺量 18%，尾矿粒级在 1.25～5mm，成型压力为 20MPa 时，制备的尾矿透水砖 28 天抗压强度高达 54.8MPa，透水系数为 $3.3×10^{-2}$cm/s，性能指标符合《透水路面砖和透水路面板》（GB/T 25993—2023）中 Cc50 级的要求。铁尾矿烧结砖的主要矿物组成为石英、赤铁矿、钙长石等，苏立栋等（2014）以铁尾矿为主要原料，粉煤灰和黏土为辅料制备烧结砖，结果表明，铁尾矿、粉煤灰、黏土最佳质量配比为 92：5：3，最佳烧结制度为：烧成温度 1050℃，保温时间 1.5～2h。

2）生产水泥生料与预拌砂浆

预拌砂浆是以尾矿和尾渣等再生骨料、水泥、水以及根据需要掺入的外加剂、矿物掺合料等组分按一定比例，经计量拌制后，在规定时间内运至使用地点的混凝土拌合物。用尾矿生产水泥是利用尾矿中的某些微量元素影响水泥熟料的形成和矿物的组成，在水泥配料中引入大量的尾矿，按照正常的水泥生产工艺，生产符合国家标准的水泥。利用尾矿制备预拌砂浆的主要品种有砌筑砂浆、抹灰砂浆、地面砂浆、防水砂浆、陶瓷砖黏结砂浆和界面砂浆等，各个品种的砂浆在制备过程中的主要技术参数均需符合《预拌砂浆应用技术规程》（JGJ/T 223—2010）等相关标准的要求，不同品种的预拌砂浆应用于不同的工程中，还应满足相应工程的验收规范，如《砌体结构工程施工质量验收规范》（GB 50203—2011）、《建筑装饰装修工程质量验收标准》（GB 50210—2018）、《建筑地面工程施工质量验收规范》（GB 50209—2010）等，工艺流程如图 3-3 所示。

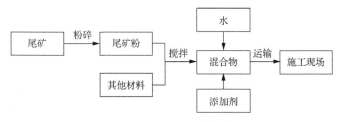

图 3-3　预拌砂浆生产工艺流程图

　　关于尾矿生产水泥骨料的技术工艺研究较多。如 Li 等（2010）配出 30%铁尾矿、34%高炉矿渣、30%水泥熟料和 6%石膏的胶凝材料，其强度达到 42.5 级硅酸盐水泥标准。刘文永等（2010）通过配料和烧制试验得到的尾矿掺量 6%、10%和 15%的胶凝材料分别达到 52.5 级、42.5R 级和 32.5 级硅酸盐水泥标准，利用尾矿烧制的胶凝材料与普通硅酸盐水泥熟料矿物组成相似。唐山市协兴水泥有限公司利用尾矿砂代替黏土和矿石生产水泥熟料，该技术投入生产后，可充分利用废弃尾矿砂，减少环境污染，节约大量黏土和矿山资源，还可使水泥吨熟料成本下降 2～3 元，熟料 28 天抗压强度提高 3～5MPa，使吨综合成本下降 10 元以上。

　　王威（2014）用铁尾矿作为试验原材料，研究利用铁尾矿替代部分原材料制备全尾矿砂废石骨料 C80 混凝土，最终研究得出了铁尾矿砂与尾矿石制备 C80 混凝土的主要成分和最佳配比。制备混凝土需要水泥、矿粉、尾矿粉、尾矿石、水和减水剂六种原材料，配比结果如表 3-3 所示。

表 3-3　尾矿制备混凝土最佳配比结果

原料类型	最佳配比/（kg/m³）
水泥	442
矿粉	78
尾矿粉	676
尾矿石	1255
水	79
减水剂	7.8

资料来源：王威，2014

　　从结果中可以看出，在利用铁尾矿生产混凝土的过程中，每生产 1m³ 混凝土，可以消耗尾矿粉 676kg，消耗尾矿石 1255kg（王威，2014）。

　　3）生产新型建筑节能保温板材

　　随着我国城镇化的深入、建筑抗震等级的提高，框架结构建筑物比例越来越高，市场对非承重、低容重、隔热保温墙体材料的需求也日益旺盛。掺入尾矿制备的轻质、保温、高力学强度、低成本的保温砖就有了巨大的市场潜力。尾矿制备的新型建筑节能保温板材主要包括保温砌块、抗震节能屋面板、外墙挂板等，以矿山尾矿、矿渣等为主要原料，加入页岩、黏结剂（膨润土）、助溶剂（钾长石）和发泡剂等，经高温发泡后制得尾矿保温板材。尾矿制备新型建筑节能保温板材生产工艺流程是：将尾矿、矿渣、页岩等破碎研磨后，按比例加入黏结剂、助溶剂，放入混料机中干混，之后放入旋转式造粒机中，在旋转过程中均匀加入水制成料球，然后料球均匀步入经清扫和喷涂脱模剂的模具中，自然干燥，再经高温发泡后冷却（肖慧等，2010）。工艺流程如图 3-4 所示。

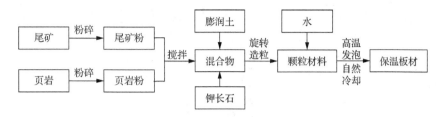

图 3-4　新型建筑节能保温板材生产工艺流程图

喻杰等（2013）以水泥为胶凝剂，以黄石市灵乡矿尾矿为主要原料制备轻质保温墙体材料，其试验表明：试验用碱性激发剂对铁尾矿的活性有显著的激发作用，可提高铁尾矿的掺用比例，减少水泥用量。当水泥、铁尾矿、激发剂、膨胀珍珠岩的质量比为 1∶2.5∶0.25∶0.63，水灰比为 0.8 时，试件 28 天的抗压强度＞5MPa，容重＜900kg/m³、导热系数＜0.231W/（m·K），满足建筑轻质保温墙体材料的性能要求，主要技术参数如表 3-4 所示。

表 3-4　新型建筑节能保温板材主要技术参数

项目	技术指标
体积密度	400～500kg/m³
抗压强度	8～10MPa
导热系数	0.13～0.17W/（m·K）
强度	50 次冻融循环后，试件无冻坏，冻后强度损失率 0.7%
吸水率	2.4%
单层空气隔声率	40.5dB
耐低浓酸碱	ULA 级
高浓酸碱	UHA 级
耐家庭化学试剂和游泳池盐类	UA 级

目前在市面上出现的尾矿生产的建材产品种类多种多样（图 3-5），市场前景愈发成熟，相信在不久的将来，尾矿生产的建材产品能够广泛应用于我国建筑基础设施工程中。

3. 尾矿制备装饰材料

多种研究表明，尾矿中含有的许多成分与玻璃和陶瓷生产原材料相似，这就使尾矿制备装饰材料成为一种可能，由于装饰材料的市场价值要远高于建筑基础材料，这种利用方式也可以大大提高尾矿的经济价值。

图 3-5　尾矿生产的建材产品

1）尾矿制备微晶玻璃

微晶玻璃，又称玻璃陶瓷，是将玻璃和陶瓷两种工艺结合，在加热过程中通过控制晶化而制得的一类含有大量微晶相和玻璃相的多晶固体材料。微晶玻璃具有结构致密、高强度、耐磨、耐腐蚀、耐风化，外观上纹理清晰、色彩鲜艳、色调均匀统一，光泽柔和晶莹，在室内能增加强烈的透视效果，抗压、抗折、抗冲击、易清洗、防火防水等特点，可被广泛应用于建筑、生物医学、机械工程、电力工程、电子技术、航天技术、核工业、电磁学等领域。尾矿的主要成分是 SiO_2、Al_2O_3，大多数尾矿中含有 S、Mn、Fe 等元素，可在一定范围内促进玻璃的整体析晶。尾矿制备微晶玻璃技术所指的尾矿微晶玻璃（韩茜等，2015），是以尾矿、矿渣和舍岩等主要原料，辅之页岩、晶核剂等材料，经烧结后，在特定环境下晶化而成的复合材料。

目前微晶玻璃的生产方法主要有两种：压延法和烧结法（田英良等，2002）。由于压延法投资大、工艺技术复杂、生产成本高，且对技术装备要求高，故国内企业较普遍地采用烧结法。烧结法是将熔制玻璃粒料与晶化分两次完成，用该法制备微晶玻璃不需经过玻璃成形阶段，因此适于极高温熔制的玻璃以及难于形成玻璃的微晶玻璃的制备。由于晶化与小块玻璃的黏结同时进行，因此不易炸裂，且产品成品率高、晶化时间短、节能、产品厚度可调，可方便地生产出异型板材和各种曲面板，且成品具有类似天然石材的花纹，更适于工业化生产。烧结法制备微晶玻璃时，要求基础玻璃在较低的黏度下具有一定的析晶能力，但为了提高烧结体的致密度，析晶速度不应太低，同时应严格控制原料颗粒的粒度分布。尾矿微晶玻璃生产工艺流程如图 3-6 所示。

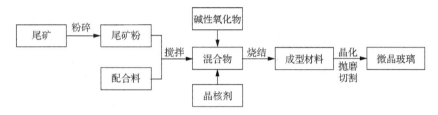

图 3-6　尾矿微晶玻璃生产工艺流程图

　　近年来关于尾矿制备微晶玻璃的研究越来越多。王志强等（2011）研制了一种主晶相为硅灰石、透辉石及其固溶体类晶体的金矿渣微晶玻璃，平均抗折强度＞72.5MPa，平均显微硬度＞800kg/mm^2，用表面失重法测得的水解等级为Ⅰ级，失重率＜0.3mg/100cm^2。Toya 等（2004）进行了利用粉末烧结法制备高岭土尾矿微晶玻璃的研究，微晶玻璃的主晶相为透辉石和钙长石，平均显微硬度为 7.5GPa。

　　2）尾矿制备陶瓷砖

　　利用尾矿制备的陶瓷砖的矿物组成主要是赤铁矿、石英和方石英，其次是钙长石和莫来石，玻璃相充填其中，形成玻璃相和晶体颗粒胶结的致密整体，对砖坯的致密化和成瓷发挥重要作用（李润祺等，2017）。制备陶瓷对尾矿中成分比例有一定的要求，如制备高温发泡陶瓷要求尾矿中各元素的含量与陶瓷最佳成分相一致。高温发泡陶瓷砖最佳成分如表 3-5 所示。

表 3-5　高温发泡陶瓷砖最佳成分表

成分	质量分数/%
SiO_2	50～70
Al_2O_3	10～20
Fe_2O_3	5～10
CaO+MgO	1.5～5
K_2O+Na_2O	3～8

　　陈永亮等（2016）以湖北某地低硅铁尾矿为主要原料，高岭土、石英砂、长石为辅料制备瓷质砖，在原料中加入 55%～65%的铁尾矿可全部取代长石制备瓷质砖。适宜制备条件为：成型压力 30MPa、烧成温度 1200℃、保温时间 15min。

在此条件下制得样品的主要性能指标符合国家标准《陶瓷砖》（GB/T 4100—2015）中对于干压瓷质砖的要求。

4. 尾矿生产矿物肥料

尾矿中往往含有 Fe、Zn、Mn、Cu、Mo、V、B、P 等微量元素，这些正是维持植物生长和发育的必需元素，对其进一步磁化可制成磁化尾矿土壤改良剂，如再掺入一定比例的 N、K、P 等元素，可磁化成磁尾复合肥，对植物生长非常有利。有些尾矿中含有适合植物生长、促进土壤营养组分转化吸收和质量优化的微量元素，可以作为微量元素肥料。日本某些选矿厂尾矿具有碱性，在种植水稻试验中，这种尾矿对老朽酸性土壤有中和作用，能改良酸性土质。我国马鞍山矿山研究院（陈振起，1992）也于 1992 年开始研究磁化铁尾矿作为肥料并取得了成效。

尾矿产量巨大，但肥力有限，不像有机肥和化肥那样容易自然分解、消失。肥力有限也决定了价值的低下，没有长途运输的价值，这也限制了尾矿作为肥料方面的大量应用，因此尾矿作为肥料目前主要应用在矿山附近地区。在尾矿利用过程中，可以添加氮磷钾等适量微量元素，在一定工艺条件下，经过活化后可制备复合肥填充料（夏循峰等，2012），用于生产农用缓释肥、土壤调理剂、微量元素化肥和磁化复合肥等。

3.1.2.2　煤矸石和煤泥资源化利用

1. 煤矸石综合利用

煤矸石是煤矿的主要固体废弃物，它是采煤过程中剥离下来的含碳岩石的统称，其中包括巷道掘进时挖掘的矸石，采煤过程中剥离的顶板、底板和夹层及洗煤厂排出的洗煤石等。目前，我国煤矸石的堆存量已经达到 50 亿 t 以上，且以每年 3 亿 t 左右的速度持续增长（陈富松等，2017）。煤矸石的主要成分有硫化铁、氧化铝、高岭石、伊利石、砂岩、石英等，同时含有 Fe、Ca、P、S、Mg、Na 等化合物和微量稀有元素。煤矸石长期堆存不仅占用大量土地，还造成大气污染和地下水质污染，同时煤矸石中含有的大量矿物资源也得不到有效利用，为了解决污染问题，变害为宝，需采取相应措施对煤矸石进行综合利用，其主要分类标准和综合利用途径如表 3-6 所示。

表 3-6　煤矸石分类标准和综合利用途径

分类方法	分类名称	分类标准	利用途径
按岩石成分分类	高岭石泥岩	高岭石＞60%	多孔烧结砖、建筑陶瓷、硅铝合金、筑路材料
	伊利石泥岩	伊利石＞50%	

续表

分类方法	分类名称	分类标准	利用途径
按岩石成分分类	砂质泥岩	粉砂 25%～50%	工程碎石、混凝土骨料
	砂岩	砂粒＞50%	
	石灰岩	黏土矿物 25%～50%	凝胶材料、工程碎石、改良土壤石灰
按发热量分类	一类	＜2090kJ/kg	建材碎石、混凝土骨料、水泥混合料、复垦回填
	二类	＜2090kJ/kg	
	三类	2090～6270kJ/kg	水泥、砖、建材制品用料
	四类	6270～12550kJ/kg	用作燃料，应除尘、脱硫，燃渣应再处理，防止二次污染
按含硫量分类	一类	＜0.5%	用作燃料，应除尘、脱硫，燃渣应再处理，防止二次污染
	二类	0.5%～3%	
	三类	3%～6%	
	四类	＞6%	可回收提取硫铁矿
按铝硅比分类		＞0.5	可作高级陶瓷、高岭土及分子筛原料

资料来源：陈二萍等，2013

总的来说，按照煤矸石的使用途径来进行划分，煤矸石的综合利用方式有以下几种主要类型。

1）煤矿采空区充填

煤矿开采后会形成大面积的凹陷区和塌陷区，将采矿使用后的煤矸石直接充填到矿山凹陷区和塌陷区，可以直接有效地解决矿山地表下沉和塌陷对地形的影响，是煤矸石直接利用较好的方式之一。煤矸石直接回填的优点是造价低廉、使用方便、技术成熟，并且能够消耗大量的煤矸石。

2）生产建材产品

（1）煤矸石制砖。利用未自燃的煤矸石与黏结料生产煤矸石砖是煤矸石主要应用方式，该方式可以利用煤矸石的热值，减少一部分原煤的消耗，起到节约环保的作用。煤矸石也可制作路面免烧砖，制作免烧砖最佳配比为水泥 20%、煤矸石 50%、砂子 30%，另外加水量为前三者总质量的 12%，设计外加剂量占煤矸石、水泥、砂子质量和的 4%，达到路面免烧砖优等品的标准（陈富松等，2017）。影响产量和质量的主要因素是煤矸石中黏土矿物含量，黏土矿物是生产烧结砖最基本的物质基础（庄红峰，2019）。我国煤矸石制砖的设备和技术已经逐渐成熟，但产品型号少，整体质量不够高，生产技术和设备方面还需要创新才能生产出多功能、高质量、高强度的煤矸石砖。

（2）煤矸石制水泥。煤矸石骨料制备水泥主要分为两种方式：一是将煤矸石破碎、筛分或经过热处理后用作普通混凝土骨料；二是将煤矸石烧成轻骨料陶粒。

两种方式制备的煤矸石骨料各有其特点，前者利用简单方便、能耗较低，后者制备的陶粒质轻，适合配置保温、隔声、轻质混凝土。不同地区煤矸石物理化学性质均有差异，如何处理才能制备优质煤矸石骨料需要进行针对性研究，盲目地将煤矸石用于混凝土可能会带来一些安全隐患。煤矸石骨料的推广应用将加快解决其带来的环境污染问题，并能够在一定程度上缓解天然砂石资源的供不应求现状，在可持续发展的今天，对混凝土用煤矸石骨料的研究具有重要的环境和经济意义。（王爱国等，2019）。当前如何充分激发煤矸石的水泥化活性以提高其掺量是国内外在研究煤矸石生产水泥方面的主要方向。

3）制取化工产品

煤矸石所含的化学成分中，SiO_2 和 Al_2O_3 是含量最高的。因此，通过不同的提取方法可将其利用为生产硅铝材料（董玲，2018）。该方法也是煤矸石化工利用的主要途径之一，但仅限于煤矸石中 Al_2O_3 含量达到 35%以上的煤矸石。利用煤矸石中的硅元素可以生产碳化硅、沸石、硅合金、硅酸钠、聚硅酸、四氯化硅等多种硅系化工产品；可以利用其中的铝元素可以生产聚合氯化铝、氢氧化铝、硫酸铝、聚合氯化铝铁等 20 多种铝系化工产品；煤矸石也可以用来制备白炭黑、硅铝炭黑、钛白粉等产品（孙春宝等，2016）。

4）作为土壤改良剂

煤矸石中含有非常多的矿物种类，同时含有 Zn、Cu、Mo、Mn、B、Co 等农作物生长所需的微量元素。在煤矸石的综合利用中，可以研究新的方法将煤矸石中有用的微量元素提取出来用于生产微生物有机肥料。通过物理和化学方法，将有机质含量较高的煤矸石磨成粉末后与过磷酸钙按照一定比例混合，加入适量水，再加入活化添加剂充分搅拌，从而形成有机肥料（程丽，2012）。煤矸石有机肥不仅可以增强土壤的通透性、疏松性，还有利于提高土壤肥力，增强土壤活性。

2. 煤泥综合利用

煤泥是煤炭洗选加工的副产品，是由微细粒煤、粉化骨石和水组成的黏稠物，具有粒度细、微粒含量多、水分和灰分含量较高、热值低、黏结性较强、内聚力大的特点。目前对煤泥的综合利用，国内较成熟的方式有制备水煤浆、制备型煤、煤泥发电。

1）制备水煤浆

相对其他粗煤泥利用方式，选煤和水煤浆属于洁净煤技术范畴，是今后煤炭洁净技术发展的主要方向之一。近年来，随着水煤浆技术不断发展，国内已经形成一套相对完善的技术体系，并且已具备配套的大型工业化设备，完全有能力使粗煤泥得到科学的利用。据资料不完全统计，截至 2015 年，国内具备大型设备的水煤浆工厂有近 20 座，总生产能力能够达到 5.48Mt（姚文进，2015）。

2）制备型煤

制备型煤也是粗煤泥的有效利用途径，它能将不被工业看重的弱黏结性煤或粗煤泥充分利用，也属于洁净煤技术的一种。型煤技术是将几种不同性质的煤炭按照工业需求和煤炭自身的特性科学地配比，并在其中加入一定量的添加剂、膨松剂等，改善型煤的质量，从而生产出具备良好特性的固态工业燃料。通过型煤技术生产出的燃料具有较强的冷机械强度、热稳定性、耐湿、防水性能及抗冻性能等。在生产过程中，型煤成型机可以根据不同的粒径级配要求进行调整，从而生产出多粒级型煤，再通过与筛上原煤混烧就可生产出要求的型煤。这样不仅可以大幅度改善生产锅炉、窑炉的燃烧特性，并且能够提高煤炭燃烧的热效率，从而达到节约煤炭资源的目的（胡修林等，2014）。煤泥压制型煤的生产流程如图 3-7 所示。

图 3-7　煤泥压制型煤的生产流程示意图

3）煤泥发电

煤泥发电是现阶段主要的煤泥利用手段之一，通过建立完善的煤泥处理体系，就可实现煤泥不落地而直接转化为电能。煤泥发电技术能够充分利用煤炭资源，实现不浪费、不污染的绿色发展道路。根据社会可持续发展的需要，利用煤泥发电前景非常广阔，用煤泥发电既能降低发电成本，又能减少环境污染。目前，北京中矿机电工程技术研究所已研制出一种新型煤泥管道输送系统，可把最大浓度为(70±3)%的高浓度煤泥浆，以无级变化的流量输送至电站的循环流化床锅炉内进行稳定燃烧，为汽轮发电机组提供可靠的动力（董广印等，2005），彻底解决了循环流化床锅炉燃烧煤泥的输送难问题。

3. 废水综合利用

煤矿开采过程中产生的废水主要包括两个方面：矿井水和洗煤水。矿井水是煤矿主要废水之一，主要是矿井开采中产生的地表渗透水、岩石孔隙水、地下含水层的疏放水以及煤矿生产中防尘用水等（刘靖，2007）；洗煤水是煤矿湿法洗煤加工工艺的工业尾水，其中含有大量的煤泥和泥沙，给矿区周围的环境造成严重污染。

1）矿井水综合利用

在煤矿采掘过程中，产生的矿井水体巨大，如果直接排出，会造成严重的环境污染。在矿井水的综合利用过程中，首先通过相关措施对矿井水进行净化处理，经过处理后的矿井水可以满足矿山地面工业用水、矿山生活用水以及其他方面的用水需求。如消防用水、冲洗用水、浴室用水等生活杂用水，以及喷洒道路、环境绿化、草木灌溉用水等。有些地区水处理工艺较好，质量达标的矿井水也可以直接给家禽家畜进行饮用（马群英，2012）。矿井水处理工艺流程如图3-8所示。

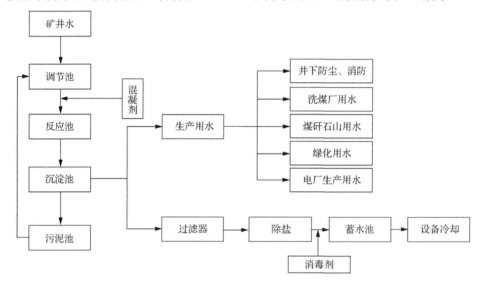

图3-8　矿井水处理工艺流程图

2）洗煤水综合利用

洗煤水是煤矿湿法洗煤加工工艺的工业尾水，含有大量的煤泥和泥沙，给矿区附近的环境造成了污染。处理洗煤水有三个目的：节约工业用水，最大限度地从煤泥水中分离出固体悬浮物，以获得分选介质-循环水；节约能源，最大限度回收精煤，提高精煤产率；保护环境，减少外排废水。洗煤水处理是选煤厂工艺流程中十分重要的环节，它包括分级、浮选、浓缩（澄清）和过滤等作业（马群英，2012），主要任务是选出细粒精煤、回收尾煤净化洗水，实现清水洗煤，洗水闭路循环，是实现选煤厂循环经济和可持续发展的重要途径。

3.1.2.3　废石、残土资源化利用

废弃的矿山也存在着大量的废石、残土，这些矿产废弃物同样也可以通过资源化利用技术的应用，制成多种产品。资源化利用技术可以将排土场所有废石、残土等废弃资源加以利用，制成填充材料、建筑材料和功能材料等产品，这些产品不仅可以利用到矿山基础设施重建工程中，还可以进行市场化运营、销售，获得额外的经济效益，成为矿山资源化生态修复工程中的经营性收益。将废石资源化产品应用到矿山的生态修复工程中，可以实现矿山的原位修复，既减少了一次资源的使用，也极大地降低了矿山生态修复的成本。同时这些资源化产品还能被广泛应用于城市建设和旧城区改造，进一步扩大经济收益的规模。最后，排土场废弃物资源化利用后的土地，可因地制宜地改造成工业用地、商业用地和旅游用地等，提升了土地的使用价值。目前常用的矿山废石、残土资源化利用方式包括以下几个方面。

1. 废石修筑矿山及区域道路

在进行矿山修复前，需要对矿山及区域的道路进行修整。道路的修整需要消耗大量的基础材料，由于交通不便，这些材料的运输十分困难，使矿山道路修建的费用要远远高于普通道路。将这些废石进行充分利用，不仅能够有效降低道路的修建费用，同时也进一步降低了整个矿区修复的成本。如白云鄂博西铁矿在2012年实现了利用矿山废石进行道路修建和维护的成功案例（郑建军等，2012），建成后道路的各项指标均符合国家标准的规定。

随着中国经济的快速发展，各类公路的总里程正飞快地增加，在建的工程随处可见。就连农村也村村修起了"致富路"，自费解决当地的道路问题。因此，矿山废石有着十分广泛的应用范围，如建筑工程、水利工程、电力工程、公路工程、铁路工程等。但是目前将矿山废石作为道路用基质材料的案例还不是很多。究其原因，主要是冶金矿山与交通源于不同的部门，沟通较少，公路工程都是自建采石场。因此，如果道路工程能够充分利用现有矿山资源，不仅增加了新的就业机会，同时也能够有效降低道路修建的成本。

2. 废石筑坝

当尾矿量排放到一定程度或一定时间，致使尾矿库到期或闭库后，为防止尾矿库溃坝形成新的地质灾害，必须在该区域进行尾矿库坝体修筑以保障区域生态修复建设的顺利进行。废石用于修筑尾矿库坝体的应用，主要体现在本地大型尾矿库扩容的坝体修筑，有助于实现废石资源的本地化综合利用。随着我国越来越重视尾矿库的安全与环保问题，新建尾矿库的审批越来越严格，甚至由于征地、环保等问题无法修建，为了堆存尾矿，矿山企业纷纷考虑对正在使用中的尾矿库进行加高扩容，以延长服务年限。传统的高扩容多采用常规的上游式尾砂筑坝，常规扩容方式一般存在着库容小、造价高、安全性较差，甚至由于加高扩容导致库身变短、澄清距离不够，尾矿水难以澄清，无法达标排放或回用等问题。相比于传统的筑坝方式，废石筑坝有以下几个方面的优势：一是稳定性好，特别是抗震稳定性比传统的尾矿堆坝好很多；二是便于机械化施工，可大量减少劳动力；三是废石筑坝可兼作废石堆场，并可增加尾矿库利用系数；四是外坡被废石覆盖，库内可缩短干滩长度，从而可减轻尘害。

目前在生产实践中废石筑坝已经有了广泛的应用，其中中线式废石筑坝法使用最为普遍。中线式废石筑坝法的技术工艺（陈星等，2015）流程为：先进行削坡处理，并按中线式加高坝体，保持坝体轴线位置不变，用采矿废石在原坝体坝顶修筑子坝，同时将采矿废石堆积于堆石平台上部及下游边坡，逐步加高堆石平台至最终设计标高，并逐步将下游边坡外扩至最终设计边坡，同时对边坡进行修整，形成马道。采用中线式废石筑坝工艺扩充现有尾砂库库容，有效库容大、服务年限长，既节省投资，又进一步提升尾矿坝安全性，由于坝体垂直上升，子坝不再向前推进，尾矿澄清面积、澄清距离、调洪库容也逐年增大，尾矿澄清水质逐步变好。

3. 废石井下充填

对于井下开采的矿山，开采会造成地表塌陷，如果不能采取有效措施对其进行治理，可能会诱发严重的地质灾害。使用矿山废石进行井下充填，能够充分利用废石资源，同时也能极大地降低塌陷等地质灾害发生的概率。采用废石进行井下填充的关键在于回填的废石及其回填之后形成的结构强度是否能够满足采矿的相关要求。根据相关的工作实践，作者认为，在经过分层充填采矿法处理之后，首先将废石回填，然后在废石堆上进行尾矿的胶结填充，这样回填之后的填充体具有密实性好的特点，而且其强度也能够满足其他运输设备等无轨设备的运行需要。但是在矿房、采场的边帮要预留约 1m 的空间，这些区域不回填废石，便于细砂胶结填充体能够将这些松散的废石包裹起来，同时在回采过程中该填充体具有良好的自立能力，不会对回采作业造成影响。所以，在实际的采矿作业过程中，建立起对应的废石回填系统，其中的废石利用汽车集中运至废石溜井中，然后用铲运设备将之装载至采空区，或者使用汽车将之直接运送至采场卸载。而对其他采矿盘区，通常将废石堆放于附近的巷道中，在采场出矿之后，再使用铲运设备将之回填至采空场区（许毓海，2002）。这样就达到了将废石料回填至采空区的目的。

4. 废石选矿和建材生产

在矿山废石料中岩石类型种类较多，岩性较复杂，根据矿山所处地区及山脉不同，岩石的种类也不尽相同。根据矿山废石的物理学特性，选择其具体使用途径：一类废石中石英岩、花岗岩和砂岩成分较多，这些石料的饱和抗压强度、饱和抗剪切强度与抗腐蚀性能都较好，可以达到建筑用石料的标准要求，这类废石利用时与相关建筑工程单位合作，将废石作为建筑砾石，应用到矿山建筑物及构筑物的建设工程中；另一类废石主要成分是砂质岩和碎石渣等岩块较小的石料，这部分石料主要在排土场表面堆放，在矿山重建工程中可以用作道路等基础设施铺砌原料和建筑生产混凝土骨料。对于滑石、石英等矿物质含量较高的废石，可以作为石英和滑石选矿资源。鼓励建立利用废石进行石英和滑石选矿产业的发展，实现废石资源的二次综合利用。

在矿山废石的资源化利用过程中，为了更加规范化、规模化生产，可以在矿区选择地势平坦、交通便利等适宜区域建立矿产废弃物生产利用的产业园区，也可在矿山原有工业厂房基础上进行改良建设，节约生产基础投资成本，从而保证矿产废弃物的规模化加工生产及运输，促进矿产废弃物资源利用循环经济产业的快速发展。

5. 残土单独堆放，用于生态恢复

对矿山开发和露天开发过程中产生的残土，应单独堆放，在资源化利用前，应先检测其土壤污染成分及放射性物质含量，确保在生态修复过程中不形成二次污染。确定残土无危害后，可以将残土应用于矿山的植被修复、绿化、场地修复等生态修复工程。对于暂时不可利用的残土堆场，应及时进行绿化工程，防止水土流失和滑坡等次生地质灾害发生。

3.1.3　矿山废弃地再开发利用

矿山废弃地往往具有退化严重、土地极端贫瘠、地质灾害风险高、土壤有害元素含量超标、物理性状恶劣等特点，通常以这种状态为基础进行生态系统的自然演替，将污染完全消纳需要耗费漫长的时间，想要达到快速演替的效果只能采取人工手段。通过人工手段改善土壤、植被和水系条件，是实现进一步生物修复、水体治理及农林利用的前提条件。因此，人工干预的矿山废弃地土地复垦和生态重建就成为十分必要的环境保护手段。矿山土地资源化修复流程如图 3-9 所示。

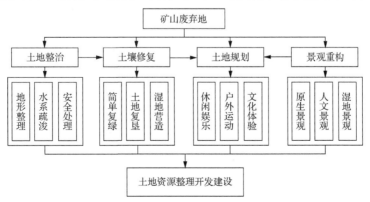

图 3-9　矿山土地资源化修复流程图

目前针对矿山废弃地的土地修复主要与土地复垦、土壤综合整治和土地开发建设相结合,根据区域发展实际情况,因地制宜地将废弃矿山开发改造成工业用地、耕地、旅游景观和旅游用地、仓储用地、养殖用地、军事用地或绿地。矿山废弃地的开发利用方式有以下几种:矿山土地复垦复绿、矿山景观重构和矿山土地再利用。三种土地修复方式可以单一使用,但多数情况下为三种方式相结合,共同作用,恢复矿山生态环境与景观风貌。矿山土地资源化修复模式明细如表 3-7 所示。

表 3-7　矿山土地资源化修复模式

整治模式	具体内容	适用范围	主要手段
综合治理型	边坡稳定治理和生态复绿,场地土地平整作为建设用地或农林用地	适宜于重要城镇周边对生态环境有重大影响的,矿区面积较大,具有较大开发利用价值的以及存在较大安全隐患的整治矿山	边坡稳定治理可采用放坡法、边坡人工加固等方法,生态复绿可采用直接植树、普通喷播、挂网客土喷播、厚层基材喷播等方法
景观再造型	采用"复绿、留景、点缀、修饰"的理念和技术手段,恢复生态环境和景点开发相结合	适宜于主要城镇、风景区、历史文化保护区附近,以及人流量较大、有造景需求和条件的整治矿山	通过景观规划设计,合理运用生态复绿、岩面自然裸露等方式,开发与周边相协调的景点
生态复绿型	边坡进行适当处理后,在确保稳定的原则下进行单纯边坡复绿	适宜于重要交通干线两侧可视范围内、场地面积较小的、边坡稳定的整治矿山	生态复绿可采用普通喷播、挂网客土喷播、厚层基材喷播等方法
土地整理型	直接将场地推平,新增土地面积	适宜于开采多年的老矿山,山体已基本采完,场地高低不平、不规则	采用挖高垫低的方式平整土地,覆客土或整理成具有微地形的地貌

3.1.3.1　矿山土地植被修复

植被修复是矿山废弃地生态修复中应用广泛的方式之一,通过在矿山废弃地上建立适宜的植被种植方式,选取不同种类的植被类型,进行合理配置,便可达到修复矿山土地的目的。植被修复不仅可以有效改善矿山土地的污染情况,还可以利用植物的吸收和更新演替特点,逐渐去除土壤中的污染成分,恢复土壤环境。其主要优势是修复方式简易、造价较低、原位修复、不造成二次污染、修复效果明显等。

1. 基质条件创造

大多数矿山废弃地的土壤环境中都含有几种或十几种对植物生长有害的污染成分，如汞、镉、铜、锡、铅等重金属成分，这些成分很有可能威胁到植物的生长发育，导致植物无法在这样的土壤环境中成活（韩煜等，2016）。所以在进行生态修复植物种植之前，为保证修复植物的顺利成活，需要在地表覆盖 0.5～1m 的生态基质（张鸿龄等，2012）。生态基质由土壤、有机质、肥料、保水剂、稳定剂、团粒剂、酸度调节剂、消毒剂等按一定的比例混合而成。地表覆盖生态基质的主要目的是：首先，生态基质能够提供植物生长所需的必要营养物质，如氮、磷、钾、有机质等，提供植物长期生长所需的平衡养分；其次，由于矿山地形复杂，高差较大，生态基质中的稳定剂和保水剂可以保证坡面基材混合物的稳定，从而抵抗雨水的侵蚀，保障植物长期生长的水分平衡（朱琳等，2012）；最后，生态基质可以与植物共同作用，吸收土壤中的重金属成分，使其在植物内部快速富集，加快生态修复的速度。

2. 种植方式选择

矿山废弃地的植物种植要因地制宜，根据不同的地理位置、土壤环境、气候条件及区域土质情况选择相应的种植方式，种植位置可以有山顶种植、边坡种植和山脚种植三种。

1）山顶种植

由于山顶土层一般较薄，所以除保留原有植被外，还要进行修正覆土。采用鱼鳞坑种植方式栽植乔灌木（图 3-10），在特定位置开凿水平凹槽进行植物种植，土层较厚的地方可穴植种大乔木（吕俊，2015）。

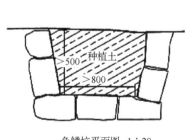

鱼鳞坑平面图　1：20

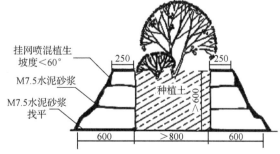

鱼鳞坑正剖面图　1：20

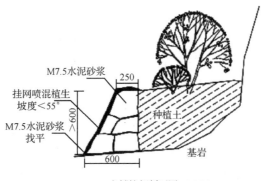

M7.5水泥砂浆

挂网喷混植生
坡度<55°

M7.5水泥砂浆
找平

250

种植土

基岩

鱼鳞坑侧剖面图　1：20

图 3-10　鱼鳞坑种植示意图

2）边坡种植

边坡种植可采取坡改梯的方式（图 3-11），是目前最为普遍的种植方式。也可以采用分层台阶梯进式穴植或鱼鳞坑种植。在种植过程中应用边坡治理生态防护技术，采用拉线接网植物攀缘法绿化，坑壁锚固拉结铁线网格，壁脚种植攀缘植物形成立体绿化（吕俊，2015）。

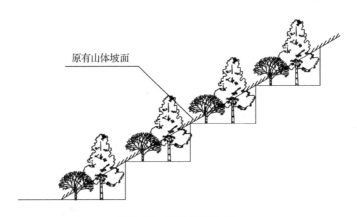

原有山体坡面

图 3-11　坡改梯示意图

3）山脚种植

在山脚种植可采用自然放坡回填种植土进行穴植（图 3-12）。在种植过程中通过渣土回填、分层压实等工程措施增加土壤厚度，然后穴植大规格的观赏树种或栽植高大速生乔木遮挡部分裸露岩石，内侧栽植常春藤、爬山虎等攀缘植物（吕俊，2015）。

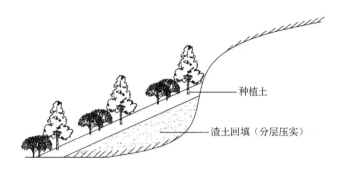

种植土

渣土回填（分层压实）

图 3-12 山脚种植示意图

3.1.3.2 矿山土壤重金属消除

矿山废弃地的土壤一般都极端贫瘠，有害重金属元素含量较多，具有较差的保水保肥能力和较差的物理性状，这些性质都给矿山废弃地的生态恢复造成了一定的难度，自然演替过程一般需要 100 年左右的时间才能恢复到理想的状态。因此，想要快速恢复土壤条件，就需要通过人工手段消除矿山土壤重金属污染成分，使矿山土地达到复耕复垦的基础条件（晏闻博等，2015）。目前国内比较普遍的矿山土壤重金属污染修复方法主要有物理修复法、化学修复法和微生物修复法三大类。

1. 物理修复法

物理修复法主要有：换土法、深耕翻土法、客土稀释法、玻璃化技术、工程去除法、热处理法等（郭维君等，2010）。换土法能有效去除土壤中的重金属，但是工程量大，二次处理也是需要考虑的问题，一般适用于污染严重的集中土壤；深耕翻土主要是将表层污染土壤翻到底部，由于重金属污染大多集中于土壤表层，原理与客土稀释法相类似，一般适用于污染较轻的地块，不适用于矿山尾矿区；玻璃化技术是利用电极加热将污染的土壤熔化，冷却后形成比较稳定的玻璃态物质，经过融化的玻璃态物质稳定性好，但是消耗了电能，成本较高。四种主要的矿山土壤物理修复技术类型如表 3-8 所示。

表 3-8 四种主要的矿山土壤物理修复技术类型

修复类型	主要内容	优点	缺点	适用土壤类型
换土法	将原有土地进行置换	污染去除彻底	工程量大	污染比较严重的土壤
深耕翻土法	将表层污染土壤翻到底部	工程量小	不适用于金属尾矿区	污染较轻的土壤

续表

修复类型	主要内容	优点	缺点	适用土壤类型
客土稀释法	将表层污染土壤稀释，达到种植标准	工程量小	不适用于金属尾矿区	污染较轻的土壤
玻璃化技术	利用电极加热将污染土壤熔化，冷却后形成稳定的玻璃态物质	土壤稳定性更好	成本较高	都适用

2. 化学修复法

如果矿区土壤中含有一定量对植物生长有害的重金属物质，为使其达到耕种条件，就需要采取一定的化学修复技术进行重金属污染去除。矿区化学修复技术主要包含固化修复技术和淋洗修复技术两种。其中，固化修复技术是将土壤固化，通常用于重金属和放射性物质污染土壤的无害化处理，将污染物转化为不易溶解、迁移能力或毒性变小的状态和形式。一般添加碳酸盐、磷酸盐、氧化物等，使之与重金属离子结合，降低其活性。添加化学成分要具有针对性，同时应注意重金属离子可在一定条件下恢复活性，由于实用性较差，这种方法存在一定的局限性。淋洗修复技术是通过化学淋洗方法修复污染土壤，通过解吸附、反络合及溶解作用，使重金属从固相的土壤转移到液相淋洗液中，将淋洗液进行循环利用或处理，重金属回收或处置（崔莺，2013）。用稀盐酸或乙二胺四乙酸（ethylene diamine tetraacetic acid，EDTA）淹水清洗土壤重金属效果较好，淋洗一次可有效去除土壤中 50%左右的重金属。

3. 微生物修复法

微生物修复法主要通过微生物对重金属的溶解、转化与固定来实现修复。微生物对生物降解有促进作用，加速自然界的物质循环。有些微生物能吸附一定量的重金属，日本发现了一种嗜重金属菌，能有效地吸收土壤中的重金属。很多微生物在自然条件下，通过氧化-还原作用、甲基化作用和脱烃作用等，参与自然界中重金属的转化，将重金属转化为无毒或低毒的化合物形式（王亚雄等，2001；Macaskie et al.，1987）。目前很多研究将微生物与超富集植物联合使用，提高了超富集植物的富集重金属的效率，取得了很好的效果。丁巧蓓等（2016）发现植物根际微生物在植物修复重金属污染土壤时分泌的激素、铁载体、1-氨基环丙烷-1-羧酸盐（1-aminocyclopropane-1-carboxylic acid，ACC）脱氨酶、黄酮类化合物和酚酸类等有机物具有增强植物生长、促进植物根际对重金属吸收、转运和积累的作用，同时促进适应相应根际环境的功能微生物群落的建立。微生物是矿区土壤修复的重要角色（Bruneel et al.，2019），某些微生物会加速硫化物矿物的氧化溶解，从而导致酸性矿区排水系统的形成。另外，微生物可促进溶液中有毒金属和准金属的沉淀，从而有助于自然减少污水。这些自然能力可以用于受地雷影响的地区的生物修复。微生物还可以通过促进植物生长间接地修复土壤，或者直接通过固定植物中的金属和准金属元素使土壤保持稳定状态。

3.1.3.3　矿区土壤基质改良

目前矿山废弃地的土壤改良技术主要包括客土改良法、化学改良法、有机物质改良法、植物改良法、微生物技术改良法和土壤动物的作用改良法等（宋丹丹，2012），下面介绍其中两种。

1. 客土改良

客土改良法是一种传统的土壤改良方法，移取外地熟土替代原生土，移取的外来土壤一般是壤土、砂质壤土或者是肥力较高、质地较好、有害物质含量较低的人工土。目前，客土改良法已经应用在盐碱地改良、过砂过黏等形状不良的土壤改良、公路边坡土壤改良、矿山废弃地改良，以及污染土壤改良（刘雪冉等，2017；辛亮亮，2015；叶茂等，2013；张博，2013；迟春明等，2011；赵方莹，2008；林忠华，2004；王勇等，1991）。侯李云等（2015）在阐述矿山废弃地土壤中砷的来源、危害的基础上，系统梳理近年来土壤改良技术在污染土壤修复中的应用，认为对于土壤砷污染严重的区域，客土改良法是见效快、改良最彻底、实用性最强的方法。

2. 化学改良

矿区土壤的组成物质主要是沙质岩土、灰烬等，部分金属矿山土壤中还含有重金属物质，矿区土壤具有分散易侵蚀的特点，如果需要改善矿区土壤的理化性质，就应该选择化学改良法，该法是通过向土壤中添加化学改良剂，减缓土壤中重金属的危害。常用改良剂主要有：磷酸盐、硅酸盐和石灰。一般来说，对于土壤 pH<7 的矿区，可施用碳酸氢盐或石灰来调节土壤酸性；对于土壤 pH>7 的矿区，可采用硫磺、氯化钙、石膏和硫酸等酸性试剂进行中和（丁园等，2012；彭建等，2005）。化学改良剂是由化工厂生产的复杂有机矿物化合物，它们不仅能形成预防表层土壤冲刷、不妨碍植物根系的防护膜，而且能提供足够的酸性中和剂、氧化剂和一定的营养元素。同时，化学改良剂还能防止日灼和水分蒸发。俄罗斯以及澳大利亚施用化学改良剂恢复矿山废弃地土壤，均取得了良好的复垦效果。对于缺少有机质、氮、磷、钾等植物生长所必需的微量元素的矿区土壤，采用化学改良法是十分必要的。对富含碳酸钙及 pH 较高的废弃地，可利用适当的煤炭腐殖质酸物质进行改良。研究表明，施用低热值的煤炭腐殖酸物质，仅仅靠干湿交替的土壤热化过程，就可以提高石灰性土壤中磷的供应水平，从而达到对土壤的改良作用。可以用化肥、有机废弃物、绿肥和固氮植物来改良土壤的营养状况。

3.1.3.4　矿山整体景观重构

矿区整体景观重构应在矿山开采活动结束，待尾矿和废石等矿山固废被完全利用后进行，重建适合人类生存发展的良好自然环境，并从中生产出更多的经济效益、环境效益和社会效益。也就是对矿业开发所引发的结构性缺损、功能失调的景观、破坏的生态环境，运用现代科技，借助人力支持和诱导，对其组成、结构和功能进行超前规划、安排、调控和设计，最终重建一个符合生态和社会需求，具有相应生态功能的可持续的稳定景观。

1. 地形重塑

矿山景观重塑中地形和土壤重塑将矿区的生态修复和景观重构紧密联系起来。在进行景观重塑设计前可以进行环境工程相关措施，在解决土壤的污染和生态问题的同时完善地形设计。在矿山地形重塑的过程中，需结合相关专项规划，重造矿山地形空间格局和用地功能分区，借助景观空间结构规划，确定矿山景观整体性空间定位，保护矿区生态系统，恢复被破坏的矿区生态结构功能。

如天津桥园地形土壤的设计初衷就是解决场地盐碱度和地下水位过高的生态问题，为此沿水岸设计了九个丘台，地形的变化将使设计主题更加丰富。生态保护也可以成为地形设计的理念源泉。该景观设计获得了 2010 年美国景观设计师协会（American Society of Landscape Architects，ASLA）景观专业奖。

在中山岐江公园的设计中，为了满足水利部门的生态防洪要求，同时也保护路边的古榕树，在榕树的另一侧开挖二十米宽的内河，将原江岸上的古榕形成树岛，成功地保护了古榕，地形也因此变得丰富起来（陈亚萍，2016）。这一举措正是将生态修复和景观重构相结合的例证。该设计获得了 2009 年度城市土地协会（Urban Land Institute，ULI）全球卓越奖。

2. 恢复原始生态景观

1）土壤基质重构

矿山废弃地生态恢复的关键是土壤基质的重构，只有土壤的团粒结构、酸碱度和持水保肥能力得到相应的修复，生物修复才能顺利进行。土壤基质重构以工矿区破坏土地的土壤修复和重建为目的，综合利用物理、化学、生物、生态措施及相关工程措施，重新构造适宜的土壤剖面和理化性质，从而保障土壤条件恢复至可利用状态。

2）生物多样性恢复

生物多样性恢复指利用植物、土壤动物和土壤微生物的生命活动及其代谢产物改变土壤物理结构、化学性质，并增强土壤肥力的过程，生物修复兼具降解、吸收或富集受污染土壤和水体中污染物质的能力。土壤的物理改良和化学改良投资巨大，不能改变原有景观的丑陋面貌。生物修复投资小，能够同时改变大气、水体和土壤的环境质量，减轻污染对人体健康的危害，恢复矿区的生物多样性，并且可同时展开农林开发，具有一定的经济优势。

3）矿区污染控制和处理

矿山废弃地物产生的污染包括重金属污染、酸碱污染、有机污染、油类污染和剧毒性氧化物污染等，这些污染物质大多能与其他物质一起参与自然生态循环，并能跟随地表径流扩散，从而对区域水质和土壤造成严重破坏。在矿区污染防治过程中首先必须采取各种措施控制污染蔓延，并对已经造成污染的土壤和水资源进行修复。通过人工修复与自然恢复相结合的方法，来恢复矿区原始的生态景观。

3. 植被景观重塑

1）景观空间布局

在矿山废弃地植物景观重塑过程中，由于植物景观具有其自身的地域性特色，在空间设计时不仅要重视植物景观的视觉效果，还需要营造出适应当地自然条件，使其具有不断自我更新能力，并且能体现当地自然人文景观风貌的植物景观类型。在空间布局上要充分考虑疏密关系，避免景观植被的组合形式单一化、简单化。要考虑四季变化植被种类的丰富，避免秋冬季落叶而失去绿色，注意常绿植被与落叶植被的比例（刘治保，2017）。如果矿区现已有部分植物生长，应保留内部已经恢复的当地植被，这些自然群落比人工群落更具有生命力，符合废弃地的土壤特性，具有很强的适应性。在此基础上，需要结合矿区的整体景观规划，增加该区域的植物景观观赏性。

2）景观立面布局

立面布局是矿山景观整体性不可或缺的组成部分，在立面设计时要遵循错落有致、高低起伏、变化有序的原则，形成立体植被景观空间感。施工时要尽可能减少土方工程量并保持场地内的土方填挖平衡，在地形处理上注意用地形变化来围合空间，平衡东西两端的土方量（黄梦兰等，2017）。由于植物景观重塑是一个长期的过程，当矿区的土壤条件日益改善，植物恢复达到一定效果时，可在群落的外层增加观赏性较高的地域性植物，增加其植物景观的观赏效果，丰富场地的植物季相景观。

3）植被类型选取

在植被类型的选择方面，考虑到矿区土壤环境的特殊性，应首选抗逆性强、根系发达、耐瘠薄、抗干旱、生物量大、生长迅速、对土壤要求不高的优良乡土树种；其次考虑选择病虫害少、吸收有害气体能力强、滞滤粉尘、净化空气、吸收有毒气体的抗污染树种。选择种植植物时，除了能适应当地土壤的恶劣环境外，还应选择具有根系发达、生物量大的特点的植物，还应注意优先选择原有废弃地自生野生植被、乡土先锋植物、固氮植物，以及萌蘖力强、污染元素超富集、播种成活容易、有效防风固土、能长期有利于生物演替、降低土壤污染、可兼顾生态效益和经济效益、满足景观营造（色、香、形）特点的植物。如牡荆、沙棘、连翘、紫穗槐等灌木，其主要分布在中国北方地区，生长于山地阳坡，对土壤和降水没有严格的要求，极易存活（牛快快，2018）；苜蓿、白羊草、无芒雀麦等草本植物主要分布在亚热带和温带地区，生长于山坡草地和荒地、干旱地带、路边草丛、贫瘠地带以及丘陵沙地等地区，存活率很高。适宜矿山修复的不同类型植物如图 3-13 所示。

（a）牡荆　　　　（b）连翘　　　　（c）紫花苜蓿　　　　（d）无芒雀麦

图 3-13　适宜矿山修复的植物

在植物配置方面，根据不同的生态修复方式、方法，以及不同植物的生物生态特性和群落演替规律，对修复目标植物群落进行合理的配置设计（陈影等，2014）。主要采用乔灌草相结合的方式进行绿化种植。乔木选择树干通直、树冠浓密、抗烟耐尘、生长快、易成活、经济实用的树种，如构树、竹柳、刺槐、沙棘、蒙古栎、樟子松、糠椴、黄檗、胡桃楸、龙爪槐、银杏、五裂槭等；丛植灌木选择经济、美观、耐存活木种，如蔷薇、紫丁香、蜡梅、东北连翘、胡枝子、迎红杜鹃、铁海棠等；草本植物选择易种植、造价低的种类，如薰衣草、苜蓿、蒲公英等。矿山植被景观典型配置植物类型如图 3-14 所示。

　　（a）构树　　　　　　　（b）银杏　　　　　　　（c）胡枝子　　　　　　　（d）蒲公英

图 3-14　矿山植被景观典型配置植物类型

4. 湿地景观重塑

1）功能性湿地

一般有色金属矿山的废水中含有的重金属离子种类繁多，具有悬浮颗粒浓度高、粒径小，以及残余药剂多等特点。功能性湿地是一种深度处理废水的方法，通过自身的物理、化学和生物的多重作用，处理各类污染物，出水水质达到《地表水环境质量标准》（GB 3838—2002）中 I 级、II 级或灌溉用水标准，运行成本较低。相比其他分步处理的流程方法，功能性湿地处理不但简便易用，而且具有净化、美化矿区环境，调节微小气候的功能。同时，湿地有助于减缓水流的速度，当含有有毒物质和杂质的流水经过湿地时，流速减慢更有利于有毒物质和杂质的沉淀和排除。此外，湿地很多植物对重金属具有吸收、代谢和累积作用，能够滞留重金属，消除和转化污染物，为矿区水质提供保障（冀泽华等，2016）。另外，矿区一般处于山区多丘陵地带，这样的地理位置也为功能性湿地提供了广阔应用场地。功能性湿地不但可以处理矿区废水，净化当地水环境，也为当地鸟类和其他生物提供栖息地，保护生物多样性，为矿山整体自然生态景观空间塑造提供场所。

2）观赏性湿地

将矿产废弃物资源化利用后，遗留大量尾矿库和采场等矿业场地，地形起伏较大，若单纯利用覆土、平整土地等工程措施，需要耗费大量人力与物力，经济性较差。在进行矿山景观设计时与矿区地形地貌相结合，根据地形高差起伏设计不同类型、不同规模的观赏性湿地，通过挖高垫低整地工程和挖深垫浅法等工程技术手段对其进行改造，打造湿地景观，恢复湿地的生态功能，并与区域景观建设相结合，保证良好的审美景观效果，丰富人民的精神生活的同时也使环境得到了美化和改善。

距离人群密集区较近的、较大面积的观赏性湿地可就地建设具有游憩功能的湿地公园（常江等，2017），通过合理的交通组织和四周湿地植被的围合，营造相对独立的岛屿环境，形成以生态恢复为主、休闲游览为辅的观赏性湿地公园。结合湿地公园整体功能布局，设置多处游览片区，兴建水上游憩地和运动场所，在关键景观节点设置多处观景平台，为游客提供一个休憩和眺望风景的公共开放空间。在空间布局时，要注意合理布置观景平台、环境和道路三者的关系，做到流线清晰，避免交叉和拥塞。

3）经营性湿地

矿区中大多存在一些大型露采积水矿坑，这些矿坑由于在采矿过程中破坏了原有土地的结构，不适合直接种植农作物或者发展林果产业，可以根据当地的实际情况来发展水产养殖基地（张丽峰，2012），并在其周围修建禽畜饲养基地用来饲养家禽，构建禽畜-鱼虾立体养殖，改进田间水利设施条件，种植农作物并建立防护林带，形成水产、禽畜、农田林带相间的景观格局，达到养殖和种植业共同发展的目的，构建良好的农林渔禽生态模式，带来生态效益的同时也带来了经济效益。

5. 矿业人文景观重塑

矿业人文景观改造模式是使资源枯竭的重要矿业遗存资源得到保护更新再利用的最佳改造手法，对于目前矿业遗存生态环境严重污染、矿业文化面临消失、矿产资源枯竭等相关问题有了较好的解决方案，在恢复其整体生机活力的同时，还能向民众展示辉煌的矿业文化，成为记录人类矿业文明的史书（王燕，2016）。矿业废弃地经过艺术手法的处理并赋予全新的功能定位后，能形成全新的后工业人文景观旅游地，加上对矿坑等遗址景观环境的再造，使其与周边的自然风光衔接起来，组成全新的矿产旅游景区，从而打造出极富吸引力的主题旅游资源，进一步带动资源枯竭型城市的经济发展（吴靖雪等，2015）。这种以旧矿区为打造核心的旅游项目在国内外都有很多成功的先例，例如德国鲁尔区的改造、南京的方山地质公园项目等。

6. 交通组织

交通组织是矿山景观重构过程中的重要环节，必要的交通流线组织与设计是保障矿区发展定位以及景观通达性的首要条件（陈亚萍，2016）。矿区交通组织需要具备几方面的特点：首先，作为矿区基础设施，需要具备矿区的基本交通功能。在矿山景观的规划与设计过程中，道路交通组织规划与设计作为重要的工作环节，要结合当地的发展、通达性考虑等进行详细设计。注意不仅要满足当地基本通行，还可作为各个景观节点的游憩廊道，提供游览与休闲场所。其次，交通组织设计需具备景观美学特点。在整体景观设计中，交通作为一个重要的组成部分，应该与整体空间布局良好契合，交通空间尺度适中，道路网络分布规律，道路形式穿插结合，构成生动有趣的景观网络空间。最后，考虑矿山景观的观览需求，交通组织应具备直达再生景观场地的功能。充分利用主要道路系统，在景观重构节点与主要通行道路之间增加栈桥、步道等步行交通网络，循序渐进引导观览流线，便于游人逐步了解矿山景观改造的全过程。

3.1.3.5　土地类型重新划分

修复后的矿山废弃地可根据土地的质量等级不同，赋予土地不同的用途。按照土地质量等级的不同（曲少东，2018），提出相应的规划利用方法，按照恢复土地的地貌特点，构建地区性产业园区。根据不同的生产目标对土地进行合理、科学的利用，并加强对生态系统的保护，使得土地的规划布局更加合理。同时根据土地的利用情况，调整土地的利用方法，依据用途将土地使用区分为农耕地、林地和商业、生活、工业建设用地。以矿山废弃地的自然景观资源山景、水景、人文景观为主体，进行用地重新划分，适当进行居住、商业及道路的建设，增加区域用地功能，辅以特色旅游休闲与美食文化等地方特色，使自然风景资源和人文商业优势形成一种新的现代空间格局。

1. 休闲娱乐用地

现代休闲娱乐用地改造的一个重要内容就是对特殊的矿山开采迹地景观资源进行改造利用，创造该类型农业园的特色观光景点和休闲娱乐设施，创建矿山废弃地的改造利用方式和创意设计新思路（马锦义等，2011）。以资源化生态修复后的矿山生态美景和周边的农业资源为依托，建设集休闲、运动、娱乐、观赏、商务会议等功能于一体的休闲娱乐用地。充分植入商业元素，建设商务休闲区，包括主题餐厅、商务酒店、会展商贸城、商业一条街，使游客在劳累的旅游后享受身体和精神的放松。同时建设儿童主题乐园，凸显儿童娱乐氛围，以满足儿童好奇心、开发儿童智力为目的，建设集游乐、运动、益智、健身、体验、文化于一体的新一代儿童乐园。如 2018 年建成的北京韩建翠溪谷儿童主题亲子乐园就是由废弃矿山改造而成。

2. 山体户外运动用地

（1）大型极限运动场地建设。矿区废弃地与极限运动场地建设有机结合，是一种新的体育产业开发模式，既能实现矿业废弃地再利用，改善矿区环境，又能带动矿区体育基础设施建设，提升矿区与城市形象（龙精华等，2015）。主要借助矿区周边山势，建设以体验登山为乐趣的攀岩、索道等项目，打造国家级标准滑雪场，冬季滑雪，夏季滑草，丰富冬季旅游产品，同时依托矿区公路定期举办自行车赛、马拉松比赛等体育运动项目，利用矿区周围的山体资源，实施山体穿越、拓展训练、冰火世界、滑雪、滑草等项目。如郴州五盖山矿山极限户外运动公园以极限户外运动为主题，包括滑雪、滑水、摩托艇、滑翔伞、飞拉达攀岩、山地自行车、全地形越野赛车等项目。

（2）矿山地质体验场地建设。将矿区及尾矿通过与建筑学、景观学相结合，在条件较好的废弃矿山山体上，利用矿山的高度和已经形成的陡坡作为基地，在进行单元格式加固的同时可以适当地将游乐路线进行硬化，使其平面凹凸有致，创造充满乐趣的游戏场地。将矿区改建成地标性游乐场，将冰冷的工业场地变成充满趣味的新的文化热点区，让人们可以在游玩中学习和体验。如位于比利时佛兰德矿山的冒险山设计项目，在矿山的碎石堆中打造了一个充满冒险的游乐景观，为矿山改造设计领域中注入新的活力。

3. 矿山文化体验用地

矿山文化体验用地重点打造以矿区工业为主的工业旅游模式，体现矿业发展历史内涵，实现科研实验、科普教育、生态旅游、工业文化体验等功能。目前国内比较流行的建设模式主要有科研实验、博物馆、科技馆等几种类型。科研试验区生态最敏感，要以保护采矿遗迹或地质遗迹为主，壮观的露天采场、奇峰洞壑等景观资源要作为主要的景观要素来进行保护。建立科研区和科普参观区等，对特有的矿山地质现象和地质景观进行讲解，同时为地质工作者提供科学考察和研究基地，为普通游客提供学习了解和科学普及的场所（彭凤等，2012）。矿山博物馆的功能为普及地质知识、矿业发展历史、矿产分布、矿石采选过程技术、矿业开发造成的地质灾害和生态破坏、矿区生态治理的过程、技术及装备等。矿山博物馆建设全部采用矿山资源化产品。

如开滦国家矿山公园的文化体验游览具有鲜明特色，在博物馆建设中融入矿山文化体验活动，开展"井下探秘游"项目，从博物馆主馆四层乘模拟罐笼直达井下，体验从原始采煤到现代化采煤的演进历程。在地下休闲吧小憩，或在井下

4D 影厅观看科幻影片，身临其境地接受矿山安全教育。开滦国家矿山公园已成为科普科考基地，2016 年 12 月被授予"全国旅游系统先进集体"荣誉称号，并入选《全国红色旅游经典景区名录》（吴顺福等，2018）。各个场馆的基础建设同样全部采用矿山资源化产品。

4. 休闲农业用地

用田野调查、农户访问以及计算机辅助地理信息系统（geographic information system，GIS）、遥感（remote sensing，RS）等方法与技术，根据乡村旅游的特点、矿区的自然景观、资源环境、文化及目标市场与系统内部空间结构相互作用的关系，发展乡村特色旅游（徐彩球等，2014）。结合周边的农业资源，发展休闲农业采摘、油菜花观赏、薰衣草庄园、牡丹园观赏等项目。以林地和山地为主要背景打造接待群，利用山体优势，形成依山就势、错落有致的原乡山地农庄。通过还原"原乡居住"农家大屋特色，整体形成具有农家特色的功能配套，如农家的厨房、农家的储物间、农家的客厅卧室等，用情境化体验的方式，将原乡文化真正转化为活的休闲产品，打造情境化体验式的乡村旅游产业。

3.1.4　矿山工业地物综合利用

矿山闭坑后遗留下来的道路、堆场、废弃地、废弃厂房和设备等工业地物，在矿山资源化生态修复初期和修复后矿区重建中的综合开发利用都具有重要的意义（刘明等，2016）。在资源化矿山生态修复的过程中，矿区的工业废弃厂房与构筑物可以根据其具体使用功能，分阶段进行利用。在资源化矿山生态修复初期阶段，可以将工业场地改造成尾矿二次提取和矿产废弃物资源化产品的生产场地，实现矿区工业场地的"再循环""再利用"，节省新建厂房所需的资金投入；在资源化矿山生态修复的远期阶段，资源化产品全部生产完毕，废弃矿山中的尾矿和废石被彻底资源化利用后，根据矿区生态重建工程中用地所需，将工业场地因地制宜地改造成相应的工业用地、商业用地和旅游用地等，最大限度发挥土地的使用价值。

3.1.4.1　工业场地利用

1. 初期——加工仓储用地

在资源化矿山生态修复初期阶段，废弃工业场地可作为资源化产品生产、加工、储存和运输的主要场地。利用原有矿山企业的场地、厂房和其他可利用的基础设施，加以简单改造、整合，再结合原有的道路与地形基础，可以形成资源化产品的加工生产线，实现原料获取、产品加工和材料使用的完整产业化模式。该方式可以有效节省工业厂房异地建设成本和原材料的运输成本，随产随用，提高生态修复工程建设效率。

2. 远期——经营性用地

待矿区生态修复工程全部建设完成后，原有资源化产品生产线不再具有使用功能，可结合后期矿山空间规划与旅游发展规划，依据本区域不同发展规模与发展方向，将矿区工业场地中的厂房、生产线、构筑物等改造成矿山工业博物馆或教育基地，兼具展示和游览功能，也可形成创意产业园区或艺术街区。改变原有土地利用性质，矿区工业场地中的废弃地在后期规划中也可以演变成开发建设用地和旅游用地，发展矿山旅游项目。这样不但可以解决后续开发的场地问题，也可以节约项目开发成本。

3.1.4.2　工业厂房改造利用

对于废弃厂房和设备，通过空间布局、改造设计和功能优化措施，将工业建筑转化为观光接待、住宿、游览等综合性用途的建筑形式，建筑内部工业设备可以打造成为旅游观光景观和旅游娱乐等设施。根据工业建筑厂房自身的结构特征与建筑形式，结合未来相关区域规划和节点景观改造设计的一致性等因素，总结出四种主要建筑改造设计方式。

1. 建筑保留与改造

矿区工业场地中的工业厂房一般数量较多、体量较大，各种类型的工业设备形态各异。在进行改造设计之时，需要进行一定的取舍。对于数量众多的工业建筑，做不到完全保留不动，而是应当充分利用原有工业厂房的特色，部分进行保留，对于价值等级稍低的进行改造，对于已不太适用的工业建筑则应当大胆清除，如此才能取得改造设计的利益最大化（王燕，2016）。例如：内部含有大型工业设备的，有着巨大钢架、拱、排架等巨型内部空间的，内部建筑结构十分丰富的大型生产厂房具有较高的利用价值，可以采用完全保留的原真性改造方式；而仓库等空间相对简单的大型空间，可以采用改建的改造方式，作为临时展厅或娱乐休闲等灵活空间；办公生活用房则与现代建筑较为相近，可直接用作现代生活需要，或是选择直接清除。

2. 建筑功能置换

工业建筑为矿业冶炼加工等活动的工作地点，因其运作模式与生产特征形成富有工业文化气息的面貌，其原本的建筑形象就是工业化的符号代表，作为纪念物而存在于人们视野之中，在人们心中有着举足轻重的地位。旧工业建筑作为城市的存量建筑，保留了工业时代的痕迹与城市的记忆，对于这样的工业建筑，将其推翻重建是不可取的，因此成为矿山生态重建资源可持续利用的理性选择对象，通过赋予其新的使用功能进行有效的保护再利用。较佳的处理方法是采用原样保存的方式加以保护，还原历史真实性，以维持其独有的特点与品质，一般而言，维持现状即可。但多数工业地物在使用年限过后，其原有的功能已不能满足现有场地需求，此时进行功能置换是必不可少的。采取保留工业建筑原有的外观风貌与结构，更新建筑内部陈旧的设备设施，对其进行必要的加固和修复等动态保存的方式，将其改造成具有现代气息的艺术馆、博物馆、酒店或具有文化气息的图书馆等形式。从功能置换、空间解构、表皮重塑、光线营造四个方面提出相应的适宜性设计策略（董莉莉等，2019）。建筑功能置换后，一方面可以满足区域景观空间布局的整体需求，另一方面，可以为修复后期矿山旅游规划提供重要功能节点。

3. 建筑外观重塑

旧工业建筑的外观形态再生与新建筑的新功能相协调，对原建筑外观不同程度的保留，有助于展现新建筑新功能条件下外观应有的文化特色和情感氛围（丁利兰等，2017）。对于一些历史价值不高的工业建筑，可以通过建筑外观重塑的方法重新唤醒建筑活力。通过改变建筑的体块、表皮材料、色彩等手段使工业建筑的外部形态和色彩与新的功能协调统一。

1）空间体块变更

工业建筑一般为大体量的简单几何体构成。对于改造过后的工业建筑，原有的建筑结构布局并不一定满足新功能的要求，空间也难以利用，因此要进行空间体块的变更，或增加，或减小，或整合，或拆分以迎合新的建筑功能。其中要注意的是，着重处理改建、加建部分与旧厂房外部和内部空间形态之间的联系与过渡，以维持工业建筑的工业历史气息，使工业文化得以延续。

2）表皮材料的处理

表皮材料的处理可以使建筑外立面形象丰富多样，增强标志性与辨识度，通过材料赋予建筑新的生命力。以"整旧如旧、新旧共存、整旧如新"为设计总思路。整旧如旧是指采用相同的材质对其原始立面进行修复改造，或采用相近的材质来延续立面的旧有性格；新旧共存是指采用新旧元素的对比相互烘托求得变化，或是采用新旧元素互补求得和谐；整旧如新是指采用突出新元素的改造手法，对于原有维护体系缺失、破损或形象不佳的建筑而言是一种十分适用的处理方法。视具体影响因素不同可以适配不同的建筑改造方式，三种改造方式相辅相成。如马德里某发电厂改造成为现代美术馆，使工业建筑重新焕发活力，具有独特的艺术风格。

4. 内部空间塑造

建筑空间作为一种特殊的容器，其内部空间纷繁多样，各具特色。对工业建筑内部空间的再生利用，经内部空间的改造、补充、扩展和重塑，有助于新旧建筑碰撞出创意的火花（丁利兰等，2017）。老工业建筑因其工业特性，一般有着大跨度、单一的内部空间，在进行内部空间塑造改造利用方面的弹性较大。在使内部空间改造成为与新功能需求相匹配的空间时一般采取空间重构的方式。在建筑内部空间塑造时，可以采用空间拆分与整合和空间延伸两种构造方法。

1）空间拆分与整合

将原有的整体空间打破、拆分，划分出若干小空间，或整合内部零散小空间，打造大型开敞空间，赋予其新的使用功能。工业生产建筑大多为空间高大的单一几何体空间，适用于工业生产却不适用于新的或展览或娱乐等功能的使用。采用拆分的处理手法，增加空间的实用性，增加房间数量，打造空间焦点，灵动空间氛围。可根据功能需求选择适宜的空间模式加以改造。

2）空间延伸

在工业建筑改造时可以纵向发展内部空间，如在空间顶层增加隔层，或开发地下空间，增大空间使用面积。或者横向发展内部空间，如在洞口处向外延伸形成外挑平台、观景玻璃阳台、外墙体凸出结构等多种设计方式，因地制宜地打造内部空间。

例如，在黄石国家矿山公园的规划设计中，将结构坚固、质量较好的建筑保留下来进行再利用设计，打造"幽居营宿""百草石锅""悠境探寻""绝顶览山""枫之谷上""复垦荣光"等景点。将百草石锅景区中保留的厂房改造成餐厅；把悠境探寻景区已经废弃不用的旧厂房设计成供游人休闲聊天的咖啡厅和茶室；把幽居营宿景区中原本是工业厂房的建筑物改造成供人休息娱乐的宾馆和娱乐室（陈华璋等，2019）。

3.1.4.3 工业构筑物与设施再利用

工业构筑物、设施一般有着特色的外在形式，与一般的城市景观相比，视觉冲击力、感受力都与众不同，粗犷、简朴、冰冷、原真是它们的外在包装。在翻新设计时考虑新的功能赋予，进行个性化设计，有新的突破、变化，就更能给人以震撼的视觉冲击与审美享受，最适宜改造为雕塑小品、标志物，或作为加工材料使用。工业构筑物的再利用最主要的是它的功能性再利用，赋予其新的功能，从而达到再生的目的。对于内部空间可以利用的构筑物，可进行功能置换，对于那些内部空间无法利用的构筑物，可以结合其特有的外观、形式和风格改造成雕塑或者景观设施，进行景观性再利用（马跃跃等，2017）。如黄石国家矿山公园对矿山废弃建筑、构筑物进行再创造，保留以前工业景观痕迹，帮助游客进一步解读矿山发展历程（李军等，2008）。在部分景区中保留原有煤气罐和避雷针，对它们进行艺术装饰和局部细化，使它们成为公园中别具一格的小品进行展示。保留幽居宿营景区场地中堆放的废弃油罐，它与生长繁茂的樟树相掩映，使其形成一道别具特色的景观。

　　构筑物、设施具体包括烟囱、井架、水塔、储气储水罐、铁路、管道、传送带等。这些工业构件、设施各有不同的形态类型，通过研究各类别的形态特征特色，针对性地采用打散、叠加、重组等设计手法进行改造设计。创作形成新的特色小品，置于场地之中可以形成片段的工业历史场景与工业文化氛围。使它们既保存了与园区形态的关联，同时能够为场地的景观获得细节的深入，具体方法如表 3-9 所示。

表 3-9　矿区工业构筑物与设施主要类型和相应改造方法

类型	形态特征	色彩与材质	改造方法
机器设备	形态夸张、色彩艳丽	金属色、钢铁材质	景观节点改造、文物展览
铁路	带状交通通道	金属色、钢铁材质	景观步道、景观节点分隔
火车车厢	方盒子、运输工具	金属色外表皮、铁质	特色艺术品商店、旅馆、办公场所
大型管道	竖向线条、具有韵律感、网格状	金属色或灰白色、钢铁材质或水泥材质	景观雕塑、小品、植物藤架
高炉、烟囱、水塔	体型高耸、圆柱	天然石材或青色、砖或水泥材质	标志物改造
储气储水罐	大型圆柱体	合金或金属色、不锈钢或碳素钢等材质	景观水系、池塘

资料来源：王燕，2016

3.2　资源化矿山生态修复模式效益评价

3.2.1　生态效益

　　生态效益是一种间接的经济效益，它不能直接形成实物性产品，而是通过生态环境的改善来获得经济效益与经济成果（关军洪等，2017）。生态效益的获得或消耗，不是通过市场的直接交换表现出来的，而是间接地表现在社会福利的增长、社会长远经济利益的增长和其他部门的经济增长之中（方玉明，2008）。基于矿山生态功能的自然属性，矿山生态系统功能不仅包括人类直接受益的功能，而且还包括支撑这些功能的基础功能，也包含人类未利用的潜在功能（刘飞，2012）。矿山生态系统功能主要表现在七个方面，分别为：涵养水源功能、保育土壤功能、固碳释氧功能、积累营养功能、净化大气环境功能、森林防护功能和生物多样性功能。同时，根据生态系统功能的不同类型，分别对其生物量和生物量价值进行量化，从而在定性和定量两个方面来综合评价资源化矿山生态修复所带来的生态效益。

3.2.1.1　生态功能类型

1. 涵养水源功能

涵养水源功能是指矿山森林储存水量和净化水质的作用。森林对降水的截留、吸收和储存，将地表水转为地表径流或地下水，具有与水库类似作用；矿山改善水质的功能具有与自来水处理厂类似的作用。

2. 保育土壤功能

保育土壤功能是指矿山森林固土和保肥作用。固土功能具有与水利工程类似的作用，保肥功能具有与化肥生产类似的作用。

3. 固碳释氧功能

固碳释氧功能是指矿山森林固碳和释氧作用。固碳释氧功能具有与固碳厂、制氧厂类似的作用。

4. 积累营养功能

积累营养功能是指矿区植物通过生化反应，在非生物环境中吸收 N、P、K 等营养物质并储存在体内各器官的功能。矿区植被积累营养物质的功能对降低下游面源污染及水体富营养化有重要作用，具有与化肥生产类似的作用。

5. 净化大气环境功能

净化大气环境功能是指森林吸收污染物和滞尘的作用。森林净化大气环境功能主要表现在五个方面，即吸收 SO_2、净化粉尘、吸收氮氧化物、吸收氟化物、消除噪声等。具有与环境清洁类似的作用。

6. 森林防护功能

森林防护功能是指防护林具有降低风沙、干旱、洪水、台风、盐碱、霜冻、沙压等自然灾害危害的作用。森林防护功能具有与防护墙、防护堤等类似的作用。

7. 生物多样性功能

生物多样性功能是指森林生态系统对生物物种多样性的保育作用。生物多样性功能具有生物的物种库、基因库的功能和作用。

3.2.1.2 生态效益量化

矿山生态系统服务功能恢复后所体现的生态效益主要包含两个要素：一是生态功能物质量的效益；二是对生态功能物质量价值的量化。矿山生态功能物质量效益主要依据生态学和统计学原理，结合生态环境表征数据，量化矿山植被对生态系统的调节能力，如涵养水源量、固碳释氧量、净化环境物质量等。具体量化方法如表 3-10 所示。

表 3-10 生态功能物质量的量化方法

功能类别	评价指标	计算公式	参数设置
涵养水源	调节水量	$Y_1=10(r-e)s$	Y_1 为年涵养水源量（m^3/a）；r 为年平均降水量（mm/a）；e 为年平均蒸散量（mm/a）；s 为矿山区域面积（hm^2）
保育土壤	固土量	$Y_3=s(e-f)$	Y_3 为矿山修复减少土壤侵蚀量（t/a）；e 为土壤潜在侵蚀模数 [t/（m^2·a）]；f 为土壤现实侵蚀模数 [t/（m^2·a）]；s 为矿山区域面积（hm^2）
	保肥量	$Y_{4-1}=s(e-f)n$ $Y_{4-2}=s(e-f)p$ $Y_{4-3}=s(e-f)k$	Y_{4-1}、Y_{4-2}、Y_{4-3} 分别为矿山修复后减少流失的氮、磷、钾总量（t）；n、p、k 分别为土壤中氮、磷、钾含量（%）；e 为年平均蒸散量（mm/a）；s 为矿山区域面积（hm^2）；f 为土壤现实侵蚀模数 [t/（m^2·a）]
固碳释氧	固碳量	$Y_5=0.45s·b$	Y_5 为矿山植被年固碳量（t/a）；b 为矿山植被净第一性生产力 [t/（hm^2·a）]；s 为矿山区域面积（hm^2）
	释氧量	$Y_6=1.19s·b$	Y_6 为矿山植被年释氧量（t/a）；b 为矿山植被净第一性生产力 [t/（hm^2·a）]；s 为矿山区域面积（hm^2）
积累营养	固氮量	$E_{7-1}=s·b·n$	E_{7-1}、E_{7-2}、E_{7-3} 分别为矿山植被每年固定营养物质的总量（t/a）；s 为矿山区域面积（hm^2）；b 为各气候带矿山植被净第一性生产力 [t/（hm^2·a）]；n、p、k 分别为植被干物质中氮、磷、钾的含量（%）
	固磷量	$E_{7-2}=s·b·p$	
	固钾量	$E_{7-3}=s·b·k$	

续表

功能类别	评价指标	计算公式	参数设置
净化大气环境	吸收二氧化硫量	$Y_8=q_1s_1+q_2s_2+q_3s_3$	Y_8 为矿山植被年吸收 SO_2 的物质量（t/a）；q_1、q_2、q_3 分别为乔木、灌木、草本植物吸收 SO_2 的能力 [t/（hm²·a）]；s_1、s_2、s_3 分别为乔木、灌木、草本植物面积（hm²）
	吸收氟化物量	$Y_{11}=sq$	Y_{11} 为矿山植被年吸收氟化物物质量（t/a）；q 为单位面积植被吸收氟化物能力 [t/（hm²·a）]；s 为矿山区域面积（hm²）
	吸收氮氧化物量	$Y_{10}=sq$	Y_{10} 为矿山植被年吸收氮氧化物物质量（t/a）；q 为单位面积植被吸收氮氧化物能力[t/（hm²·a）]；s 为矿山区域面积（hm²）
	消除噪声	$Y_{12}=su$	Y_{12} 为矿山植被减少噪声效果（m²）；u 为单位面积植被隔声能力（m²/hm²）；s 为矿山区域面积（hm²），即单位面积植被隔声效果相当于多大面积的隔声墙
	滞尘量	$Y_9=q_1s_1+q_2s_2$	Y_9 为矿山植被年滞尘物质量（t/a）；q_1、q_2 分别为乔木、灌木植物滞尘能力 [t/（hm²·a）]；s_1、s_2 分别为乔木、灌木植物面积（hm²）
森林防护	增产量	$Y_{13}=s·v$	Y_{13} 为规划区域防护作物增产量（t/a）；v 为单位面积森林增产能力 [t/（hm²·a）]；s 为矿山区域植被面积（hm²）
生物多样性	植被质量	$Y_{14}=(s_1、s_2、s_3、s_4、s_5、s_6、s_7)$	s_1、s_2、s_3、s_4、s_5、s_6、s_7 分别为矿山不同的植被类型具有的生态功能价值。根据香农-维纳指数计算物种的生态功能价值

资料来源：刘飞，2012

生态功能物质量价值的计算主要依据经济学原理，运用机会成本法、影子工程法、替代成本法、市场价值法和条件价值法等方法测量生态功能物质量价值。具体价值量化方法如表 3-11 所示。

表 3-11　生态功能物质量价值的量化

功能类别	评价指标		生态效益	参数设置
涵养水源	调节水量		0.15 元/t	根据水库工程的蓄水成本来确定增加地表有效水量效益；平均水库库容造价为 6.1107 元/t，折旧维修率 2.5%
保育土壤	固土		10.5 元/t	采用人工挖取土方的成本确定森林固土价值，挖取单位面积土方费用 12.6 元/m³，绿地土壤平均容重 1.2t/m³
	保肥	固氮	17857 元/t	根据替代成本法，森林土壤中氮、磷、钾的价格按照化肥含有同等量成分来计量。磷酸二胺 2500 元/t（按照含氮量 14%、含磷量 15% 计算），氯化钾 2400 元/t（按照含钾量 50% 计算）（中国农资网）
		固磷	16666.7 元/t	
		固钾	4800 元/t	

续表

功能类别	评价指标	生态效益	参数设置
固碳释氧	固碳	1000 元/t	固定 CO_2 功能价值较多采用的碳税率法，即瑞典税率为 150 美元/tc，折合人民币 1000 元/t
	释氧	1000 元/t	释氧价值采用中华人民共和国卫生部公布的 2010 年春季氧气平均价格
积累营养	固氮	17857 元/t	根据替代成本法，森林土壤中氮、磷、钾的价格按照化肥含有同等量成分来计量（中国农资网）
	固磷	16666.7 元/t	
	固钾	4800 元/t	
净化大气环境	吸收二氧化硫	600 元/t	根据《中国生物多样性国情研究报告》计算量化
	吸收氟化物	690 元/t	根据《中国生物多样性国情研究报告》计算量化
	吸收氮氧化物	630 元/t	根据《中国生物多样性国情研究报告》计算量化
	消除噪声	100 元/t	根据《中国生物多样性国情研究报告》，市场上隔声墙成本 100 元/m², 200m² 隔声墙相当于 1hm² 森林降噪效果
	滞尘价值	170 元/t	根据《中国生物多样性国情研究报告》计算量化
森林防护	增产价值	3000 元/t	根据 2010 年全国粮食产量小麦、大米、玉米、大豆等主要农作物综合价格确定
生物多样性	植被质量价值	分级价值	$C=(c_1, c_2, c_3, c_4, c_5, c_6, c_7)$，根据香农-维纳指数计算植被质量价值，共划分为 7 级：当指数<1 时，c_1=3000 元/(hm²·a)；当 $1 \leqslant$ 指数<2 时，c_2=5000 元/(hm²·a)；当 $2 \leqslant$ 指数<3 时，c_3=10000 元/(hm²·a)；当 $3 \leqslant$ 指数<4 时，c_4=20000 元/(hm²·a)；当 $4 \leqslant$ 指数<5 时，c_5=30000 元/(hm²·a)；当 $5 \leqslant$ 指数<6 时，c_6=40000 元/(hm²·a)；当指数$\geqslant 6$ 时，c_7=50000 元/(hm²·a)

资料来源：刘飞，2012

3.2.1.3 生态功能改善

矿山景观地貌重构后，不仅可以促进矿区的生态保护以及生态环境建设，优化矿山生态用地结构，强化生命支持系统的生态服务功能，而且可以丰富地区绿地系统的生物多样性。通过重新构建矿山地形地貌，景观的美学功能得到提高，形成的生态景观成为新的矿山旅游资源，为矿区周边居民在闲暇的时候外出游玩、陶冶情操提供了良好的休闲场所，为矿区从事生产、管理、生活人员提供一个良好的生态环境和舒适的生活空间。通过实施资源化生态修复工程，矿区的污染减少，矿区和周边区域的生态环境得到改善和恢复，促进了整个矿区自然生态系统的融洽和协调，使得矿区生态环境形成了良性循环，为矿区和周边群众创造了良好的生存环境。

3.2.2　经济效益

矿山废弃地生态环境恢复与治理工程是防灾工程，其经济效益主要体现在矿山生态环境恢复后为矿区生态系统恢复、区域产业发展潜力和经济价值的提升所作出的贡献，主要由环境减灾效益、资源化产品效益和土地增值效益三部分组成。

3.2.2.1　环境减灾效益

矿山开采开山弃石，加速水土流失，引发地表塌陷、山体滑坡；矿山抽排水造成地下水位下降，矿山周围地下水资源枯竭；地下开采诱发地震、岩爆、冒顶片帮等；堆积尾矿引起地表环境污染，尾矿库倒塌造成严重的泥石流灾害等（李庶林，2002）。通过实施矿山恢复工程，矿山固体废弃物排放、地质灾害等得到有效控制，可以节省大笔的排污费和地质灾害治理费。同时，从源头上杜绝了滑坡、崩塌等地质灾害的发生，减少了地质灾害带来的损失。

3.2.2.2　资源化产品效益

在资源化矿山生态修复模式中，可以对矿区中堆砌的尾矿进行综合利用，生产成资源化产品，进行市场化销售，这部分收益成为矿山生态修复效益的重要组成部分。

1. 尾矿资源化产品

利用矿区中残余的尾矿可以提炼和生产制备多种资源化产品，按照其可以生产的产品类型，可以划分为以下四种类型：含有价成分的尾矿可进行二次提炼，析出金、银、钨、锡等稀有贵金属，具有很高的市场价值；大部分尾矿石或尾矿粉还可生产生态砖、高性能混凝土、新型保温板材等多种新型建筑材料，采用政府立法措施，通过改善设计师、承包商和材料供应商之间的合作等策略促进资源化产品的使用（Lukumon et al.，2014）；含有有色金属成分的尾矿石还可制备形态各异的微晶玻璃、陶瓷、瓷砖等装饰材料；现场处置困难的尾矿粉可以制备矿物复合肥，为矿区土壤条件改良提供肥料。通过查阅相关资料及文献，根据尾矿资源化产品的类型和市场价值可以量化尾矿综合利用产品的经济收益，具体明细如表 3-12 所示。

表 3-12　尾矿资源化产品类型及市场价值

序号	原材料	产品类型	产品名称	单位	市场价值/元
1	尾矿石	稀有金属	金、银、锡、钨等	g	依实际情况确定
2	尾矿石/尾矿粉	建筑材料	生态砖	m²	35
3			高性能混凝土	m³	560
4			新型保温板材	m²	3.4
5	尾矿石	装饰材料	微晶玻璃	m²	560
6			陶瓷/瓷砖	m²	150
7	尾矿粉	矿物肥料	矿物复合肥	kg	3.6

由表 3-12 可以看出：稀有金属市场价值最高，但对尾矿成分要求严格；其次为微晶玻璃和陶瓷/瓷砖等装饰材料，但生产工艺相对复杂，视矿区条件而定；新型保温板材市场需求量最大，便于推广；矿物复合肥生产工艺相对简便，适合就地取材。其他类型产品可根据矿区实际特点、经济发展和运输距离等因素，综合确定矿山资源化产业发展方向。

2. 煤矸石资源化产品

煤矸石中含量最多的成分是二氧化硅，二氧化硅是建筑工程材料和其他化工产品的主要原料。利用煤矿中的废弃煤矸石可以生产多种资源化产品，如建材砖、水泥/混凝土、新型保温板材等建筑材料，也可以生产制备铝硅材料、炭黑材料等化工产品。同时，煤矸石中的氮、磷、钾等矿物质可以成为矿物复合肥的主要原料。根据煤矸石资源化产品的类型和市场价值可以量化煤矸石产品的经济收益，具体明细如表 3-13 所示。

表 3-13　煤矸石资源化产品类型及市场价值

序号	产品类型	产品名称	单位	市场价值/元
1	建筑材料	建材砖	m²	35
2		水泥/混凝土	m³	560
3		新型保温板材	m²	3.4
4	化工产品	硅铝材料	m²	560
5		炭黑材料	m²	150
6	土壤改良剂	矿物复合肥	t	3.6

通过表中数据可以看出：在煤矸石资源化产品市场中，经济价值最高的为硅铝材料和炭黑材料等化工产品，但生产工艺相对复杂，有条件的矿区可以发展；

水泥/混凝土市场价值较高,新型保温板材和矿物复合肥市场价值相对较低,但三种产品生产工艺相对简单,且应用广泛,适合大多数矿区采用。

3. 煤泥资源化产品

煤泥也是煤矿的主要废弃物,堆存量巨大。目前在资源综合利用市场上,煤泥主要有三种利用方式,分别为:生产水煤浆、型煤和利用煤泥发电。根据煤泥资源化产品的类型和市场价值可以量化煤泥综合利用的经济收益,具体明细如表 3-14 所示。

表 3-14　煤泥资源化产品及市场价值

序号	原材料	产品名称	单位	市场价值/元
1	煤泥	水煤浆	m²	35
2		型煤	m³	560
3		发电	t	3400

从表中数据可以看出,煤泥的利用范围相对局限,三种资源化产品都是以燃烧利用为主。其中制备水煤浆替代原煤可以提高燃烧效率,降低污染,是清洁生产的主要手段;煤泥发电也可节约一次能源的使用,技术工艺相对简单,便于操作。

3.2.2.3　土地增值效益

增值效益主要体现在林木资源收益、改善土地资源增加土地经济产出及旅游业发展带来的经济收入等方面。采掘区防护林带、边坡、开采区防护林带等成林后,通过砍伐再植更换,可以得到一定的林木资源。林业的发展也可以促进新兴木材加工业的发展等,为发展地方产业提供了可靠的资源保证。经过生态恢复后,原有的矿山废弃地可转变为农田、草地、经济林地等,当地农民的收入将大幅增加,土地利用等级及经济效益均将大大提高,同时生态湿地、公园的建设也会提升周边土地的价值。矿山湿地公园本身作为一种重要的旅游资源,如矿山地质公园和细河景观带的建设,既是生态恢复的展示区域,又是旅游的观赏区,在建成后必然会吸引大量的旅游者,既可增加当地经济收入,也可带动整个地区旅游业的发展,为区域经济发展增添新的活力,促进区域经济可持续发展。矿区生态环境的改善也会给地区招商引资提供保障,促进当地经济发展。

3.2.3　社会效益

矿区生态恢复带来的社会效益主要体现在促进企业发展、增加就业、改善居民环境、提升地区形象及科教示范等方面。不仅有助于产业结构调整,促进企业整体良性循环，有利于地区的经济发展，同时可提供更多的就业岗位，有助于当地文化传承。

1. 有助于产业结构调整

大部分矿区的产业结构并不合理，长期以矿业开发、工业生产等第二产业为主，通常第三产业所占的比重很小，产业结构较为单一。资源化矿山生态修复模式可以有选择性地打造多种产业形式，如循环经济、矿山旅游、休闲娱乐、商业等一系列产业，可以有力促进当地生产性服务业、旅游业及其附属产业的可持续发展，从而提高第三产业比重，加快地区产业结构调整的进程，以实现可持续发展。

2. 促进企业整体良性循环

矿区生态环境恢复与建设不仅可以改善矿区生态环境，创造生态效益和环境效益，还能为员工的健康服务，这在一定程度上可以提高员工的工作积极性，增加企业的经济效益和市场竞争力，促进企业的整体良性循环。

3. 有利于地区经济发展

矿山环境生态修复与土地生态工程的建设可以充分发挥当地的矿产资源优势，一方面给企业带来良好的经济效益，另一方面给国家带来一定的利税，增加地方财政收入，同时带动了当地相关企业的发展，促进了地区的经济活跃与发展。通过矿区环境治理和矿山公园建设，大大改善矿区和当地的形象，使地区知名度增加，为地区招商引资等提供便利。

4. 提供更多的就业岗位

资源化矿山生态修复模式通过生态修复、公园建设、矿山旅游开发的结合，以景为媒，农林为桥，必将有利于资金、技术、人才等的引进，以及产业的转型，从而促进当地经济及周边经济的腾飞，项目建设可以提供大量的就业岗位，能有效缓解农村劳动力过剩和下岗职工再就业问题，促进旅游文化、绿色文化的繁荣，以及社会经济的发展，推动矿区产业结构调整，带动相关产业发展。就业机会的增加也有利于促进社会的和谐稳定。

5. 有助于当地文化传承

矿山开采活动结束后，矿区旅游业的发展不仅会带来可观的经济收入，一定程度上也有助于当地的文化传承。当地居民可以将各种民间的文化艺术品制作为独具特色的旅游纪念品进行销售，带来经济收入的同时，也使民间的艺术发扬光大，促进当地文化传承。同时，依托独特地理环境与历史背景的矿山开采文化也值得被发扬光大，可以充分结合当地自然景观和地域特色，形成一道亮丽的矿山文化旅游风景线。

3.3　资源化矿山生态修复模式产业前景

资源化矿山生态修复模式在区域产业发展规划上具有独一无二的优势，以矿山循环经济产业为基础，突破矿区原有产业发展瓶颈，赋予矿山新的活力。辅之以不同文化底蕴的矿山旅游产业和不同地域特色的农业观光产业，共同打造可循环、可持续的矿山产业集群。

3.3.1　循环经济产业

矿山循环经济产业的打造要紧扣"循环、绿色、生态、环保"的主题，加强尾矿资源综合利用产业集群，通过建立矿山生态修复研发中心、矿山生态修复示范基地、矿山资源化产业园区、矿山循环经济综合服务中心等体系，重点优化公共资源和产业要素资源配置，推动形成以尾矿综合利用产业为主的循环经济良性发展的格局。

1. 矿山生态修复研发中心

矿山生态修复研发中心一般是以科研院所和当地政府为主体，牵头组建的矿山资源化修复产业技术联盟，联合国内外相关领域研究单位和投资公司共同搭建的。建立的研发中心是以整治矿区生态环境为目标，重点开展尾矿及废石的有价元素提取、二次尾矿的环保建材深加工和矿山生态修复等三大方面研究内容，主要实现产业规划、产品研发、成果转化、技术服务等功能。同时，围绕矿山生态修复和尾矿资源化利用技术转移开展多方面工作。研发中心下设众创空间和企业孵化器，按照市场机制与其他创业主体协同聚集，创新和优化技术、装备、资本、市场等资源配置，进而辐射带动中小微企业成长，加快矿业产业转型与升级，并加速矿山生态修复和矿业循环发展。

2. 矿山生态修复示范基地

矿山生态修复示范基地主要承担矿山修复与恢复技术转化、矿山生态修复与恢复植物物种培育、矿山修复产品开发与应用等任务。示范基地建设分为室内、室外两部分，其中：室内为生态温室大棚，主要用于生态修复物种培育、绿化景点展示，同时具有绿化生态教育功能，为市民及游客提供矿山生态修复方面的科普教育；室外主要为重金属污染治理场地、基质改良试验地及苗木选育基地等，提供科研实验的场所，同时可以为游客展示土壤生态修复具体工艺流程和最终成果。

3. 矿山资源化产业园区

矿山资源化产业园区主要利用矿区周边的废弃物生产和制备矿山资源化产品。以矿区周边生态建设所需的建筑工程、道路基础设施、市政设施等建设工程材料产品的需求为导向，以废弃矿山舍岩、尾矿资源等作为基础原料进行深加工再利用，引入生态透水砖、预拌混凝土砂浆、建筑外墙保温板以及其他新型建筑材料等若干条生产线，所生产的产品既可满足当地及周边地区市政等建筑材料的需要，同时又可保证对矿产废弃物的消耗，同时可以有条件地生产制备微晶玻璃、陶瓷等市场价值较高的资源化产品，为矿山产业发展方向提供多种可能。

4. 矿山循环经济综合服务中心

矿山循环经济综合服务中心是整个矿山循环经济产业园区的服务和管理中心，为矿区各个功能片区提供后勤保障，是矿山循环经济产业园区不可或缺的重要组成部分，承担整个产业园区的行政管理、商业、金融、教育、培训和服务等综合职能。综合服务中心主要建设行政办公、商务用房、职工宿舍、公用及综合配套服务设施，在产业园区建成后可实现峰会论坛、专家培训、行业信息交流、企业商务活动等服务功能。

3.3.2　矿山旅游产业

随着矿产资源的逐渐枯竭，矿山产业转型任务迫在眉睫，比较常规的转型方法是发展矿山旅游。近年来矿山旅游开始纳入我国旅游产业，特别是国家有关部门已经开展了矿山旅游公园的策划与评价工作，矿山旅游对丰富国内旅游资源，改善矿山生态环境，促进矿区和谐社会的建设等具有重要的社会、经济和生态价值。目前，全国共有大中型矿山 527 座、中型矿山 1354 座、小型矿山和砂石黏土采场 14 万多处，有近 400 座矿山、50 座矿业城市因可供开发的后备资源不足，面临"矿竭城衰"的严重威胁（付梅臣等，2006）。矿山旅游作为一个新兴旅游形式逐步被社会所接受，充分利用富有特色的矿区景观、地质景观，在安全保障的前提下，可以将其作为二次资源综合利用，建成教学、生态和旅游等多功能的特色旅游区，这在西方国家已经成为矿山建设的成功典范，我国矿山也应借鉴其成功经验。

3.3.2.1　矿山文化游览

1. 矿产地质遗迹游览

矿产地质遗迹是一种新兴、特殊的旅游资源，是指矿业开发过程中遗留下来的与采矿活动相关的具有科学研究价值、文化价值和旅游价值，能够对旅游者产生吸引力的自然和人文景观。矿业开采过程中会破坏水体，占据一定地质体的地表土地和地下空间，这些是由矿业开发所引发的地质环境改变或地质灾害，在采矿活动结束后依然存在，无法恢复到以前的状态，矿产地质遗迹由此形成。矿产地质遗迹主要包括被开采过的矿床遗址或遗迹、矿山地质灾害遗迹等。矿产地质遗迹保护与合理利用是发展矿业旅游的根本，在进行矿山旅游开发时可以根据矿山地质条件和开发强度建设地质主题公园、文化产业园、主题酒店等不同类型，带动矿山旅游产业发展。

2. 矿业生产遗迹游览

矿业生产遗迹游览主要包括矿业勘查、探矿等生产资料展览和矿业生产现场体验游览。矿业资料主要包括保存完好的与矿山开采密切相关的地质勘探资料，如地形、地质图、地质勘探报告类资料，如：民国时期的地质地形图、建国初期地质地形图、矿山地质勘探资料、地质勘探用品和设备、国家水准点等；矿山生产遗迹包括开采系统遗迹、提升系统遗迹、通风系统遗迹、排水系统遗迹、压气系统遗迹；选矿遗迹包括破碎筛分遗迹、磨矿分级遗迹、混合及分离浮选遗迹；运输遗迹包括生产运输遗迹、铁路运输遗迹等。使游客在游览和体验过程中了解采矿文化，感受采矿氛围。

3. 矿山文化体验

矿山文化体验可利用采矿过程中遗留下来的采矿设施、矿井、矿洞等资源，通过土壤修复、边坡绿化、喷混植生、矿山景观处理等措施，达到体验环境氛围、参与体验矿山活动、矿山观光及科普教育的建设目标。可以作为青少年学习实践、科普教育、游客参观的主要场所，重点通过模拟小型化、自动化等矿山生产工艺，并加入创意互动环节，让参观者亲身体验矿物采、选、加工等生产全过程，并体验尾矿在手中变废为宝的乐趣。

3.3.2.2　矿山自然景观游览

矿山生态修复后，应重新进行景观规划设计，根据矿坑围护避险、生态修复要求，利用现有的山水条件，设计瀑布、天堑、栈道、水帘洞等与自然地形密切结合的内容,深化人对自然的体悟。利用现状山体的龟裂纹,深度刻画,使其具有中国山水画的形态和意境。在旅游产业开发过程中,通过合理的规划与布局,与矿山遗迹形成整体景观空间。通过设计不同类型的游览路线,丰富矿山的游览趣味与吸引力,共同打造矿山旅游新形式。矿山自然景观在设计规划的过程中需要遵从不同的地方特色和地域文化,从地形、地貌气候等特殊条件中整合特殊的开发设计要点,设计不同的景观形式,表现特殊的主题。矿山旅游景观开发模式主要以"主题公园与旅游景观相结合",彰显"矿业开采与保护相结合"的规划思想。

3.3.2.3　矿山旅游产品

一般由于尾矿内部含有矿物种类、含量及组分的不同,会影响尾矿和排岩的构造和形态,不同品种的尾矿和排岩往往呈现出不同的颜色、光泽和形状,因此可以结合尾矿原本的颜色,稍作加工,衍生出形态各异、独一无二、流光溢彩的尾矿艺术品。如本溪傲泰新型建筑材料有限公司利用当地废弃的尾矿粉为原料,通过采用先进的工艺雕刻而成的仿金属雕塑、仿木质壁画、室外大型浮雕、室内各类艺术石画等,这些产品不仅具备收藏价值,而且具有很高的欣赏价值,可以作为房屋装饰使用。由于这种材料强度高、质感好、成本低,因此,雕刻出的艺术品也是别具一格,自成流派,市场前景看好。

3.3.3　农业观光产业

1. 建设农产品生产基地

对于地势较为平坦、土壤资源良好的区域,经过一定的土地复耕复垦,就能够恢复土地的耕种能力,达到土地复垦标准要求。复垦后的土地,可利用现代农业设施生产高质优秀的农产品,建成以当地优势农作物为主,兼顾土特产种植和加工一体化的农产品生产基地。在矿山观光农业产业打造过程中,按照现代农业旅游的发展规律和构成要素,因地制宜地进行改善、配套、组装和深度开发,在保证矿山地区本底生态功能和有利于环境优化的基础上,赋予矿山地区农作物观赏、农果品尝、农产品购买、果蔬园艺娱乐、农活儿劳动体验、农作物种植学习和农家院居住等不同形式的农业游艺功能(王雅云,2010),创造出可经营、具有观光农业或农村特色和功能、具有矿山特殊景观的观览线路资源及特色农副产品。

2. 发展特色农副产品

结合矿山旅游功能,以各类采矿文化节为契机,发展观光农业、体验式农业。定期举办特色农副产品博览会、农贸会、展销会等,以"采矿文化、绿色农业"

为主题，借助花木种植，增加具有地方文化、传统特色的景点，通过开发果园采摘和休闲度假，将特色农业与矿山旅游文化有机结合在一起。根据矿区所在地域条件，发展特色农副产品，创建具有文化底蕴、鲜明地域特征、"小而美"的特色农产品品牌。河北省滦平县在矿山生态修复后，利用自身得天独厚的地理优势，打造京津生鲜农产品生产基地，发挥毗邻京津的优势，吸引农业科技成果转化，切实提高农产品质量，用好用活"互联网+"模式，融入环京津鲜活农产品 1 小时物流圈（寇有观，2019）。

3.4　本 章 小 结

本章所介绍的资源化矿山生态修复模式，是在传统模式的基础上，通过构建资源化矿山生态修复体系框架，综合利用尾矿、煤矸石、煤泥，以及废石、残土等矿山主要废弃矿产资源，制备可供建设的基础材料或具有市场价值的资源化产品，进而修复矿山废弃地，提升土地资源价值空间。针对矿山废弃工业地物的景观重塑，赋予其文化价值，形成资源无害化利用、无二次污染排放的循环产业体系，以此打造矿山绿色、循环、可持续发展的新型产业模式。基于现有资源化生态修复模式框架，从生态、经济和社会三方面着手，进行定性与定量的综合评价：在生态效益方面，综合涵养水源、保育土壤、固碳释氧、积累营养、净化大气环境、森林防护和生物多样性七大功能进行定性评价；在经济效益方面，从环境减灾效益、资源化产品效益和土地增值效益进行定量化评价；在社会效益方面，同样具有促进企业整体良性循环、有利于地区经济发展、提供更多的就业岗位、有助于产业结构调整、有助于当地文化传承等多重效益。同时对该发展模式在循环经济、矿山旅游和农业观光三种产业中的前景提出合理预测和规划，预测结果表明，该模式的应用对矿山生态修复领域作用巨大，有助于形成资源循环利用、生态逐渐恢复、产业持续发展的新型矿区发展格局。

参 考 文 献

常江，刘同臣，冯姗姗，2017. 中国矿业废弃地景观重建模式研究[J]. 风景园林(8): 41-49.

陈二萍，王燕，李明明，等. 2013. 煤矿固体废物综合利用及处置实例[C]//中国环境科学学会. 2013 中国环境科学学会学术年会论文集(第五卷): 2097-2102.

陈富松，袁闯，李国富，等，2017. 煤矸石的综合利用研究进展[J]. 产业与科技论坛，16(2): 72-73.

陈华璋，向东文，2019. 黄石国家矿山公园可持续景观设计模式探究[J]. 现代园艺(8): 56-58.

陈星，朱远乐，袁曦，2015. 中线式废石筑坝法在尾矿库扩容工程中的应用[J]. 矿业研究与开发，35(8): 81-83.

陈亚萍. 2016. 中美城市棕地生态恢复和景观重构的对比研究[D]. 苏州: 苏州大学.

陈影，张利，董加强，等，2014. 废弃矿山边坡生态修复中植物群落配置设计：以太行山北段为例[J]. 水土保持研究，21(4): 154-157, 162.

陈永亮, 李杨, 张惠灵, 等, 2016. 高掺量低硅铁尾矿制备瓷质砖的研究[J]. 硅酸盐通报, 35(3): 927-932.

陈振起, 1992. 磁性肥料[J]. 安徽化工(4): 18-20.

程丽, 2012. 浅谈煤矿废弃物的资源化利用[J]. 经营管理者(1): 383.

迟春明, 王志春, 2011. 客土改良对碱土饱和导水率与盐分淋洗的影响[J]. 农业系统科学与综合研究, 27(1): 98-101.

崔莺, 2013. 基于生态学特性的人工湿地植物的选择与配置研究[D]. 福州: 福建农林大学.

丁利兰, 王福明, 2017. 四川旧工业建筑再生利用方法研究[J]. 建材与装饰(21): 135-136.

丁巧蓓, 晁元卿, 王诗忠, 等, 2016. 根际微生物群落多样性在重金属土壤修复中的研究[J]. 华南师范大学学报(自然科学版), 48(2): 1-12.

丁园, 郝双龙, 张建强, 等, 2012. 化学改良剂对矿区土壤中 Cu 和 Cd 的修复[J]. 安徽农业科学, 40(6): 3339-3340, 3373.

董广印, 王方君, 2005. 煤泥用于坑口发电的经济效益分析[J]. 能源工程(5): 64-66.

董莉莉, 王维, 彭芸霓, 2019. 旧工业建筑改造为众创空间的适宜性设计策略[J]. 工业建筑, 49(2): 31-37, 79.

董玲, 2018. 煤矸石酸浸提取 Al_2O_3 和 Fe_2O_3 技术研究[D]. 北京: 中国矿业大学.

杜高翔, 2007. 石棉尾矿综合利用研究进展[J]. 中国非金属矿工业导刊(2): 14-17, 31.

方玉明, 2008. 矿山废弃地景观规划的方法体系研究[D]. 天津: 天津大学.

付梅臣, 吴淦国, 付薇, 2006. 矿山旅游资源评价与开发规划研究[J]. 采矿技术(3): 93-96.

高将, 赵兰坡, 荣立杰, 等, 2016. 吉林省临江硅藻土及其尾矿对钾的吸附性能[J]. 华南农业大学学报, 37(5): 50-56.

关军洪, 郝培尧, 董丽, 等, 2017. 矿山废弃地生态修复研究进展[J]. 生态科学, 36(2): 193-200.

郭维君, 蒋孝文, 陈学军, 等, 2010. 金属矿山重金属污染废弃地土壤修复技术研究[J]. 安徽农业科学, 38(22): 11954-11956.

韩茜, 张洋, 2015. 铁尾矿微晶玻璃的制备及其性能研究[J]. 商洛学院学报, 29(6): 37-40.

韩煜, 全占军, 王琦, 等, 2016. 金属矿山废弃地生态修复技术研究[J]. 环境保护科学, 42(2): 108-113, 128.

侯李云, 曾希柏, 张杨珠, 2015. 客土改良技术及其在砷污染土壤修复中的应用展望[J]. 中国生态农业学报, 23(1): 20-26.

胡修林, 杨勇, 2014. 无烟煤煤泥综合利用的探讨[J]. 煤炭加工与综合利用(5): 51-54.

黄梦兰, 吕振华, 2017. 矿山废弃地植被恢复与植物景观重塑: 以邵阳市隆回矿山为例[J]. 绿色科技(3): 22-24.

冀泽华, 冯冲凌, 吴晓芙, 等, 2016. 人工湿地污水处理系统填料及其净化机理研究进展[J]. 生态学杂志, 35(8): 2234-2243.

姜晓谦, 马鸿文, 李歌, 2011. 白云岩型滑石矿的化学提纯及性能表征[J]. 中国非金属矿工业导刊(6): 22-24, 39.

金末梅, 刘全军, 2010. 铁矿尾矿的现状和综合利用途径[J]. 矿冶, 19(2): 31-33, 37.

寇有观, 2019. 滦平县在"生态优先 绿色发展"[J]. 办公自动化, 24(12): 8-15, 43.

李德忠, 倪文, 刘杰, 等, 2016. 铁尾矿制备高强高性能透水砖[J]. 新型建筑材料, 43(11): 52-54.

李军, 李海凤, 2008. 基于生态恢复理念的矿山公园景观设计: 以黄石国家矿山公园为例[J]. 华中建筑(7): 136-139.

李润祺, 区雪连, 2017. 重金属尾矿生产高附加值建材的关键问题探讨[J]. 建材与装饰(31): 44-45.

李士彬, 李宏志, 王素萍, 2011. 我国矿产资源综合利用分析及对策研究[J]. 资源与产业, 13(4): 99-104.

李庶林, 2002. 论开展金属矿山工程地质灾害研究的必要性[J]. 采矿技术(2): 5-8.

林忠华, 2004. 沿海赤沙型旱地客土改良的效果及有效途径[J]. 福建热作科技(3): 18, 21-23.

刘飞, 2012. 基于生态系统功能多重属性的森林生态服务提供研究[D]. 咸阳: 西北农林科技大学.

刘航, 孙伟, 陈攀, 等, 2019. 从萤石尾矿中回收石英的试验研究[J]. 矿产保护与利用, 39(4): 78-82.

刘建国, 张军, 汤玉和, 2015. 浮选富集某石墨尾矿中的钒云母[J]. 现代矿业, 31(8): 61-62.

刘靖, 2007. 邻水县西区煤矿开采对环境影响及煤矿废水资源化研究[D]. 成都: 成都理工大学.

刘明, 李树志, 2016. 废弃煤矿资源再利用及生态修复现状问题及对策探讨[J]. 矿山测量, 44(3): 70-72, 127.

刘思, 高惠民, 胡廷海, 等, 2013. 北海某高岭土尾矿中石英砂的选矿提纯试验[J]. 金属矿山(6): 161-164, 167.

刘文永, 张长海, 许晓亮, 等, 2010. 用铁尾矿烧制胶凝材料的试验研究[J]. 金属矿山(12): 175-178.

刘雪冉, 胡振琪, 许涛, 等, 2017. 露天煤矿表土替代材料研究综述[J]. 中国矿业, 26(3): 81-85.

刘治保, 2017. 鞍山矿山区域生态修复与景观再生研究: 以鞍山大孤山铁矿矿山区域为例[J]. 美与时代(城市版)(3): 63-64.

龙精华, 张卫, 段炼, 等, 2015. 矿区废弃地再利用与体育场地建设[J]. 中国矿业, 24(7): 44-47, 52.

吕俊, 2015. 矿山废弃地景观的生态治理研究[D]. 济南: 山东建筑大学.

马锦义, 于艺婧, 王雅云, 等, 2011. 休闲农业园中矿山废弃地改造利用设计[J]. 南京农业大学学报, 34(4): 37-42.

马群英, 2012. 煤矿废弃物资源化利用与循环经济浅议[J]. 中国新技术新产品(4): 203.

马跃, 李森, 赵福强, 等, 2018. 铁矿山资源化生态修复模式研究[J]. 生态经济, 34(1): 214-219.

马跃跃, 马英, 2017. 试论遗产保护视角下的工业构筑物重构与再生[J]. 遗产与保护研究, 2(2): 52-57.

牛快快, 2018. 矿山生态修复方法与植物配置模式研究[J]. 山西农经(2): 77.

彭凤, 冯劼东, 2012. 湖北省矿山废弃地的景观重建探讨[J]. 资源环境与工程, 26(S1): 83-84, 96.

彭建, 蒋一军, 吴健生, 等, 2005. 我国矿山开采的生态环境效应及土地复垦典型技术[J]. 地理科学进展, 24(2): 38-48.

曲少东, 2018. 矿山废弃土地修复及再利用规划[J]. 乡村科技(1): 95-97.

宋丹丹, 2012. 石灰岩矿山废弃地生态恢复与景观营建研究[D]. 保定: 河北农业大学.

苏立栋, 杨立荣, 杨超, 等, 2014. 利用唐山地区铁尾矿生产高掺量尾矿烧结砖的研究[J]. 非金属矿, 37(1): 40-43.

孙春宝, 董红娟, 张金山, 等, 2016. 煤矸石资源化利用途径及进展[J]. 矿产综合利用(6): 1-7, 12.

田英良, 杨丽敏, 常新安, 等, 2002. 利用铁矿尾矿研制 CaO-MgO-Al$_2$O$_3$-SiO$_2$ 系微晶玻璃[J]. 北京工业大学学报 (3): 369-373.

王爱国, 朱愿愿, 徐海燕, 等, 2019. 混凝土用煤矸石骨料的研究进展[J]. 硅酸盐通报, 38(7): 2076-2086.

王进, 1982. 从尾矿中回收钙钛矿[J]. 有色金属(选矿部分)(6): 57-58.

王威, 2014. 全尾矿砂废石骨料制备高性能混凝土的研究[D]. 武汉: 武汉理工大学.

王雅云, 2010. 采石矿山改造型观光农业园规划设计研究[D]. 南京: 南京农业大学.

王亚雄, 郭瑾珑, 刘瑞霞, 2001. 微生物吸附剂对重金属吸附特性[J]. 环境科学, 22(6): 72-75.

王燕, 2016. 矿业型工业遗存的景观重构研究[D]. 湘潭: 湖南科技大学.

王勇, 王淑莉, 1991. 客土改良土壤培肥效果显著[J]. 现代农业(9): 16.

王志强, 唐乃岭, 张睿, 等, 2024-10-23. 金矿渣微晶玻璃及其制备方法:CN 102249545A[P].

魏焕民, 赵振兴, 刘桂林, 2012. 研山铁矿地表矿石细粒铁矿物回收实践[J]. 现代矿业, 27(8): 152-154.

吴靖雪, 张希, 李鑫, 2015. 矿山废弃地生态修复模式与技术研究[J]. 现代商贸工业, 36(7): 83-84.

吴顺福, 邰洪强, 南贵军, 等, 2018. 浅议京津冀地区国家矿山公园的建设特色[J]. 西部探矿工程, 30(12): 99-102.

夏循峰, 胡宏, 解田, 2012. 磷矿尾矿活化制备复合胶凝充填料的工艺条件研究[J]. 化工矿物与加工, 41(1): 8-10.

肖慧, 刘媛媛, 2010. 铁矿尾矿制作节能保温板材的研究[J]. 砖瓦(8): 6-8.

辛亮亮, 2015. 土壤剖面构型改良与耕地质量提升研究[D]. 北京: 中国地质大学.

徐彩球, 金姝兰, 黄建男, 等, 2014. 鄱阳湖流域典型矿区乡村旅游规划设计[J]. 上饶师范学院学报, 34(3): 95-99.

许毓海, 2002. 凡口铅锌矿工业废弃物综合利用技术研究[J]. 矿冶(2): 74-76, 84.

薛建森, 李才政, 2014. 河南某选矿厂浮选工艺技术改造与生产实践[J]. 有色金属(选矿部分) (3): 18-20.

晏闻博, 柳丹, 彭丹莉, 等, 2015. 重金属矿山生态治理与环境修复技术进展[J]. 浙江农林大学学报, 32(3): 467-477.

姚文进, 2015. 浅析粗煤泥的处理与利用[J]. 能源与节能(4): 176-178.

叶茂, 周初跃, 郭东锋, 等, 2013. 客土改良对土壤质地及烟株生长发育的影响[J]. 安徽农业科学, 41(8): 3359-3361.

喻杰, 柯昌云, 喻振贤, 等, 2013. 大比例掺用铁尾矿制备轻质保温墙体材料[J]. 金属矿山(3): 161-164.

张博, 2013. 北方滨海盐土高效改良技术研究[D]. 北京: 北京林业大学.

张鸿龄, 孙丽娜, 孙铁珩, 等, 2012. 矿山废弃地生态修复过程中基质改良与植被重建研究进展[J]. 生态学杂志, 31(2): 460-467.

张丽峰, 2012. 铁矿废弃地类型划分及其生态规划模式的研究[D]. 保定: 河北农业大学.

赵方莹, 2008. 北京铁矿废弃地植被恢复技术与效应研究[D]. 北京: 北京林业大学.

郑建军, 刘占全, 2012. 利用矿山固体废物料固结矿区路面的试验研究[J]. 金属矿山(6): 127-128.

朱琳, 裴宗平, 卢中华, 等, 2012. 不同基质配比对边坡修复植物生长的影响研究[J]. 中国农学通报, 28(19): 260-265.

庄红峰, 2019. 煤矸石内燃砖原料性能分析及与制品的产量、质量关系[J]. 砖瓦世界(3): 47-51.

Bruneel O, Mghazli N, Sbabou L, et al., 2019. Role of microorganisms in rehabilitation of mining sites, focus on Sub Saharan African countries[J]. Journal of Geochemical Exploration, 205: 106327.

Li C, Sun H H, Yi Z L, et al., 2010. Innovative methodology for comprehensive utilization of iron ore tailings Part 2: The residues after iron recovery from iron ore tailings to prepare cementitious material[J]. Journal of Hazardous Materials, 174(1-3): 78-83.

Lukumon O O, Saheed O A, Kabir O K, 2014. Use of recycled products in UK construction industry: An empirical investigation into critical impediments and strategies for improvement[J]. Resources, Conservation & Recycling, 93: 23-31.

Macaskie L E, Dean A C R, Cheethan A K, et al., 1987. Cadmium accumulation by a *Citrobacter* sp.: The chemical nature of the accumulated metal precipitate and its location on the bacterial cells[J]. Journal of General Microbiology, 133(3): 539-544.

Toya T, Tamura Y, Kameshipna Y, et al., 2004. Preparation and properties of CaO-MgO-Al$_2$O$_3$-SiO$_2$ glass-ceramics from kaolin clay refining waste (Kira) and dolomite[J]. Ceramics International, 30(6): 983-989.

第4章　能源化矿山生态修复

随着全社会经济的高速发展，对能源的需求量也日益加大。化石能源的开采和使用过程对环境生态也造成了巨大压力，导致环境污染和气候变化问题日益严峻，威胁人类的生存环境。如何开发和利用可再生清洁能源，减少化石能源消耗，实施能源转型、绿色增长，建设新型的、可持续发展的社会形态是全球亟待解决的问题。当前可再生能源已成为全球能源行业发展最快的领域，现阶段中国应用较为广泛的可再生能源主要包含太阳能、生物质能和风能等，其发展需要大量的土地资源，在土地资源紧缺、新能源发展迫切的大背景下，合理利用矿区土地发展新能源是我国能源发展的必由之路。

传统的矿山生态修复措施包括生态环境影响减缓措施、恢复措施，服役期满排土场、尾矿库的土地复垦措施，以及矿山地质环境治理、水土保持、生态安全与防灾减灾、资源综合利用等多个方面（王晶晶，2014）。这些传统的矿山生态修复方法虽然在一定程度上起到生态恢复的作用，但也存在着诸多问题：矿业开采造成的废弃地的再利用方式较为单一，未实现土地利用价值最大化。从国内现有的矿业废弃地再利用方式来看主要分为两种方式：距离城市较近的矿业废弃地或塌陷地进行生态修复，多建设成满足城市绿化需求的公园；距离城市较远的区域则选择土地复垦，重新作为农田或鱼塘使用（黄琦，2014）。矿山废弃地存在一些资源和能源，在生态修复过程中未被有效提取利用，未实现经济价值最大化。传统的矿山修复方法仅对矿山进行简单的生态修复，对于区域的经济发展和能源的开发利用没有起到明显的推动作用。本章从新能源的角度出发，结合国家矿山生态恢复发展战略，从废弃矿山的不同区域入手，针对尾矿库、排土场、采场、工业场地及矿区道路，进行土壤污染的消除和生态功能的恢复，对现有用地进行土地平整，建立可再生能源系统，打造绿色新能源产业，进行效益分析，提出新的矿山生态修复模式理念。

4.1　能源化矿山生态修复模式

4.1.1　能源化矿山生态修复模式构建

能源化矿山生态修复模式的优势体现在两个方面：其一是可通过种植能源植物扩大植被覆盖面积、减缓水土流失、实现环境生态效益；其二是利用太阳有效辐射发展太阳能，实现新能源开发利用效益（全师渺等，2019）。通过光伏发电、矿山能源化利用和矿产废弃资源利用的有机结合，达到风、光、储、热多能互补，协调发展的效果，将矿山废弃地打造成为源网荷储一体化运行的可再生能源系统，推进能源结构优化，具有良好的生态效益、经济效益和社会效益。能源化矿山生态修复体系具体包括以下几个方面。

（1）矿山废弃地生态修复。通过矿山工程修复技术、土壤改良与污染修复技术、植被恢复技术、生态景观修复技术进行生态修复。

（2）对矿山废弃地进行简单的土地平整。

（3）生态修复后的矿山废弃地用于生物质能、光能、风能、储能、地热能用地开发建设。

（4）种植能源植物，发展光伏板下和板间畜禽养殖，用能源植物、农林废弃物制备生物乙醇及生物柴油、成型燃料及化工原料，用能源植物、农林废弃物、畜禽粪便制备沼气进行发电。

（5）将有机垃圾通过厌氧发酵、生物堆肥制备成固体有机肥和饲料，其中有机垃圾为餐厨垃圾、畜禽粪便、城市污泥。

（6）建立光伏发电站。光伏电站为带储能的发电系统，光伏发电系统分成若干个并网发电单元，汇流至汇流箱后集中至风光互补控制器，逆变升压站集中逆变升压 220kV 交流后输出，经二次升压至 550kV/750kV 后接入高压公共电网。

（7）建立风力发电站。风力发电系统与电网连接，若干个风电机组输出的电压汇流至汇流箱后集中至风光互补控制器，逆变升压站集中逆变升压 220kV 交流后输出，经二次升压后接入高压公共电网。

（8）建立储能电站。储能电站配备电池储能系统，蓄电池与光伏发电系统及风力发电系统的风光互补控制器之间充放电，将光伏发电和风力发电的部分电能转换为化学能进行储存。

（9）对矿山废弃地地热资源中低温热水进行多级利用。地热资源中低温热水直接用于加热沼气池、温室利用、地热供暖。用于温室育苗及栽培作物，温室利用和地热供暖后的余热水饲养林下畜禽牲畜，剩余废水进入废水沉淀池，净化沉淀后用于灌溉能源植物，进行多级利用。

4.1.2　生物质能源系统的建立

生物质能源是可再生能源的一种，取之不尽、用之不竭。一般情况下分为常规的固态、液态和气态燃料三种。生物质能是一种可以替代化石能源的可再生资源，这种碳资源开发潜力巨大，可以循环利用。全球每年由光合作用而固定的碳达 200.00Gt，含能量达 3.00×10^{15}MJ，可开发的能源约为全球每年耗能量的 10 倍，可利用的干生物质量约为 170.00Gt，但目前将其作为能源来利用的仅为 1.30Gt，约占其总产量的 0.8%（袁振宏等，2009）。中国具有丰富的生物质资源，统计资料显示，中国在"十二五"期间可收集并被能源化利用的生物质能总量约为 0.70Gt（袁振宏等，2017），在中国农村可种植能源植物的区域如果发展生物质能，产生的生物液体燃料折合成标准煤量为 0.10Gt（Canbing et al.，2014）。这些能源如果加以利用，将大大减少一次能源的消耗。一般情况下，生物质能源可以以沼气、压缩成型固体燃料、气化生产燃气、气化发电、生产燃料酒精、热裂解生产生物柴油等多种形式存在，应用在国民经济的各个领域。

目前，我国生物质能源供应处于"瓶颈期"。生物质能源产业面临着极大的原料供应问题，发酵原料来源单一，非粮原料无法全年供应，陈化粮等糖类原料产量有限，生物柴油也面临缺乏适宜非粮边际土地及相适应植物新品种的问题。我国每年产生的垃圾量很高，处理方式普遍为简单的填埋，垃圾资源并未得到合理利用，不仅导致资源浪费，而且会使环境污染加剧。我国农林废弃物除去用于肥料、饲料、食用菌基料以及造纸等用途，每年有大量的农林废弃物被焚烧。生活垃圾和各种农林废弃物都是生物质能源的重要原料，但都未被有效利用。

建立生物质能源系统，前提条件是需要消除矿山废弃地土壤污染，平整土地，使其达到可种植条件。土地准备完成后，首先在矿山废弃地中种植能源植物，建立能源林种植基地；在能源林中放养鸡鸭鹅，实行种植养殖相结合的生态农业，发展能源林林下畜禽养殖；用能源植物及农林废弃物制备生物乙醇及生物柴油、成型燃料和化工原料；用能源植物、农林废弃物、畜禽粪便制备沼气，建立沼气热电联产系统用以制备汽车燃气、制热、制冷及发电；将餐厨垃圾、城市污泥、林下畜禽养殖产生的畜禽粪便及生产沼气过程中产生的沼渣等废弃物加工成饲料供给林下养殖的畜禽，也可通过厌氧发酵及生物堆肥技术形成固体有机肥，有机肥供给能源林。具体技术流程如图 4-1 所示。

采用能源化矿山生态修复模式建立生物质能源系统，在恢复生态环境的同时能够带来经济效益和社会效益，形成几个产业方向：一是建立能源林种植基地，利用能源植物生产沼气，建立沼气热电联产系统用以制备汽车燃气、制热、制冷及发电，打造生物质沼气生产及发电产业；二是利用能源植物及农林废弃物制备生物乙醇及生物柴油、成型燃料和化工原料，打造生物质燃料产业；三是将生产过程中排放的沼液沼渣、餐厨垃圾、城市污泥及畜禽粪便等废弃物加工成饲料供给林下养殖的畜禽，也可通过厌氧发酵及生物堆肥技术形成固体有机肥，有机肥供给能源林，达到循环利用的目的，打造循环经济产业；四是利用能源林发展林下经济，实行种植养殖相结合的生态农业，打造林下养殖业。

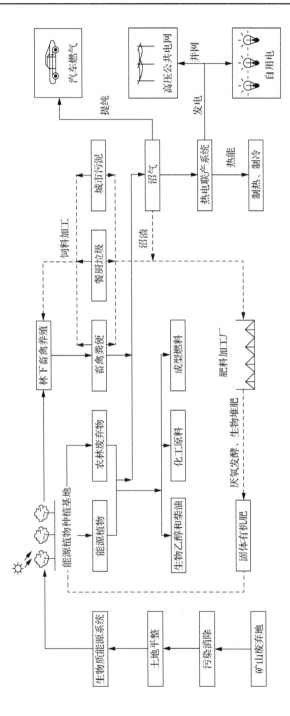

图 4-1　矿山废弃地建立生物质能源系统技术流程图

4.1.2.1　能源植物种植基地的建立

1. 消除土地安全隐患

利用矿山废弃地种植能源植物，应在土壤安全隐患消除后进行，以避免环境污染和地质灾害的发生。矿山废弃地主要由尾矿库、排土场、采场、工业场地及矿区道路几部分组成。其中废弃的尾矿库和排土场会存在一定程度的环境污染问题和安全问题。尾矿库是用以堆存矿石选别后金属或非金属矿山排出的尾矿或其他工业废渣的场所。尾矿库是一个具有高势能的人造泥石流危险源，存在溃坝危险，一旦失事，容易造成重大事故。这些尾矿由于数量大，含有暂时不能处理的有用或有害成分，随意排放将会造成资源流失，大面积覆没农田或淤塞河道，污染环境。排土场是采矿期间的采矿剥离排弃物排入的场所，排弃物一般包括腐殖表土、风化岩土、坚硬岩石以及混合岩土。排土场是一种巨型人工松散堆垫体，排土场失稳将导致矿山土场灾害和重大工程事故，存在严重的安全问题。一般废弃矿山的尾矿库及排土场等土地通常存在一定程度的污染，在进行土地利用前要先检测土壤是否达到种植标准，若不达标，需简单进行污染消除，使其达到种植标准以保证植物成活率。对于发展林下养殖业的能源林种植基地，其土壤需彻底进行污染消除后，方可养殖畜禽。

土地平整后进行大面积绿化是传统矿山尾矿库及排土场生态修复中常见的措施，一般采用草地或当地常见的树种进行复绿，很少有种植能源植物的实例存在。服役期满后的矿山遗留下来的排土场、尾矿库，可针对其地形及地质条件进行简单修复后种植能源林。在矿山修复过程中种植能源林替代简单复绿不仅恢复了生态环境，也积极迎合了我国新能源发展的策略。

2. 种植生物质能源植物

能源植物通常是指那些具有合成较高还原性烃能力、可产生接近石油成分和替代石油使用的产品的植物，以及富含油脂的植物，是可再生能源开发的唯一资源对象。能源植物通过光合作用固定二氧化碳和水，将太阳能以化学能形式储藏在植物中。能源植物除直接燃烧产生热能外，还可转化成固态、液态和气态燃料（谭芙蓉等，2014）。通过种植能源植物建立生物质能源种植基地，能源植物主要包括三种植物类型：能源树、能源草及能源作物。

其中，生物质能源树为油料能源树种、木质能源树种，目前已知的生物质能源树有40多种，包括光皮梾木、油桐、木油桐、文冠果、黄连木、乌桕、山鸡椒、杨树、刺槐、桉树、栎属等，如图4-2所示。

（a）光皮梾木　　　　（b）三年桐（油桐）　　　　（c）黄连木　　　　（d）乌桕

图 4-2　不同类型的生物质能源树种

　　能源草具有生长速度快、环境适应性好、干物质产量高、便于收集等优点，和能源树和能源作物相比，能源草的亩产量更高（高瑞芳等，2013），现已广泛应用在边际土地生态修复和生物质能源生产中。能源草种类繁多，应用较为广泛的如类芦、芦竹、斑茅、芦苇、苜蓿、苏丹草、五节芒、象草、皇竹草、荻、芒萁、野古草、石芒草、巨菌草、狼尾草、大米草、柠檬草、互花米草、柳枝稷、芒草等，如图 4-3 所示。

　　能源作物主要指的是在农业生产中原先作为粮食或食品原料的根茎类植物，因其富含大量的碳水化合物，可以应用于制备生物质能源，为可再生能源的形成提供基础原料，成为目前生物质能源研究中的又一新的发展方向。能源作物主要包括糖类能源作物、淀粉类能源作物、纤维类能源作物、油料类能源作物、烃类能源作物、藻类能源作物等，对这些能源作物加工后的废料残渣进行回收利用，既节约资源，又可产生新的经济效益。生物质能源作物如图 4-4 所示。

（a）柳枝稷　　　　（b）芒草　　　　（c）芦竹　　　　（d）狼尾草

图 4-3　不同类型的生物质能源草

|（a）甜高粱|　　（b）甘蔗|　　（c）木薯|　　（d）甜菜|

图 4-4　不同类型的生物质能源作物

4.1.2.2　生物质发电系统的建立

1. 沼气热电联产系统

沼气通常利用有机垃圾、生物质废料、残留物、废弃物等发酵工艺进行生产。这种利用方式开发历史相对悠久，技术较完善，但往往受生产原材料供应限制，大中型沼气工程发展较慢，大多数还停留在小厌氧消化池的水平，少有集中大型能源生产工程。另一方面，可燃气通常仅用于部分家庭，以及部分地区专用燃气交通工具，能源使用范围较窄。另有将产生的可燃气体作为燃料燃烧发电，但同样由于原料供应环节存在问题，若仅依靠这种方式进行大规模能源供应仍显乏力。

2017 年，根据《能源草发酵产沼气最新研究进展》，目前很多国家都已经大量种植能源植物用来制备沼气。爱尔兰超过 90%的供农业生产的土地都种上了能源草。美国计划到 2030 年，多年生能源植物所产生的生物质能将占所有生物可再生能源的 35.2%。据《世界日报》报道，泰国能源政策计划局请清迈大学研究泰国相关植物，找出可以生产沼气的能源植物，发现泰国境内可生产沼气的植物是象草，泰国政府积极推广压缩沼气，应对农村地区或天然气供应较少的北部地区能源短缺的情况。我国发现巨菌草作为生物质能源可以生产沼气。我国北京草业与环境研究发展中心发现柳枝稷、芒草、芦竹、荻荻草和杂交狼尾草等各类能源草资源能够制备沼气。鄢家俊等（2009）通过对四川境内岷江流域、青衣江流域和沱江流域野生斑茅的收集以及其生物学性状的观察，建议将斑茅作为能源植物进行开发利用。能源植物在不同时期收获后，经厌氧发酵产沼气的量不同，主要原因是植物的化学组成随生长时间而变化。在能源草的整个生长周期中哪些因素影响其沼气产量还需要更深入地研究。能源植物生产沼气供应给各家各户能够减少其他能源的使用，据统计，农村的沼气用户每户每年可减少油电消耗 16.5%～48%，减少煤炭消耗 60%～70%，农户每年可节约生活费用约 2000 元。

在矿山废弃地中建立集中大型沼气能源生产工程及沼气热电联产系统，将能源植物种植基地中的能源植物、农林废弃物及林下畜禽养殖产生的畜禽粪便进行预处理，加入专业复合菌，通过发酵罐制备成沼气，部分沼气用以供气供暖，部分沼气进行发电并网，余下沼气提纯制备汽车燃气，生产沼气过程中剩余的沼液沼渣用以加工制作成有机肥料，最终形成整个产业闭环体系。沼气热电联产生产技术路线如图 4-5 所示。

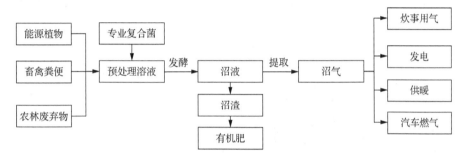

图 4-5　沼气热电联产生产技术路线图

从沼气热电联产的生产技术路线可以看出，沼气热电联产系统级发展既可有效消耗矿产废弃物，又可代替一次能源使用，为减少全球碳排放作出贡献，同时为矿山产业可持续发展提供新的方向。

2. 能源植物发电系统

当下能源植物发电技术是生物质能源利用极具发展潜力的利用技术之一，利用矿山废弃地种植能源植物，其生产出来的终端产品是电，电的利用范围较广，而且可以充分利用现存电网设施，部分地区还可以实现分布式发电，在恢复矿山生态环境的同时，满足社会巨大的电力需求。国外经过十几年的探索研究认为，高效直燃发电是简便可行的高效利用生物质资源的方式之一。从国内来看，能源植物发电具有多种优势。

1）生物质能源植物发电优势

生物质能源发电的主要原料来源包括：农业废弃物、林业废弃物、畜禽粪便、能源作物、生物质发电能源林等。其中，农林业废弃物秸秆和畜禽粪便均属其他行业相关副产品，将其作为生产原料存在来源分散、收集运输环节复杂、额外投入多等诸多问题。传统的秸秆发电是用农作物秸秆作为燃料的一种发电方式，秸秆发电可分为秸秆气化发电、秸秆直燃发电和混燃发电（赵贵玉等，2017）。据统计，1t 秸秆能发电 500kW·h，随着技术的创新，每 1.5kg 秸秆能够产生 1kW·h 的电量，即每吨秸秆的产电量可达到 667kW·h。以种植玉米为例，每公顷玉米可产生 7～8t 的秸秆，则每年每公顷玉米秸秆的发电量能够达到 4669～53360kW·h，发电潜力巨大。

种植以生物发电为主要用途的能源林通常使用高密度、超短轮伐期的集约经营技术，种植和培育高热值、速生、萌蘖能力强、抗病虫害强的乔木、灌木人工林，目的是利用其木材发电。1976 年瑞典率先启动了瑞典能源林业工程，以柳树与杨树作为主要能源树种，其能源供应的 15% 来自于生物质能。随后，在 20 世纪 80 年代，法国以杨树、桉树、巨杉、梧桐、柳树等作为能源树种。而美国主要以柳树、杨树、桉树、美洲苏合香、美国印第安纳枫等作为能源树种。目前普遍被用作燃料能源林的树种以杨树、桉树、柳树等为主。不同类型的能源树种如图 4-6 所示。

（a）美洲黑杨　　　　（b）桉树　　　　（c）竹柳　　　　（d）构树

（e）巨杉　　　　（f）梧桐　　　　（g）印第安纳枫　　　　（h）柳树

图 4-6　不同类型用于生物质发电的能源树种

2）不同类型能源植物发电量

（1）杨树。在美国威斯康星州，Pellis 等（2004）对 17 个杨树无性系进行了试验，1996 年种植，2001 年 1 月首次采伐，收获周期为 4～5 年，在 2001 年末进行调查，表现最佳的是 Wolterson（黑杨 *Populus nigra*）和 Primo（美洲黑杨与黑杨的杂交种 *Populus deltoides*×*Populus nigra*），其平均年生物量增长量为 8t/（hm²·a）。以无性系 NE-41 为代表的杨树能源林每年每公顷平均生物量为 12.8t，相当于 32m³ 木材或 5.12m³ 燃油，约合 32 桶原油。如将所产的生物量用来发电，按照我国国产直燃发电机组发电效率单位电量原料消耗量 1.37kg/（kW·h）计算，这些能源林每年每公顷可发电 7300～8760kW·h；若按照进口直燃发电机组发电效率单位电量原料消耗量 1.05kg/（kW·h）计算，则每年每公顷可发电 9500～11430kW·h。

（2）桉树。Sims 等（2001）在新西兰对 9 个桉树树种、白柳与旱柳的杂交种、金合欢与杨树这些树种或无性系进行了地上生物产量的比较试验，结果表明，采伐周期为 3 年，首次采伐时，亮果桉的平均年生物量增长量最小，为 2t/（hm²·a），多枝桉的平均年生物量增长量最大，为 39.72t/（hm²·a），并且显著高于其他树种。以多枝桉无性系 3678 为代表的桉树能源林每年每公顷平均生物量为 35t，相当于 87.5m³ 木材或 14m³ 燃油，约合 87 桶原油。如将所产的生物量用来发电，按照我国国产直燃发电机组发电效率单位电量原料消耗量 1.37kg/（kW·h）计算，这些能源林每年每公顷可发电 9342kW·h；若按照进口直燃发电机组发电效率单位电量原料消耗量 1.05kg/（kW·h）计算，则每年每公顷可发电 12190kW·h。

（3）柳树。柳树幼年生长量明显高于杨树等其他常见能源树种，因此柳树更适合于作为超短期轮伐矮林作业系统树种给生物质发电提供生产原材料。而短的轮伐期更容易保证生产原料供应的频率从而提高生物质发电设备的利用率。目前，瑞典南部及中部柳树能源林每年每公顷平均生物量为 10～12t。北京林业大学的实验显示，我国选育出的优良无性系 172 柳当年生扦插苗在密度为 15625 株/hm² 的情况下，单株地上部生物量较高，为 0.13kg，密度为 200000 株/hm² 的情况下，每公顷地上部生物量较高，为 14087.93kg。柳树能源林每年每公顷平均生物量为 10～12t，相当于 25～30m³ 木材或 4～5m³ 燃油，约合 25～30 桶原油。如将所产的生物量用来发电，按照我国国产直燃发电机组发电效率单位电量原料消耗量 1.37kg/（kW·h）计算，这些能源林每年每公顷可发电 7300～8760kW·h；若按照进口直燃发电机组发电效率单位电量原料消耗量 1.05kg/（kW·h）计算，则每年每公顷可发电 9500～11430kW·h。

（4）构树。构树具有速生、适应性强、分布广、易繁殖、热量高、轮伐期短、经济价值高的特点。其根系浅，侧根分布很广，生长快，萌芽力和分蘖力强，耐修剪。它抗污染性强，耐旱、耐瘠，不论平原、丘陵或山地都能生长，是盐碱地改造的优良树种，是重金属污染地较为理想的生态修复与植被恢复的木本植物。其叶是很好的猪饲料，其韧皮纤维是造纸的高级原料，材质洁白，其根和种子均可入药，树液可治皮肤病，经济价值很高。构树造林不受条件和地形地貌的限制，既可集中连片造林也可见缝插针，在沟、塘、库岸、溪流两侧、房前屋后都可种植。种植密度根据营林目的不同而有差别：一般造林密度以株距 1.5m、行距 2m、每亩约 200 株为宜；如以营造水土保持林和薪炭林为目的，每亩分别以 330 株、660 株为宜。构树定植 2 年后，要从主干 30～50cm 处截掉，以促其萌枝条，3～5 年即可进入产皮产叶的盛期。

（5）竹柳。竹柳因其具有高热值和碳氮比高的特性而被称为"最优秀的新能源树种"（郭敬兰等，2017）。竹柳为杨柳科柳属乔木，分枝均匀，树冠塔形，具有生长潜力大、速度快、抗逆性及适应性强、材质优良、高密植性、用途广泛等突出性能优势，是湖泊滩涂造林、中小径材栽培、行道树、四旁植树、工业原料林、园林绿化、盐碱地造林、农田防护林、环境生物修复的理想树种，发展前景极其广阔，推广价值高。竹柳能源林每年每公顷平均生物量为 37.8t，相当于 94.5m³ 木材或 15.12m³ 燃油，约合 94 桶原油。如将所产的生物量用来发电，按照我国国产直燃发电机组发电效率单位电量原料消耗量 1.37kg/（kW·h）计算，这些能源林每年每公顷可发电 27560kW·h；若按照进口直燃发电机组发电效率单位电量原料消耗量 1.05kg/（kW·h）计算，则每年每公顷可发电 36000kW·h。通过在北京、山东等地对竹柳观察实测显示：当年生快繁苗在种植密度为 12375 株/hm² 的情况下，地上部单株生物量为 0.245kg，合每公顷 3032.875kg；当种植密度为 180000 株/hm² 时，竹柳快繁苗当年地上部生物量为 0.21kg，合每公顷 37800kg（石化人才网，2016）。目前的研究普遍认为柳树能源林造林一般为了机械采伐方便，采取双行栽植，株距为 0.75m，行距为 0.9m，而双行间的间隔为 1.5m（Mitchell et al.，1999）。对能源林来说，其林分育闭后密度对于其生物量的产出影响不大，高密度种植的最大意义在于可以使林分尽快育闭从而在较短时间内达到其生物量产出最大化。但同时育闭后的高密度造成的相互竞争会导致单株生物量严重降低。而就竹柳来看，由于其枝丫短少，树冠小，在高密度种植条件下与低密度种植时相比其单株当年生地上部生物量由 0.245kg 减为 0.21kg，只减少了 14%，故竹柳更适宜于高密度种植，在 150000～200000 株/hm² 的高密度下投入产出效益比远高于其他树种（石化人才网，2016）。因此，为了达到投入产出的利益最大化，矿山废弃地在种植能源植物竹柳时，其种植密度要在 150000～200000 株/hm²，建议以 180000 株/hm² 为标准进行种植，其每年每公顷的地上部生物量可达到 37.8t，每年每公顷可供发电 27560～36000kW·h（国产直燃发电机组或进口直燃发电机组）。

从大规模发电能源供应方面来看，秸秆目前只适合作为能源再生利用的能源辅助原料。因此，采用种植能源林的方式来发展生物质发电，其优点在于发电效率高、人工投入少、对土质要求较低以及经济价值较高等。矿山废弃地中种植能源林发展生物质能发电产业，不同于风力发电和光伏发电，它不存在"弃风"和

"弃光"等问题，广泛受到电网的欢迎，具有光明的前景。

3）生物质气化发电制备生物炭

生物质气化技术是在一定热力学条件下，将生物质固体原料转化为混合气体（合成气、焦炭）的热分解方式，是生物质转化为高质量合成气极有前景的技术之一（吴创之等，2013）。生物质气化产生的生物炭可以作为能源，广泛应用于供电、供热、供气等多个领域中。以陈温福院士为首的沈阳农业大学"辽宁生物炭工程技术研究中心"多年来一直从事生物炭制备技术的研究，该团队研发的"颗粒炭化炉"工艺可以有效解决生物质炭制备的瓶颈问题。该技术是将农林废弃生物质在产地就地炭化、集炭异地深加工或就地深加工，彻底解决了集中炭化与农林生物质分散、收集、储运困难之间的矛盾，使农林废弃生物质大规模炭化、利用成为可能（陈温福等，2011）。同时，在生物炭制备过程中不产生碳排放，也没有污染排放，是比较理想的生物质能源，适合在矿山能源化修复中进行广泛应用。

4.1.2.3　生物乙醇及生物柴油生产

1. 生物乙醇

以生物质为原料提取燃料乙醇是生物质能源发展的重要方面之一。生物乙醇是指通过微生物的发酵方法将各种生物质转化为燃料酒精所形成的化合物。它可以单独使用，或与汽油混合配制成乙醇汽油作为汽车燃料。生物乙醇属于可再生能源的一种，目前部分国家推广在燃油中添加乙醇的措施更进一步促进了燃料乙醇的发展。在能源问题成为全球关注的焦点这一背景下，生物乙醇已经被视为替代和节约汽油的最佳燃料，其高效的转换技术和洁净利用日益受到全世界的重视，已经被广泛认为是 21 世纪发展循环经济的有效途径。一直以来，以粮食为原料生产乙醇以及以秸秆等为原料生产非粮燃料乙醇均是研究开发的重点，相关生产也已初步形成规模。但是，受粮食产量和生产成本制约，以粮食作物为原料生产生物质燃料大规模替代石油燃料时，也会面临和石油一样的原料短缺问题，因此，开发以木质纤维素为生产原料的非粮燃料乙醇生产技术逐渐成为关注的重点。目前已有若干实验试点企业运行投产。

生产生物乙醇的原料来源具有多元化、易获取的特点。在能源植物种植基地中种植的生物乙醇原料主要包括三类：糖质原料，如甘蔗、甜菜、糖蜜等；淀粉质薯类原料，如木薯、甘薯、马铃薯等；淀粉质谷类原料，如玉米、小麦、甜高粱等。糖质原料、淀粉质薯类原料及淀粉质谷类原料用于工业化发酵法生产乙醇的过程如图 4-7～图 4-9 所示。

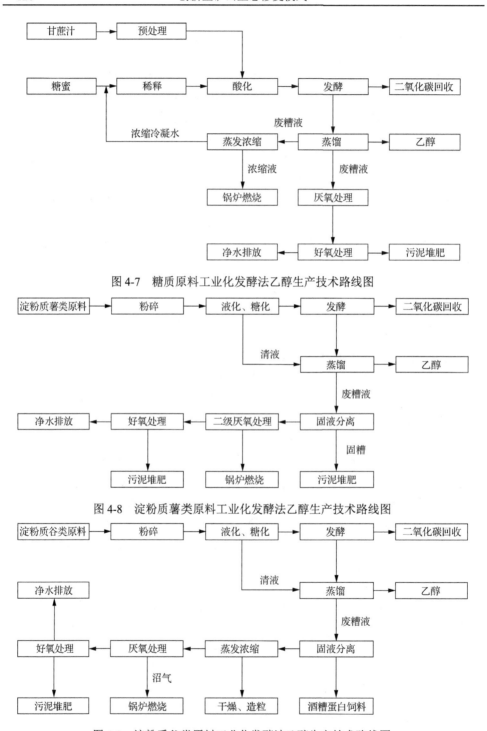

图 4-7 糖质原料工业化发酵法乙醇生产技术路线图

图 4-8 淀粉质薯类原料工业化发酵法乙醇生产技术路线图

图 4-9 淀粉质谷类原料工业化发酵法乙醇生产技术路线图

生物乙醇生产工艺得以实现后，可以在矿山废弃地建立热电联产与生物乙醇联合生产系统。能源植物种植基地为发电厂与乙醇工厂提供生物质原料，乙醇制造厂为发电厂提供木质素，发电厂则给乙醇的制造带来蒸汽与电力，乙醇工厂生产乙醇过程中释放出来的热量用于集中供热，制备的生物乙醇可作为汽车燃料，此外，可生产一些增值的化学品。其技术路线如图 4-10 所示。

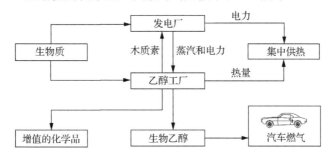

图 4-10　热电联产与生物乙醇联合生产技术路线图

2. 生物柴油

石油作为世界主要能源其储量日益减少，能源危机是当今社会急需解决的问题之一，而生物柴油有望成为传统石油的替代品。生物柴油的原料来源既可以是各种废弃或回收的动植物油，也可以是含油量高的油料植物（石化人才网，2016）。若想从根本上解决能源短缺问题，仅仅靠回收废弃的动植物油远远不够。必须建立文冠果、续随子等含油量高的植物为主的大规模生物柴油能源林。目前国内外相关产业均有一定的发展，但离完全替代石油、满足世界能源需求还有很大差距。巴西是燃料乙醇发展的世界先驱，首先推出了国家乙醇计划，采用一种野生的汉咖树制备乙醇，此树体内含有 15%的酒精。美国的美洲香槐、黄鼠草、黑槐、桉树等能源植物是生产石油的重要植物。澳大利亚的古巴树，每棵树每年可提炼燃油 25L。阔叶木棉、野草桉叶藤也可制取石油。在亚洲，日本象草是一种理想的石油植物，平均每年每公顷可收获 12t 生物石油，且种植成本非常低。泰国从南洋油桐中提取石油物质。

林业生物柴油原料发展潜力巨大，利用能源植物生产生物乙醇和生物柴油，可减少石油的使用量，避免环境污染。生物柴油是一种可再生资源，从长远角度来看可替代石油的大规模使用。研究表明，山茶科和无患子科植物比较适合作为生物柴油的原料，是非常具有开发潜力的生物柴油原料树种。这些植物不仅含油量很高，且分布较广，环境适应能力强，在我国多个省区都有分布，或已经作为油料作物大面积种植。在能源植物种植基地中种植生物柴油原料植物，如山茶科的糙果茶、油茶、茶、石笔木等和无患子科的茶条木、复羽叶栾树、无患子、文冠果等。利用植物油为原料生产生物柴油，其产业的发展还应该考虑原料植物的种植和转化成本等多方面的因素。优良的生物柴油树种还应该满足环境适应性强、不与粮食作物争地、生长快、结实率高、结实时间长等条件。除黄连木、麻疯树、光皮树、文冠果、无患子和油茶外，杏、臭椿、白檀、海州常山等在我国分布广，值得大力推广（罗艳等，2007）。可用于生物柴油产业的木本油料植物如表4-1所示。

表4-1　可用于生物柴油产业的木本油料植物

种名	种子含油量/%	十六烷值	分布
元宝槭	31.3	52.83	东北、华北、西北
人面子	64.0	54.07	云南、广西、广东
黄连木	37.5	53.17	长江流域以南、华北、西北
番荔枝	39.1	56.80	华南
海杧果	67.1	59.67	广东、海南
榛	61.0	56.97	东北、华北
橄榄	58.1	51.47	华南、西南
乌榄	59.5	53.00	云南、广东、广西、福建
番木瓜	36.7	59.14	云南、广东、广西、福建
榄仁	59.4	56.26	云南、广东
光皮树	30.4	51.27	华中、华南
油渣果	64.6	53.44	西藏、云南、广东、广西
水石榕	40.0	56.49	云南、广东
仿栗	51.0	56.03	四川、贵州、湖南、湖北
猴欢喜	49.5	56.24	长江流域以南
蝴蝶果	38.9	53.01	云南、贵州、广西
麻风树	61.5	52.26	华南、西南
水青冈	42.8	51.49	长江流域以南
海南大风子	54.3	51.28	广西、海南、云南
多花山竹子	65.2	57.26	福建、广东、广西、云南、江西
铁力木	74.0	54.21	云南
水黄皮	33.0	55.84	广东
玉兰	53.6	53.37	黄河流域以南
厚朴	45.8	52.42	黄河流域以南
观光木	43.0	53.22	华中、华南
油橄榄	53.2	55.24	长江流域以南
杏	53.5	52.65	全国
桃	52.1	52.07	全国

种名	种子含油量/%	十六烷值	分布
山杏	49.9	52.74	东北、华北
柚	42.2	52.72	长江流域以南
桔	46.8	53.73	长江流域以南
细子龙	50.9	56.07	广东、广西、云南、贵州
茶条木	71.5	53.40	云南、贵州、广西
复羽叶栾	48.1	56.89	西南、华南、华中、华东
无患子	41.2	58.88	长江流域以南
文冠果	59.9	51.78	东北、华北
牛油树	56.2	62.70	云南
滇木花生	50.0	56.76	云南、广西
臭椿	33.4	51.29	全国
苦木	30.5	53.90	黄河流域以南
白檀	38.4	55.23	东北、华北、长江流域以南
糖果茶	52.1	55.71	广东、广西、湖南、江西
细叶短柱茶	59.2	56.43	安徽、湖南、江西、贵州
钝叶短柱茶	50.5	55.84	浙江、江西、广东
油茶	58.7	55.95	长江流域以南
茶	31.8	53.35	长江流域以南各省
华南厚皮香	32.5	54.87	福建、广东、广西、湖南
石笔木	59.2	54.11	广东、广西
土沉香	44.5	56.22	广东、广西
了哥王	39.0	52.14	华南、华东、华中
油朴	68.1	53.38	云南
海州常山	34.1	53.32	全国

资料来源：罗艳等，2007

4.1.2.4　生物质成型燃料生产

数十年来，煤炭等化石燃料的大量使用导致环境压力不断增大，严重制约了城镇化建设和绿色低碳发展的步伐，生物质能供热凭借技术经济性优势，成为近期替代化石燃料供热的重要发展方向。利用能源植物生产固体（成型）生物质燃料，能够代替传统煤炭、薪柴等燃料，作为各种锅炉、燃料加热装置的燃料，是比较容易实现产业化运作，在相对较短的时间内创造可观经济效益的发展方向。

《2016～2017中国新能源产业年度报告》指出，生物质成型燃料加专用锅炉供热，是低碳环保经济的分布式可再生能源供热方式，是替代燃煤燃油等化石能源锅炉供热、应对大气污染特别是雾霾的重要措施，受到国家有关部门的重视。

在矿山废弃地中发展生物质成型燃料产业，主要是将秸秆、棉花秆、稻草、稻壳、花生壳、板栗壳、玉米秆、树枝、锯末、竹屑等农林废弃物作为生产原材料，经过粉碎、混合、挤压、烘干等工艺，制成各种成型的块状、颗粒状等可直接燃烧的新型清洁燃料（图4-11）。以采伐剩余物为原料发展生物质固体燃料技术，能有效缓解我国林木质资源浪费和能源匮乏现象（周媛等，2018）。研究表明：采伐剩余物在生物质发电过程产生的总碳排放为 $0.82t/hm^2$，碳汇为 $17.55t/hm^2$，净碳为 $16.73t/hm^2$，净固定 CO_2 $61.382t/hm^2$，具有"碳汇功能"（阎立峰等，2004）。

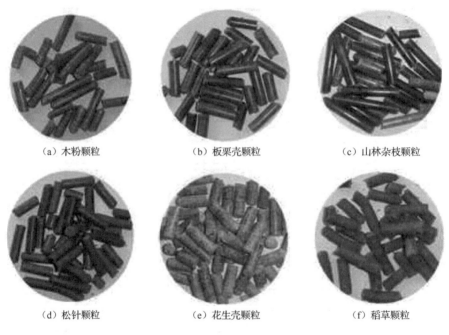

(a) 木粉颗粒　　　　　　(b) 板栗壳颗粒　　　　　　(c) 山林杂枝颗粒

(d) 松针颗粒　　　　　　(e) 花生壳颗粒　　　　　　(f) 稻草颗粒

图 4-11　生物质成型燃料种类

固体生物质燃料分为生物质直接燃烧或压缩成型的燃料及生物质与煤混合燃烧的燃料。生物质燃烧技术是传统的能源转化形式，现代技术一方面采用新型燃烧技术使用新型炉灶、锅炉提高热效率利用率，另一方面把生物质固化成型后采用略加改进后的传统设备燃用，这种成型燃料可提高能源密度，生物质燃料直燃加工利用过程相对简单（图4-12），生物质能投入利用率较高，便于广泛应用。

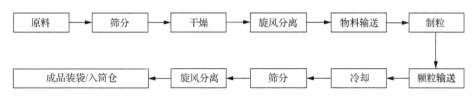

图 4-12 生物质成型燃料（木质颗粒）生产的流程图

利用能源林及农作物中产生的农林剩余物可以制备生物质成型燃料，包括颗粒燃料、块状燃料、木片及生物质型煤等可直接燃烧的新型清洁燃料，用于发电、供暖及炊事。农村炉子、农村生活供暖、生产用能、低碳社区、工厂及电厂使用生物质成型燃料产生草木灰。草木灰中含有大量的钾元素，还存在磷、钙、镁、硅、硫、铁、锰、铜、锌、硼、钼等微量营养元素，是一种来源广泛、成本低廉、养分齐全、肥效明显的无机农家肥，将其施用于能源植物及农作物，这样可以打造成生物质成型燃料产业循环经济体系，具体流程如图 4-13 所示。

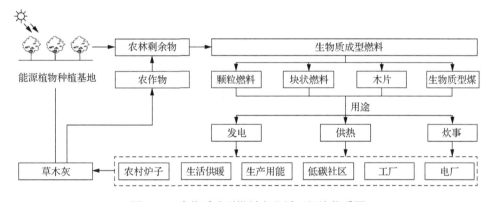

图 4-13 生物质成型燃料产业循环经济体系图

能源植物作为生物质成型燃料的生产原料，在生物质成型燃料制备过程中主要形成颗粒燃料、块状燃料、木片和生物质型煤四种产品，主要用途是为农村生产生活、工业生产和发电等提供电能、供热和燃气等能源，燃料燃烧后产生的草木灰可以为能源植物提供肥料支持，形成完整闭环网络，生产消费过程中无污染排放，实现循环发展。

4.1.2.5 生物质化工原料生产

目前，生物质资源被认为是替代化石资源的最佳选择，植物生物质来源包括树木、农作物废弃物、草类及城市生物质废弃物等。植物生物质的主要组成元素为 C、H 和 O，而化石资源的主要化学组成为 C 和 H。通过光合作用，植物每年将 CO_2 中的 2000 亿 t 碳转化为碳水化合物，并存储了 $3 \times 10^{13} GJ$ 的太阳能。生物质是未来替代石油与煤炭的一类重要资源，可以在矿山废弃地中以能源植物为原材料，建立类似于石油化工及煤炭化工的新型化学工业——生物质化工（阎立峰等，2004）。生物质化工原料生产技术路线如图 4-14 所示。

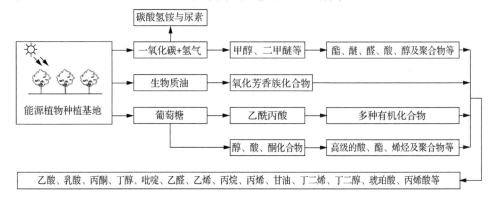

图 4-14　生物质化工原料生产技术路线图

1. 生产可燃气体

利用生物质生产的化工原料种类繁多，应用最多的是甲醇。甲醇是一类非常重要的化工原材料，它既可作为燃料直接燃烧，也可作为基本化学原料来合成其他化合物，如表面活性剂、酯、醚、醛、酸、醇及聚合物等（阎立峰等，2004）。生产甲醇、二甲醚等生物质时，通过热化学转化过程可以大量地得到可燃性气体，如甲烷、一氧化碳、氢气及烯烃等。通过转化条件的控制，如生物质的定向转化，则可以得到主要组成是一氧化碳与氢气的合成气，合成气在一定的反应条件下可以转化为甲醇、二甲醚等（Dong et al.，1997）。

2. 生产生物质油

另外一条由生物质合成化学品及燃料的途径是先把生物质通过热解或液化得到生物质油，而后以生物质油为原材料进行分离或转化，合成各种化学品及燃料（阎立峰等，2004）。Koehler 等（2000）报道了如何从生物质油中制备氧化芳香族化合物。Czernik 等（2004）则系统阐述了生物质油的综合利用等问题。通过采用不同的分离及转化过程，可以从生物质油中得到多种化学品。

3. 生产氢气

生物质制取氢气是另外一个非常重要的研究方向（Iwasaki，2003；Chen et al.，2003；Rapagna et al.，1998），生物质制取氢气的方法同样分为生物法和热化学法。利用生物质的气化制备以氢气为主要产品的研究目前仍是一个重要方向。以生物质制氢为基础，可以发展生物碳基肥料，主要产物为碳酸氢铵与尿素（Li et al.，2001）。

4. 生产化合物

在生物质组成中，纤维素占了很大的比例。纤维素是由葡萄糖单元按 β-1，4 连接形成的大分子链，通过水解可以得到葡萄糖，葡萄糖经过化学转化后可以得到乙酰丙酸（Seri et al.，2002）。它也是一类重要的化工原材料，以其为原材料，通过合适的反应可以得到多种有机化合物（Bozell et al.，2000）。同样，生物质所生产的葡萄糖也可以作为化工原材料。通过不同的化学反应可以合成得到醇、酸、酮化合物，而后再转化可以得到更高级的酸、酯、烯烃及聚合物（Choi et al.，1996）。

5. 生产有机化学品

生物发酵技术、结合膜技术和基因工程等为生物质转化合成有机化学品提供了新的可能，是目前生物质化工原料研究中一个新的领域。目前，通过生物发酵技术从生物质中已经能够得到的化学品有乙酸、乳酸、丙酮、丁醇、吡啶、乙醛、乙烯、丙烷、丙烯、甘油、丁二烯、丁二醇、琥珀酸等，甚至在一定条件下可以得到丙烯酸（Eroglu et al.，1999），是生物质化工产品中市场价值较高但生产工艺相对复杂的技术。

4.1.2.6　沼液沼渣高效化利用

在生产沼气过程中通常会排放大量的沼液沼渣，由于产出数量较大，无法在周边就近消纳，随意堆放容易造成二次污染。沼液沼渣含有丰富的有机质和氮、磷、钾等矿物元素，还含有多种氨基酸和铁、锌、锰等微量元素，是一种养分含量较为全面的优质有机肥料。据测算，一个 $10m^3$ 的沼气池每年可生产沼肥 16～20t，相当于 50kg 硫酸铵、40kg 过磷酸钙、15kg 氯化钾，可满足 $0.4hm^2$ 果园的生产用肥，使果品品质和商品率提高增产 25%以上，每亩耕地粮食产量可提高 15%～20%。在能源化矿山生态修复中，利用能源林生产沼气和生物质天然气，生产过程中排放的废弃沼液沼渣与能源林下畜禽养殖产生的畜禽粪便，以及城市污泥和餐厨垃圾，经废料加工场的厌氧发酵和生物堆肥，制备成固体有机肥供给能源林，形成了高效、高值化的循环利用（图 4-15）。沼液沼渣除了制备有机肥，还可用于改良土壤品质。此外，沼液能够防治病虫害，沼液中氨和铵盐及某些抗生素对作物害虫有明显的防治效果（焦瑞莲，2011）。沼液还能喂猪等家禽，应用于林下畜禽养殖中。

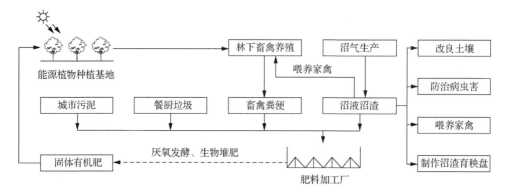

图 4-15　沼液沼渣高效化利用技术路线图

1. 沼液沼渣制作有机肥

对沼渣进行充分好氧发酵（堆肥）后可以制作有机肥（图 4-16），用于能源林的养分补充。沼液沼渣统称为沼肥，是生物质经过沼气池厌氧发酵的产物。沼液中含有丰富的氮、磷、钾、钠等营养元素。沼渣是由部分未分解的原料和新生的微生物菌体组成，分为三部分：一是有机质、腐殖酸，对改良土壤起着主要作用；二是氮、磷、钾等元素，满足作物生长需要；三是未腐熟原料，施入农田继续发酵，释放肥分（焦瑞莲，2011）。沼液中促进植物生长的养分、丰富的氨基酸和各种生长素能够促进植物的快速生长，真正转化为植物的养料，从而降低了施肥的成本，是提高经济效益的一项重要技术措施，同时解决了沼液沼渣的处理问题，避免产生二次污染。此外，这种利用方式还能争取到地方农业行政部门的有机肥专项补贴等政策优惠。

图 4-16　沼液沼渣制成的有机肥料

2. 沼液沼渣改良土壤

沼液沼渣可显著降低土壤容重和 pH，增加土壤有机质和有效氮，可用于改良盐碱地（张翠丽等，2014）。沼液沼渣中含有丰富的有机物质、蛋白质和各种氨基酸，施入土壤后可以分解产生水解性氮，由此增加盐碱土中水解性氮，从而起到改良土壤的重要作用（张翠丽等，2014）。张翠丽等（2014）的试验结果表明，沼液沼渣除对盐碱土总盐分的影响不显著外，对土壤容重、pH、有机质和有效氮均有明显改善。

3. 沼液喂养家禽

沼液是厌氧生化反应后产生的无毒无害的有机营养液，可以用于能源林下畜禽养殖，且安全可靠。例如用沼液喂猪能提高猪的日增重，提高饲料利用率，缩短饲养周期，降低猪的发病率，对屠体质量无不良影响，从而降低饲养成本。沼液喂猪有利于减少养猪对环境的污染，该模式为沼液的再利用、解决沼液的排放问题和提高沼气资源的有效利用率探索了一条有益途径，有助于实现生态养殖，促进生物质产业循环经济发展。

4. 沼液防治病虫害

沼液中含有多种生物活性物质，如氨基酸、微量元素、植物生长激素、B 族维生素和某些抗生素等，其中有机酸中的丁酸和植物激素中的赤霉素，吲哚乙酸以及维生素 B12 对病菌有明显的抑制作用，沼液中氨和铵盐及某些抗生素对玉米螟、蔬菜蚜虫、麦蚜虫、果树螨蚧蚜虫等作物害虫有明显的抑制效果（焦瑞莲，2011）。在农业生产中，沼液可以替代生物化肥施用，节约农作物的养护成本。

5. 制作沼渣育秧盘

利用机械压制制作沼渣育秧盘，开辟了新的沼渣利用渠道。这种育秧盘能够有效地免除稻农年复一年地从耕地上取表土作育秧基质的劳力负担和对土壤造成的破坏。除沼渣本身外，还可在育秧盘里添加一些养分和必要的除草剂，有利于培育壮苗。沼渣育秧盘的需求量巨大，且每年需求量增值数倍至数十倍，使用者反应效果显著，目前的发展前景很好。

4.1.2.7　林下和光伏板下畜禽养殖发展

矿山废弃地污染消除后可发展林下经济和板下经济，在能源林中放养鸡鸭鹅等家禽，实行种植养殖相结合的生态农业，是一条新型农业发展之路。树木和光伏板可以为家禽提供阴凉、富含氧离子的宜居生长环境，同时，鸡鸭鹅在树下吃虫吃草，粪便直接还田，又可以培肥地力，真正实现了健康养殖，创收增效。

1. 林下生态养殖经济

林下生态养殖经济是借助林地的生态环境，利用林地资源，在林冠下开展林、农、牧等多种项目的复合经营。最近几年国家大力推进林业经济发展，广西、四川、重庆等各省（自治区、直辖市）的林下养殖发展迅速。林下养殖作为一种循环经济模式，以林地资源为依托，以科技为支撑，充分利用林下自然条件，选择适合林下养殖的家畜、家禽种类，进行合理养殖。经过多年的生产实践，各地探索出了适合当地发展的系列林下养殖模式和生产实践形式（沈忠明，2012）。

2. 林下和板下养殖模式

林下和板下养殖模式是指林下和板下养殖经营中按不同经济条件采取的林下和板下养殖产业管理方式的总和，表现为林下和板下养殖经营中生产要素的优化配置及其相对稳定的运行形式。实际是指林下和板下养殖中按照生产经营发展要求而采取的对涉及林下和板下养殖生产经营的土地、资本、劳动、企业家才能等生产要素资源的优化组合及产业化的运作形式，主要表现为公司+农户及其在此基础上的各种衍生形式。林下和板下养殖经营运行模式主要分为家庭承包经营、公司+农户经营、产业化经营等。实际上，林下和板下养殖在生产实践中就是在林下放养或圈养猪、肉牛、奶牛、肉羊、肉鹅、肉鸡、肉鸭等，有效利用林下昆虫、小动物及杂草等多种资源，形成相互依托的喂食系统。这样既可以构建稳定的林牧生态系统，增加林地生物多样性，又为发展农村经济、促进农民增收开辟了新路径。

3. 畜禽粪便循环利用

畜禽粪便中含有大量有机质及矿物质元素，直接还田或经过堆肥发酵制成肥料还田后，能起到比化肥更好的作用效果。其不仅能提高土壤的肥力和有机质，而且能改善土壤的物理化学环境。畜禽粪便既可以直接施用，也可以通过沼气化发酵加以利用，还可以制成饲料产品流入市场。

1）直接施用

畜禽粪便直接还田是一种传统而又经济简便的方式。研究表明，巧施牛粪可治茄子根腐病，生长牧草的土壤长期施用牛粪，会使土壤对磷的吸附点位数量明显低于施用化肥。但是，由于畜禽粪便中尿素含量较高，直接还田对农作物会产生一定的毒害，且其水分含量较高，大量施用时极不方便。因此，在施用前需要一定的堆肥处理。

2）沼气化发酵

沼气化发酵技术是在厌氧细菌的同化作用下，有效地把畜禽粪便中的有机质转化，最后生成具有经济价值的甲烷及部分二氧化碳，可作为燃料直接燃烧使用或发电，产生的沼渣可以作为动物饲料或土地肥料，沼液还可以作为农作物的营养液。因此，沼气化发酵是一项具有多种功能的、可以有效促进生物质资源循环利用的生物技术，不仅适合于工厂化大规模生产的畜禽养殖，而且适合于小规模的家庭养殖形式。

3）饲料化再利用

畜禽粪便作为养殖饲料及其添加剂也是综合利用畜禽粪便的重要途径之一（秦翠兰等，2015）。畜禽粪便中含有丰富的矿物质、维生素及大量的营养物质，制成饲料产品后方便农户使用，同时更便于流入市场，提高综合利用价值。但畜禽粪便中存在多种病原菌微生物、寄生虫及其虫卵，在饲料生产过程中需通过高温、膨化及微生物处理等手段来消灭潜在的病菌及有害成分，因此其生产工艺有一定条件要求。同时在饲喂过程中，饲喂量要控制好，并且禁止使用畜禽治疗期的粪便做饲料或屠宰前畜禽粪便作饲料。

4.1.3 光伏发电系统的建立

太阳能既是一次能源，又是可再生能源。它资源丰富，可免费使用，无须运输，对环境无任何污染，为人类创造了一种新的生活形态，使社会及人类进入一个节约能源、减少污染的时代。

4.1.3.1 光伏发电概况

1. 光伏发电潜力

我国具有丰富的太阳能资源，可进行光伏发电，从而减少对传统能源的依赖，并且具有碳减排的作用。牟初夫等（2017）对主要可再生能源发电替代减排潜力研究发现，我国太阳年辐照量为 $3000\sim9000MJ/m^2$，与火力发电相比，具有得天独厚的优势，如果光伏发电系统被广泛使用可有效减少碳排放。生态退化地区也具有开展光伏发电的潜力。在塞尔维亚，如果生态退化地区全部进行光伏发电，其光伏发电量大约等同于 43%的火力发电厂发出的电量，并且在 25 年内会减少 0.03Gt 的 CO_2 排放（Doljak et al.，2017）。因此，将太阳能资源用于光伏发电的潜力很大，并可以有效减少全球二氧化碳的排放，为环境保护作出巨大贡献。

2. 光伏发电原理

太阳能发电主要依靠光伏板组件作为媒介将太阳能转化为电能。光伏板组件是一种暴露在阳光下便会产生直流电的发电装置，由硅等半导体材料制成的固体光伏电池组成。简单的光伏电池可为手表以及计算机提供能源，较复杂的光伏系统可为房屋提供照明、为交通信号灯和监控系统供电，以及并入电网供电。光伏板组件可以制成不同形状，而组件又可连接以产生更多电能。与常用的发电系统相比，太阳能光伏发电的优点主要体现在：无枯竭危险；安全可靠，无噪声，无污染排放，无公害；不受资源分布地域的限制，可利用建筑屋面的优势；无须消耗燃料和架设输电线路，可就地发电供电；能源质量高；建设周期短，获取能源花费的时间短。

3. 矿山废弃地建立光伏发电系统

在矿山废弃地建立光伏发电系统是国家政策导向支持的重要举措，值得大力提倡与推广。矿山废弃地光伏发电系统的具体技术流程如图 4-17 所示。

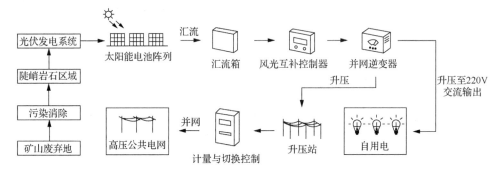

图 4-17　矿山废弃地光伏发电系统技术路线图

在矿山废弃地中建立光伏发电系统，需在地形较为陡峭或岩石较多的地区排列太阳能电池，如硅太阳能电池、多元化合物薄膜太阳能电池、聚合物多层修饰电极型太阳能电池、纳米晶太阳能电池、有机太阳能电池、塑料太阳能电池等，组成太阳能电池阵列。太阳能光伏组件产生的直流电流入汇流箱，与风力发电联合开发，经由风光互补控制器、并网逆变器、升压站升压至 220V 交流输出供本地使用，由升压站升压至符合市电电网要求的交流电之后直接接入公共电网，被千家万户所使用。

4.1.3.2　建立发电系统

1. 发电场地选择

地形较为陡峭的采场及岩石较多的废弃石矿等为光伏发电提供了良好的建设条件，而合理的采场再利用也符合我国的用地政策要求，切实落实了保护耕地的基本国策，因地制宜，合理布置，提高土地的利用率（浙江日报，2016）。利用采场进行太阳能光伏电站的建设可以做到不占用耕地、不破坏环境，同时实现采场的环境治理和矿山转型可持续发展。在全国各地尚有许多同类型的场地的情况下，合理进行太阳能光伏项目的开发，打造矿山光伏发电产业，对矿山修复来说是一个很好的能源化修复模式。

在利用采场开发光伏太阳能发电项目的同时，也有几个问题需要注意：项目开发应采用已完成闭库安全验收的采场，保证项目建设及运行的安全；项目的平面与竖向设计需要注意与一般平原场地的异同，结合实际，合理划分布置区域及组织交通；采场内的地质条件不适宜建设开关站相关构筑物，需在库外选址；矿砂可能对光伏板基础所采用的钢筋混凝土结构产生腐蚀作用，必须注意基础的防腐；采场的安全问题尤为重要，在项目的施工及运行期间，需要加强安全管理，及时发现并处理安全隐患。

2. 发电项目实例

湖州市妙西镇光伏发电项目由妙西镇原废弃矿区及周边区域约 700 亩土地变身而成，共计装设 8 万余块光伏板，发电总容量 20MW。该项目将废弃矿山变为绿色光伏发电场，项目建成后将集光伏发电、中药材与现代农业种植于一体，年均光伏发电量可达 2000 万 kW·h，发电将全部并入湖州当地电网，每年可为湖州减少 6600t 的标准煤使用量，减少 1730t 二氧化碳排放。安徽省定远县池河镇七里河光伏发电项目利用池河镇废弃矿山用地建设，项目装机总容量为 28MW，占地 10.6 万 m^2，消纳形式为全部并网。2016 年，安徽省定远县光伏发电项目利用废弃矿山建设光伏电站、风力发电等清洁能源上网电量超过 15000 万 kW·h，在促进企业节能减排和地方生态建设的同时也获得了可观的经济效益，改善了矿山环境（中国能源报，2017）。浙江省长兴县煤山镇光伏发电项目主要利用煤山镇废弃矿山用地建设（新华社，2017），项目装机总容量为 21.2MW，占地 3.3 万 m^2，消纳形式为全部并网，在促进企业节能减排和地方生态建设的同时也获得了可观的经济效益。

4.1.3.3　合理进行布局

1. 基本状况和气象条件分析

电力行业的低碳化发展将成为中国碳减排的主力军，发展新能源以减少电力碳排放显得尤为重要。由于我国光伏装机量的不断增加，迫切需要提高光伏电站的并网发电能力，因此国内对光伏电站发电量预测技术的研究逐渐增加。然而光伏发电是一个多变量耦合的非线性过程，其中最主要的变量是太阳辐射和太阳能电池板的温度，光伏电站能够接收到的太阳辐射大小、年日照时数及太阳能电池板的温度高低，与电站所处地区的气候条件息息相关。为此需要考虑不同天气类型、年日照时数及环境温度对太阳能电池板的影响，建立相关模型对日辐射总量在不同天气类型下的参数特征进行分析，可以为进一步建立更精确的光伏电站理论发电量模型提供参考。气象条件因区域不同而有所差异，根据当地的气象条件做整体布局，建立相关的模型进而推算出总的发电量是很有必要的。同时需要对采矿区的风险进行评价研究以及对安全隐患进行排除。

2. 光伏方阵布置

如果采用多晶硅 270W 类型光伏组件，用地以每一兆瓦的光伏电站容量为单位，需要安装组件 3813 块。以辽宁省为例，光伏组件以最佳倾角 38°进行安装，组件安装模式如图 4-18 所示。倾角就是太阳能电池平面与水平地面的夹角，最佳倾角与当地的地理纬度有关，倾角不同，不同月份方阵面上接收到的太阳辐照差别很大（谢丹等，2013）。但在设计中，也要考虑到积雪滑落的倾斜角等方面的限制。特别是在并网发电系统中，宜根据当地太阳辐射能量的变化，得到"最佳倾角"使太阳能电池板在一年中的发电量最大（谢丹等，2013）。

光伏组件安装时主要采用地面固定式系统，保障发电站接收光照稳定性。并网形式分为分布式和集中式。并网流程是首先将系统分成若干个并网发电单元，汇流后集中送至逆变升压站集中逆变升压交流后，经二次升压至符合市电电网要求的交流电，后接入公共电网。

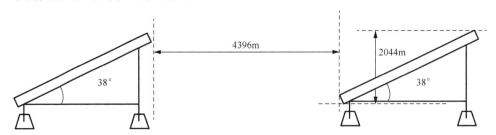

图 4-18　光伏组件最佳倾角示意图

3. 安全风险

矿产资源在开采过程中不可避免地对地质环境、景观等造成一定程度的破坏与污染，因此在建立光伏发电系统之前要进行勘测与探查，排除安全隐患。并以此为基础对光伏发电项目进行必要的风险评价，以保证其具有更大的社会、经济、现实等意义。目前关于光伏发电项目风险评估的方法主要包括模糊综合评价法、层次分析法、TOPSIS 优选法（technique for order preference by similarity to an ideal solution，根据有限个评价对象与理想化目标的接近程度进行排序的方法）、灰色关联度法以及 TOPSIS 优选法与灰色关联度法相结合的方法等。

关于闭矿后矿区的生态安全问题，不少学者从不同的角度进行了相关研究。比如，利用探地雷达（ground-penetrating radar，GPR）探测历史记录完整或根本就没有记录的矿山巷道和废弃的采场，为矿区安全和规划提供可靠的数据基础（刘敦文，2001）；利用探地雷达探测废弃矿山的位置，估测废弃巷道到顶板的距离，为废弃矿山的生态安全提供基础数据（孙胜利等，2010）；利用时域反射仪（time domain reflectometry，TDR）监测废弃矿山的地面塌陷情况（刁少波等，2005），预测矿山地质灾害发生概率；研究露天煤矿闭坑时期地质灾害及环境影响（李兰，2000），保障矿山生态安全；研究闭坑后采空区的稳定性，矿区土地复垦可以在一定程度上改善矿区的生态环境（姜云等，2005）；采用模糊数学与层次分析法相结合对土地复垦进行生态安全评价研究（王桂林等，2015）。科技部发布的《中国地热能利用技术及应用》中指出，应该选取多重指标对闭矿后采矿区复垦后的土地进行安全性评价，比如土体 pH、有害元素含量、承载力，水文因素，地质构造情况、有无断层，风力、主风导向，矸石山的位置、高度、化学成分含量、重金属含量，采空区的跨度、高度、面积、埋藏深度、矿柱的尺寸、矿柱的分布情况。不同的采煤方法、不同的顶板管理方法对地面造成的影响、破坏程度也不同，以及闭矿时间的长短所造成的安全隐患的高低也不同。

4.1.3.4　构建整体方案

1. 光伏组件选型

光伏组件选型尽可能考虑目前光伏市场的主流产品，选择转换效率高、衰减效应慢，适宜推广在大型光伏电站的组件型号。同时，光伏组件的选型要综合考虑组件效率、技术成熟性、市场占有率，以及采购订货时的可选择余地。常见的光伏组件有硅（包括单晶硅、多晶硅、非晶硅）太阳能电池、多晶体薄膜太阳能电池、有机薄膜太阳能电池、有机聚合物太阳能电池、纳米晶太阳能电池、染料敏化太阳能电池及塑料太阳能电池等。单晶硅太阳能电池的光电转换效率为 17%左右，是所有种类的太阳能电池中光电转换效率最高的，初期制作成本很高，但随着技术的成熟，价格已与多晶硅太阳能电池相差不多，使用寿命一般可达 15 年，最高可达 25 年；多晶硅太阳能电池的光电转换效率在 12%左右，从制作成本上来讲，比单晶硅太阳能电池要低一些，材料制造简便，节约电耗，总体生产成本较低，因此得到大力发展；其他非晶硅如薄膜太阳能电池和染料敏化太阳能电池的制作工艺过程相较于晶硅大大简化，硅材料消耗很少，电耗更低，它的主要优点是在弱光条件下也能发电，但非晶硅太阳能电池存在的主要问题是光电转换效率偏低，国际先进水平为 10%左右，且不够稳定，随着时间的延长，其转换效率衰减。具体选取类型还需结合工程规划的需要来确定。

2. 支架选型

按照支架选取类型的不同将光伏组件的安装方式分为四种：固定安装、单轴跟踪安装、双轴跟踪安装及手动可调固定安装。

不同安装方式各有优缺点。固定安装方式运行成本较低，能够减小初始投资，支架系统基本免维护，使光伏发电项目收益率达到最大；单轴跟踪安装方式只有一个旋转轴改变电池板的位置角度，包括水平单轴跟踪、倾斜单轴跟踪及垂直单轴跟踪，与固定安装方式相比较，其发电量可提高 15%～20%，但安装方式较为复杂且占地面积较大，维修量较大；双轴跟踪安装的光伏阵列沿着两个旋转轴运动，能够同时跟踪太阳的方位角与高度角的变化，与固定安装方式相比较，可以提高至少35%的发电量，并且其可靠性达 10 年之久，但其占用土地面积很大，初始投资较高，安装方式很复杂；手动可调固定安装是在固定安装的基础上，在不同月份或不同季节对角度进行调节从而提高发电量，会略微增加支架成本以及人工成本，如何使固定可调的发电效益最优化，还应从最终的项目收益方面分析。光伏组件方阵不同安装方式对比如表 4-2 所示。

表 4-2 光伏组件方阵不同安装方式对比

安装方式	占地面积	复杂程度	维修量
固定安装	小	简单	小
单轴跟踪安装	较大	较复杂	大
双轴跟踪安装	很大	复杂	大
手动可调固定安装	小	较简单	大

3. 逆变器选型

从工程运行及维护考虑，若选用单台容量小的逆变设备，则设备数量较多，会增加后期的维护工作量。在投资相同的条件下，应尽量选用容量大的逆变设备，可在一定程度上降低投资，并提高系统可靠性。同时，选用并网光伏逆变器的优势在于其加入无功控制，对减小光伏接入对配电网的影响，以及提高设备利用效率、降低无功补偿设备的成本投入均有重要的意义。

4. 光伏方阵的串联、并联设计

光伏方阵通过组件串联、并联得到。光伏组件的串联必须满足并网逆变器的直流输入电压要求，光伏组件并联必须满足并网逆变器输入功率的要求。

5. 光伏方阵间距的计算

在北半球，对应最大日照辐射接收量的平面朝向正南，固定安装的太阳能电池组件要根据组件支架倾斜角度安装。阵列倾角确定后，注意南北向前后阵列间要留出合理的间距，以免前后出现阴影遮挡。以辽宁省为例，前后间距为冬至日9:00～15:00，组件之间南北方向无阴影遮挡，此时的间距为合理间距，固定方阵安装好后倾角不再调整。比如辽宁地区某项目固定倾角支架的光伏组件排布方式为：光伏组件纵向单块放置，相邻东西两块光伏组件之间留有 20mm 的间隙，多晶硅固定支架单元倾斜面的宽为 3320mm。太阳能电池组件方阵前后安装时的最小间距 D 的计算如图 4-19 所示。

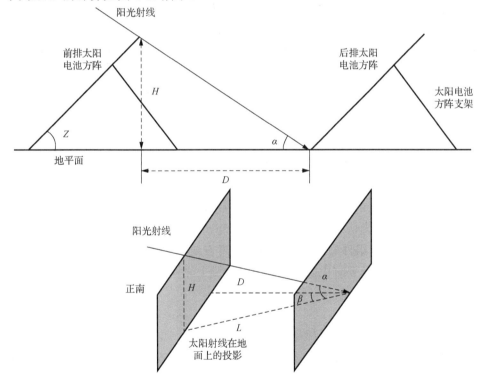

图 4-19　太阳能电池组件方阵前后安装最小间距计算示意图

一般确定原则：冬至当天 9:00～15:00 光伏方阵不应被遮挡。

太阳高度角的计算公式：

$$\sin\alpha = \sin\varphi \sin\delta + \cos\varphi \cos\delta \cos\omega$$

太阳方位角的计算公式：

$$\sin\beta = \cos\delta \sin\omega / \cos\alpha$$

式中，φ 为当地纬度，为 36.19°；δ 为太阳赤纬，冬至日的太阳赤纬为-23.5°；ω 为时角，上午 9:00 的时角为-43.24°。

当地冬至日上午 9:00 的太阳高度角 α=18.71°，当地冬至日上午 9:00 的太阳方位角 β=-43.24°。

$$D=\cos\beta \times L,\ L=H/\tan\alpha,\ \alpha=\arcsin(\sin\phi\sin\delta+\cos\phi\cos\delta\cos\omega)$$

即

$$D=\cos\beta \times H/\tan[\arcsin(\sin\phi\sin\delta+\cos\phi\cos\delta\cos\omega)]$$

通过以上公式计算得到辽宁地区某项目废弃矿山固定倾角支架的光伏组件排布方式为：光伏组件纵向单块放置，相邻东西两块光伏组件之间留有 20mm 的间隙，多晶硅固定支架单元倾斜面的宽为 3320mm。H＝3320×sin38°≈2044mm（式中，38° 为安装倾角），则 D（南北）=$\cos\beta \times L$≈4396mm。

光伏组件倾斜 38° 后，光伏组件上缘与下缘产生相对高度差，阳光下光伏组件产生阴影，为保证冬至日 9:00～15:00 方阵之间不形成阴影遮挡，光伏组件倾斜后组件上缘与下缘之间相对高度与前后排安装距离要详细计算。当固定光伏方阵的南北中心间距为 4396mm 时可以保证南北两排方阵在 9:00～15:00 前排不对后排造成遮挡。为节约成本，场地不进行平整。考虑到场地局部凹凸不平会有高差，为了使就地安装的光伏方阵前后排仍不会有阴影影响，同时为便于施工及道路转弯半径的设置，取光伏组件方阵间距 D 为 5970mm，此时光伏方阵前后排中心间距为 7000mm。光伏组件最低点与地面的距离 H 选取主要考虑当地最大积雪深度、当地洪水水位，以及要防止动物破坏及泥沙溅上光伏组件。

6. 模块化设计

光伏组件和并网逆变器都是可根据功率、电压、电流参数相对灵活组合的设备。项目工程可以采用模块化设计、安装施工，系统安装容量与逆变器的选择应具体情况具体分析。

7. 系统效率计算

根据目前国内已经建成的光伏电站运行数据，我国常规光伏电站效率普遍在80%左右，通常修正系数如表 4-3 所示。

表 4-3　效率估算修正系统统计表

序号	效率损失项目	修正系数	电站的系统效率
1	太阳入射角损失	99%	
2	辐射强度损失	99%	
3	阴影损失	99%	
4	温度损失	97%	
5	组件质量损失	99%	
6	组件串并联不匹配损失	98%	79.21%
7	直流电缆线损	97%	
8	并网逆变器效率损失	96%	
9	变压器效率损失	97%	
10	交流电缆线损	98%	
11	其他损失（故障检修停机等）	98%	

8. 发电量估算

可以根据每年原始条件与数据，比如最佳倾角、年发电小时数、系统效率、组件年衰减率、装机容量等进行发电量的估算与比较。

4.1.4　风力发电系统的建立

风能资源也是一种绿色环保、可再生的能源，风能资源的高效开发利用是实现我国绿色发展、节能减排的重要举措之一（李勇，2017）。风电作为风能资源最有效、最广泛的利用形式，已成为我国能源结构改革的重要抓手。风能资源丰富，全球的风能资源每年高达 53 万亿 kW·h，而我国风能储量高达 42.26 亿 kW·h，其中可被我们利用的陆上和海上风能资源总量达到 10 亿 kW·h。我国是世界上风电装机容量最大的国家，截至 2021 年，我国累计并网容量达到 3 亿 kW·h。根据全国风能资源调查结果，我国的风能资源非常丰富，总量与美国接近。我国陆上风能资源丰富区主要分布在东三省、内蒙古大部、华北北部、甘肃西部、新疆北部和东部地区，云贵高原、东南沿海为风能资源较为丰富地区。鉴于我国丰富的风能资源，利用矿山废弃地可建设大、中、小型风电场及分散式开发利用风电系统。

矿山废弃地风力发电系统具体技术路线如图 4-20 所示。

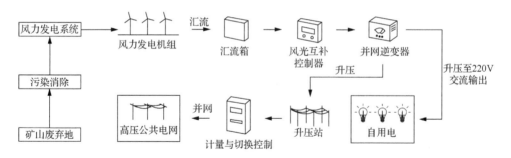

图 4-20　矿山废弃地风力发电系统技术路线图

场地选择方面，要依据当地气候条件，在矿山废弃地风力较大区域设立风力发电机，可选择离网型仅供当地用电的小型风力发电机，或者选用并网与自用电相结合的大型风力发电机形成风力发电机组。风力发电机组产生的直流电流入汇流箱，与光伏发电联合开发，经由风光互补控制器、并网逆变器、升压站升压至220V交流输出供本地使用，由升压站升压至符合市电电网要求的交流电之后直接接入公共电网。

4.1.4.1　风光互补发电布局

由于矿山辅助设施在停止使用后形成了矿山工业废弃地，这些废弃地多是矿山开采时修建的厂房建筑物、机械设备、生活用房、道路等辅助设施所占地，在矿山开采结束后废弃的厂房和道路等多为水泥修建，这使得该部分场地无法复垦作为农业或林业使用。将此部分废弃地的建筑拆除后的土地进行整合，与太阳能光伏板和能源植物种植基地联合布置，设立风力发电机组，建立风力发电场是一个较为适宜的发展方向。

1. 风电系统与太阳能光伏板联合布置

太阳能和风能都属于低能量密度能源，二者之间在时域和地域空间上具有强互补性，建设一定规模的风电和光伏发电联合开发基地，可以在不扩容或者低扩容投资条件下实现功率外送消纳（王光辉，2017）。风力发电、光伏发电不同场时，应各自满足相应类型的电站设计规范要求。风光互补发电站是利用地区充裕的风能、太阳能建设的一种经济实用型发电站，主要由风力发电机、太阳能电池方阵、智能控制器、蓄电池组、多功能逆变器、电缆及支撑和辅助件等组成，将电力供给负载使用。夜间和阴雨天无阳光时由风力发电，晴天由太阳能发电，在既有风又有太阳的情况下两者同时发挥作用，实现了全天候的发电功能，比单用风机和太阳能更经济、科学、实用。

　　光伏发电系统的建立主要依靠露天采场及塌陷区域废弃土地资源和适宜的气候条件。由于塌陷地是地下采矿形成的块状、带状的塌陷地面，地形特点是地表破碎、起伏不平、水土流失严重。因垮塌导致地面变得疏松、高低不平，且石块与泥土混杂，难以以一般方式加以利用。而建立风电和光伏发电场可以将该部分场地充分利用，经过简单碎石回填并加固处理后的采场消除了场地的安全隐患。布置太阳能光伏板后，可穿插设立风力发电机组，形成风电与光伏联合布置的模式。

2. 风电系统与能源植物种植基地联合布置

　　矿山废弃地能源林种植的场地选择中，适宜的种植场地为经过污染消除及地质灾害消除后的尾矿库及排土场区域。由于尾矿库、排土场及矿石堆废弃地通常是露天矿或地下矿开采矿石时生产出的没有工业价值的废石及废土排放地，这种废弃地的特点是废弃物粒径常在几百乃至上千毫米，难以在短期内自行粉碎风化，废弃地的持水性较差，空隙较大，且绝大多数尾矿中含有大量有毒有害的物质，经过雨水的淋溶作用，进入土壤及周边水体，造成周围土壤及水域的污染。在经土壤改良、污染消除后的尾矿库及排土场种植一定密度的能源林，可以有效利用该部分土地资源。在种植时可采用“见缝插针”的方式，即利用能源林中树木之间的缝隙，穿插设立风力发电机组，形成风电与能源林联合布置的模式，使其成为“风电森林”。因风电机组通常较高，废弃地中种植能源林其轮伐期较短，树木生长高度及间距的问题不会过多影响风力湍流，因此不会影响风电机组的稳定性及风力的大小。设立风电机组前，需采用 3D（三维）模拟分析，得到逼真的模拟结果，合理选择最优的风电机组布置方案。这种“见缝插针”的布局方式最大限度上节约了风力发电的占地面积。

　　在风电场布局中根据区域实际情况进行选址与优化，电场机组布局优化是指综合考虑风资源分布、地形地貌、交通运输、生态环境、闪影效应、噪声效应和土地地质等影响因素，以风电场发电量最大和投资成本最小为目标，对风电场内各台风力机进行合理布置，这一过程也称为风电场微观选址（田琳琳等，2013）。同时，电量评估也是电场微观选址的关键环节和重要依据。地形平坦、坡度平缓的风场选择 WAsP 和 WindPRO 工程软件进行发电量评估（Palma et al.，2008；Ayotte et al.，2004），一些地形复杂、坡度陡峭的风场结合 Fluent 软件进行风模拟，分析计算结果，优化地形风电场的风电机组布局。

4.1.4.2 安装位置的选择

1. 安装位置风资源的确定

1）选择地区需要年风资源较好

安装地点的风资源至少要满足以下三个条件之一，才适合安装风力发电机，而且年平均风速越大越好，即：年平均风速≥4m/s；3～20m/s 的有效风速累计 2000～4000h 以上时效；全年 3～20m/s 平均有效的风能密度满足 100W/m² 以上（张亚娟，2014）。

2）有较稳定的盛行风向

盛行风向指的是出现频率最高的风向，选址时希望盛行风向能比较稳定。我国是季风性较强的国家，不同季节盛行风向是有变化的。

3）风速日变化、季节变化要小

风速日变化、季节变化小的地区，风速持续时间较长，连续无有效风时间较短，这样可相对减小蓄电池的容量，获得较好的经济性。

4）风机高度范围内"风切变"要小

"风切变"指的是风速在水平及垂直方向的突变，尤其是垂直方向的风速变化对风机影响最大。安装风机时应该避开强切变区，将风机安装在迎风坡上，可以保证风力与风量最大。

5）湍流强度要小

湍流是指大气的无规则运动，它会造成风向、风速的急剧变化。风通过粗糙地表或障碍物时产生的小范围急剧脉动是对风机危害最大的湍流。所以在安装风机时选择湍流强度小的区域，避免对风机造成破坏。

2. 风机安装位置的确定

在风机安装位置选择中，如果风资源较好，可以根据地形选择合适的地点，如果风资源不好，需要考虑周边遮挡情况。

1）宏观选址

根据安装地点的地形合理选择安装位置，充分利用有利地形。在平坦地形上安装风力发电机比较简单，主要考虑地表粗糙度和上游障碍物两个因素。风速高的区域，下风向有较高障碍物时，距离越远对风速的影响越小（张亚娟，2014），障碍物对风速的影响如图 4-21 所示。

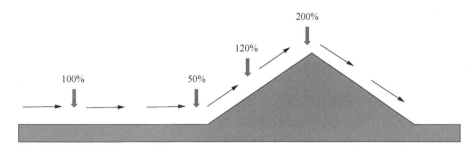

图 4-21　坡度地形风速加速示意图

2）微观选址

在宏观选址风资源不好的地点，可以通过分析当地的地形特点，充分利用有利地形，确定合理的安装地点。安装位置考虑房屋建筑或树木的影响，尽量避免风的紊流的影响，在主风向的位置上不受建筑物或树木等的影响。在高度 H 的障碍物附近安装风机，障碍物高 H，安装位置应在障碍物前 $2H$ 和后 $20H$ 距离外，如图 4-22 所示。

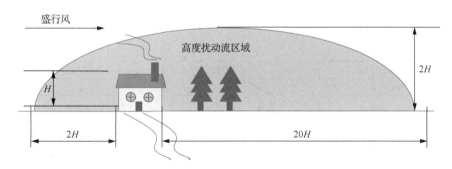

图 4-22　障碍物附近安装距离示意图

4.1.4.3　风力发电机的选择

能源化矿山生态修复风力发电站的建设取决于所在区域风资源的大小，在风机选型方面首先考虑从矿山所处区域的风资源状况（需要实测年均风速）。风力发电机组应符合《风电场接入电力系统技术规定　第 1 部分：陆上风电》（GB/T 19963.1—2021）的规定，应按照风力发电场区域地理环境、风能资源、安全等级、安装运输和运行检修等条件进行配置，并符合《风力发电场设计技术规范》（DL/T 5383—2007）中风力发电机组选型的规定。由于矿山面积具有局限性，一般情况下建设中小型风力发电站，选择容量较小的负荷并网的风力发电机组，建议选择目前国内 300W～50kW 中小型风机中的主流形式——永磁直驱同步发电机。通过调查矿山的风资源情况，分析风资源来确定风机的安装位置，选择相关的技术要求，确定风机类型，通过使用风能绿色能源，实现矿山的节能减排。

4.1.5　其他能源系统的建立

矿山废弃地中存在地热能资源，可进行开发利用。地热能是地球中的天然热能，可分为水热对流、热火成岩和以传导为主的系统，我国地热资源潜力巨大，主要以中低温为主，高温地热资源分布区域狭窄，仅限于西藏、云南腾冲及台湾北部地区。国家可再生能源中心发布的《2016 中国可再生能源产业发展报告》中显示，地热能的开发利用主要包括地热能发电、常规地热能的直接利用、浅层地热能的地源热泵利用以及干热岩地热资源开发探索等方面。全国工商联新能源商会编印的《2016～2017 中国新能源产业年度报告》中指出，目前我国地热能发电发展速度太慢，近 30 年来未有明显增长，许多经济实力和技术水平远远不如中国的第三世界国家都成为后起之秀，远超中国。受当代中国地热能发展技术的局限，在矿山生态修复中的地热能资源不建议用来发电。我国的地热资源主要以中低温为主，在矿山废弃地的地热能利用中，要通过合理规划和布局，建立起逐级或梯级利用地热水的系统，以便更加充分发挥地热水的潜力，实现最大效益。具体应用如图 4-23 所示。

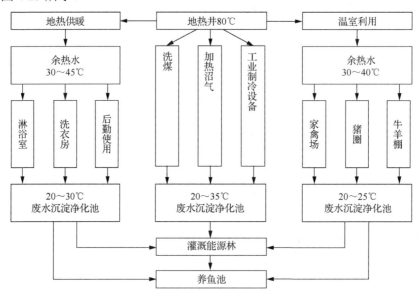

图 4-23　中低温地热水在矿山中的综合利用

在矿山资源的综合应用过程中，地热资源中的低温热水应直接利用，主要用于地热供暖、温室利用、加热沼气、洗煤、工业制冷等方面。温室利用主要为温室育苗及栽培作物，余热水饲养林下畜禽，地热供暖的余热水供矿山废弃地中的淋浴室、洗衣房等后勤辅助用房使用，二次利用后的废水进入沉淀池，经过沉淀净化后灌溉能源植物种植基地，进行多级利用。从图 4-23 可见，一个 80℃ 的地热井，经过由高到低的温度梯级利用，基本实现了零排放。

1. 地热供暖

地热供暖主要是从地下抽取地热水用于建筑物的供暖，可以替代锅炉和燃煤，减少烟尘和有害气体的排放，具有较大的社会经济和生态环境效益。矿山利用地热供暖，可以减少燃煤的使用量，并且减少有害气体的排放。这是循环经济理念在矿山的体现，有利于促进矿山的可持续发展。通过开发利用地热能实现集中供热，满足了区域及周边地区的供热需求，力争建设"无烟城"。

2. 地热制冷

温暖热带地区，地热作为空调制冷的能源具有显著意义。从技术上讲，地热制冷与太阳能制冷的原理相仿，都是为了节约电力。然而地热所提供的能源却比太阳能更为稳定，无昼夜之差，且更可行，特别是对于大型制冷较有实用性。在矿山中对于一些需要制冷的大型设备、工业用房与民用建筑空调制冷等均适宜于地热制冷。

3. 地热养殖

中低温地热水最适宜于用作温室的能源，已在全世界广泛用于水产养殖、花卉培养和农业种植等方面。这对于资源衰竭型矿山调整产业结构、寻求新的经济增长点具有普遍意义。

4. 干热岩地热开发

干热岩地热开发是一种最新的利用地热的概念。其基本思路是地球内部的温度随着深度而增加，在没有水或蒸汽的热岩石里人为地造出一个与天然水系统类似的地下热储。《2016～2017 中国新能源产业年度报告》中明确规定，具体做法是将水利用高压通过深井注入地下几千米的岩层，使其渗透进入岩层的缝隙中吸收地热能量，再通过专用深井将岩石缝隙中的高温水汽提取到地面。矿业开发和生产大都在数百米或上千米的地下进行，如果直接在井下建设干热岩地热开发系统，通过现有巷道运输地热能，则可减少资源浪费，实现资源共享，大大降低地热能的开发成本。

5. 地源热泵

地源热泵应用是各类地热能利用方式中增长最迅速的领域。地源热泵是利用地下浅层地热资源，建成既可供热又可制冷的高效节能空调系统。地源热泵通过输入少量的电能，实现低温位热能向高温位转移。冬天利用地源热泵向建筑物供热，夏季利用地层中的冷源向建筑物供冷。

地热能的利用今后将获得高速发展，能源市场的增长率会超过 10%。虽然未来符合可持续发展要求的能源体系需要由多种各具优势的可再生能源形成，但如果仅就发电和供暖来看，地热能是唯一具有大规模替代传统化石能源潜力的能源。地热能在矿山同样具有十分广阔的发展前景。

4.1.6　储能系统的建立

在矿山废弃地中建立储能电站，形成由风力发电、光伏发电和电化学储能电站组合形成的联合发电站。由于不同矿山的太阳能资源与风能资源有所不同，可将联合发电站分为三个类型：一是风力发电、光伏发电、电化学储能联合发电站；二是风力发电、电化学储能联合发电站；三是光伏发电、电化学储能联合发电站。在矿山废弃地中建立储能系统主要用于储存光伏发电及风力发电的电能。储能电池应用在光电和风电产业，其中尤以已经大量布局的风电产业为主。风力资源具有不稳定性，此外，风力资源较大的后半夜又是用电低谷，因此，虽然近年来风电、光电产业发展势头迅猛，但一直饱受"并网"困扰，储能技术的应用，可以帮助风电场输出平滑和"以峰填谷"。储能技术在很大程度上解决了新能源发电的随机性、波动性问题，可以实现新能源发电的平滑输出，能有效调节新能源发电引起的电网电压、频率及相位的变化，使大规模风电及光伏发电方便可靠地并入常规电网。在矿山废弃地中发展储能，带有储能电池的光电和风电并网发电系统具有可调度性，可以根据需要并入或退出电网，还具有备用电源的功能，有效地实现新能源电力的储存与稳定输出,确定风光储输联合优化的技术路线(图 4-24),即"风光互补、储能调节、智能输电、平稳可控"。

图 4-24　矿山废弃地风光储输联合开发系统技术路线图

储能系统设计与功能配置应符合《电化学储能电站设计规范》（GB 51048—2014）的规定，储能系统技术条件应满足《电力系统电化学储能系统通用技术条件》（GB/T 36558—2023）的要求，储能系统电池选型、电池管理系统选型、功率变换系统选型应符合《电化学储能电站设计规范》（GB 51048—2014）的规定。

在储能系统建立示范方面，张北风光储示范工程开启了国内规模化电力储能的先河。示范项目应用了磷酸铁锂电池、全钒液流电池、铅炭电池、超级电容等多种技术。尽管在工程初期，面临造价高昂、技术储备缺乏、无标准等诸多困难，电站和厂家积极配合攻关，从电池成组方案、电池管理系统（battery management system，BMS）、能量管理系统（energy management system，EMS）、厂房设计、安全运行等多个方面开创了大规模储能的应用实践。通过发展，该项目证实了电池储能的技术可行性，使得电池储能造价大幅降低（刘汉民，2016）。

矿山废弃地中储能系统的布置应遵循安全、可靠、适用的原则，便于安装、操作、检修和调试，预留分期扩建条件。储能系统的布置形式应根据安装地点的环境条件、设备性能要求和当地实际情况确定。户外布置的储能系统，其设备的防污、防盐雾、防风沙、防湿热、防水、防严寒等性能应与当地的环境条件相适应。集成在集装箱内的储能系统，集装箱应考虑上述因素。户内布置的储能系统应设置防止凝露引起事故的安全措施。不同类型的储能系统应分区布置，液流电池可布置在同一区内，锂离子电池、钠硫电池、铅酸电池应根据储能系统容量、能量和环境条件合理分区。对环境要求差异较大的设备宜分隔布置。

4.1.7　抽水蓄能电站的建立

在水资源较丰富、地势高差较大的矿山地区，可以选择抽水蓄能作为矿山新能源开发利用的主要方式。抽水蓄能是当前电力系统中技术最成熟、经济性最好的能源储存方式，国家与地方也开始提倡大力建设抽水蓄能电站，为碳中和目标作出贡献。2021 年，国家能源局印发了《抽水蓄能中长期发展规划（2021～2035年)》，提出到 2030 年抽水蓄能投产总规模 1.2 亿 kW 左右。多地的"十四五"规划等文件均提出，重点发展抽水蓄能产业，完善抽水蓄能电站价格形成机制，加快抽水蓄能建设。利用废弃露天采场、地下采空区等矿山废弃地开发"抽水蓄能"，不仅可对废弃土地资源进行综合利用，也能为国家清洁能源开发作出贡献。辽宁阜新的海州露天矿已着手开始利用废弃矿坑建设抽水蓄能电站，预计装机1200MW，该项目建设完成后将填补辽西北地区抽水蓄能电站建设的空白。

相较于光伏和风电，抽水蓄能电站的选址和建设有诸多要求。首先，抽水蓄能电站选址上要满足站址与电网距离经济合理；其次，抽水蓄能电站对上下两库皆有不同要求。如果上下两库均利用相近的天然河道或湖泊，上库的调节库容量一般考虑 5～10h 的蓄放水量，水位变化幅度不超过水轮机工作水头的 10%～20%，且上下库之间的水位差不会很大；如果上库由人工围建，下库则必须利用天然河道、湖泊、海湾或已经建成的水库；如果人工围建下库，而上库则为已建成的水库，或者可对原有的常规水电站进行改造，可建设成为混合式抽水蓄能电站；如果上下两库均由人工围建，只能建纯抽水蓄能电站。

4.1.8　源网荷储一体化系统的打造

源网荷储一体化是一种可实现能源资源最大化利用的运行模式和技术，通过源源互补、源网协调、网荷互动、网储互动和源荷互动等多种交互形式，从而更经济、高效和安全地提高电力系统功率动态平衡能力，是构建新型电力系统的重要发展路径（彭恒等，2022）。国家发展改革委和国家能源局于 2021 年 2 月联合发布了《国家发展改革委　国家能源局关于推进电力源网荷储一体化和多能互补发展的指导意见》（发改能源规〔2021〕280 号），探索构建源网荷储高度融合的新型电力系统发展路径，主要包括区域（省）级、市（县）级、园区（居民区）级源网荷储一体化等具体模式。源网荷储一体化项目开发模式是通过优化整合本地电源侧、电网侧、负荷侧资源，以先进技术突破和体制机制创新为支撑，探索构建源网荷储高度融合的新型电力系统。如智能微电网等多种形式，在矿山源网荷储一体化系统实际建设中，依据不同政策与经济情况，选择不同类型的电力系统。

4.2　能源化矿山生态修复模式效益评价

目前，针对矿山生态修复模式的效益评价的主要研究包括森林植被恢复、湿地与水域、水土保持及沙漠化等几个方面，大多从影响矿山及周边区域的生态效益开展研究。本专著通过对生态效益、经济效益及社会效益三个方面的分析，全面系统地对矿山废弃地进行效益评价。能源化矿山废弃地生态修复模式效益分析评价的具体框架如图 4-25 所示。

对于能源化矿山生态修复项目的实施：在生态效益方面，能够减少矿山及周边区域的环境污染，生物质能开发种植大片的能源林可以提高固碳释氧能力，矿山废弃地的土地整合与再利用大大提高了土地的利用率，矿山环境的优化能够调节区域小气候、增加生物蓄积量、优化空气质量及改善土壤肥力等；在经济效益方面，建立了生物质能、光能、风能、储能、地热能等多能互补的可再生能源系统，带动了产业的发展，生物质发电、光电及风电项目增加了发电行业的收益，同时温室气体减排能够增加清洁发展机制（clean development mechanism，CDM）减排收益；在社会效益方面，各大产业的协同发展为居民提供大量的就业岗位，增加居民收入，提高居民生活质量，加快城镇化进程并促进社会稳步发展。可见，矿山生态修复项目能够实现生态效益、经济效益、社会效益上"共赢"。

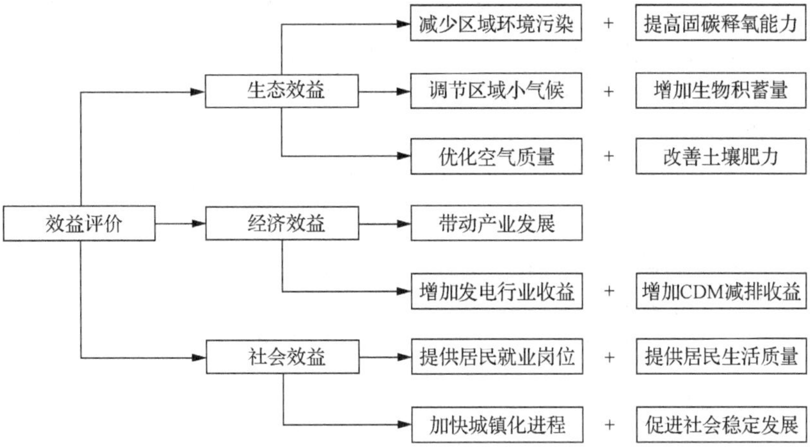

图 4-25　能源化矿山废弃地生态修复模式效益分析评价图

4.2.1　生态效益

对于不同类型、不同生态系统的生态效益评估，目前国内已有大量研究，例如有的学者对四川省洪雅县退耕还林工程建立了一套完整的生态效益评估体系（周湘山，2012），对森林的涵养水源功能进行了生态效益评价（李红云等，2004），计算了退化湿地的生态系统服务功能价值，对矿山废弃地和生态公益林提出了生态效益评估计算方法（邹彦岐，2009；郄少涛，2008）。而对于矿山废弃地和生态公益林的研究仍处在方法学和模型构建的起步阶段，需要进行相关的估算和参数的合理界定，并基于矿山修复的生态效益成本进行经济性评价。生态效益评价是一个多指标的综合评价，通过由下而上逐层综合，实现对目标层的总和评价（潘叶等，2016）。在矿山废弃地中种植能源植物，在增加绿化面积的同时，能够改善和修复生态环境。我国现有废弃地面积高达 $277.23hm^2$，若所有废弃地都用来种植能源植物，则我国林业固碳释氧能力将会呈指数倍提升，在增加森林财富的同时，能够有效应对气候变暖，美丽中国、生态中国、富裕中国的梦想便能实现。

4.2.1.1　减少区域环境污染

能源化矿山废弃地修复模式利用生物质能、太阳能、风能、地热能、储能等新能源打造一系列产业，代替煤、石油等化石燃料，节约了资源，同时避免了化石燃料的燃烧带来的环境污染。生物质发电、光伏发电及风力发电有利于节能减排。生物质发电减少了秸秆的焚烧，秸秆焚烧是近年来造成北方地区大范围雾霾的主要原因之一。随着我国农村农作物产量的大幅提升，秸秆的处理成为一大难题，大规模焚烧秸秆屡禁不止。生物质发电具备碳中和效应，且比化石能源的硫、氮等含量低，通过集中燃烧并装备除尘及脱硫脱硝等设备，有助于降低排放，促进大气污染防治。《关于太阳能光伏电站的主要优势分析》一文指出，运营一台 3 万 kW 的生物质发电机组，与同类型火电机组相比，每年可节约标准煤 8 万 t，减排二氧化碳 20 万 t。家用分布式光伏电站每发一度电，就相当于节约标准煤 0.4kg，减排二氧化碳 0.947kg，具有非常明显的节能减排效果（中云电商光伏易，2016）。

此外，种植能源林能够增加矿山的绿化面积，优化区域环境质量；矿山修复中重金属污染的消除及土壤肥力的改良，大大提高了区域土壤质量，减少土壤环境污染；矿山生态修复对地表水、地下水环境也作出了巨大的贡献。

4.2.1.2　提高固碳释氧能力

矿山生态修复工程种植大量的能源林，育林工程是控制全球气候变暖、提高森林固碳功能的一个有效途径和可持续发展模式（喻阳华等，2016）。森林主要通过光合作用来固碳，植物利用光合作用产生的碳水化合物来实现自身的生长，光合作用得以维持，也可以持续地将大气中的二氧化碳固定到植物体内，同时释放出氧气，一般情况下，其固碳释氧能力与生物蓄积和储碳能力呈正相关（潘叶等，2016）。能源林的固碳释氧能力缓解了区域环境污染，同时也响应了国家节能减排等一系列环境保护的号召。

国家林业行业标准《森林生态系统服务功能评估规范》（LY/T 1721—2008）中提供的植被固碳和释氧公式分别为

$$植被固碳公式：G_{植被固碳} = 1.63 R_{碳} A B_{年}$$

$$植被释氧公式：G_{氧气} = 1.19 A B_{年}$$

式中，$G_{植被固碳}$为植被年固碳量，单位 t/a；$R_{碳}$为 CO_2 中碳的含量，为 27.27%；A 为林分面积，单位 hm^2；$B_{年}$为林分净生产力，单位 t/（$hm^2 \cdot a$）；$G_{氧气}$为林分年释氧量，单位 t/a。

由以上公式能够计算出森林的固碳释氧量。

4.2.1.3　调节区域小气候

在矿山废弃地中大面积种植能源林，能够对本区域的小气候产生较大的影响，主要表现在温度、湿度及其他方面。在温度方面，能源林能略微增加秋冬平均温度，可以降低每日最高温度，提高每日最低温度，夏季较其他季节更为显著；在湿度方面，林木的蒸腾作用使得林内的相对湿度要比林外高，树木越高，树叶的蒸腾面积越大，它的相对湿度亦越高。此外，能源林能降低地表风速，提高相对湿度，林地的枯枝败叶能阻碍土壤蒸发；森林地区也比无林地区降水量大。树木都有很强的吸收二氧化硫、氯气、氟化氢等有毒有害气体的能力，这些气体通过绿化林带，通常有 1/4 可以得到净化，或变成氧气（徐婷婷，2015）。森林能涵养水源，是一个巨大的"水库"，在水的自然循环中发挥重要的作用，降落的雨水，一部分被树冠截留，大部分落到树下的枯枝败叶和疏松多孔的林地土壤里被蓄留起来，有的被林中植物根系吸收，有的通过蒸发返回大气。$1hm^2$ 森林一年能蒸发8000t 水，使林区空气湿润，降水增加，冬暖夏凉，起到调节气候的作用。树木的叶子就像一把大伞，可以不让雨水直接冲刷地面，树上的苔藓和树下的枯枝败叶都可以吸收一部分水。

能源林不仅使林内产生特殊的小气候，而且对邻近地区的气候也有较大的影响。林区附近的地区，气温变化和缓，温度较高，降水增多。由于森林能改变风向，减弱风速，阻滞沙土，起着防风、固沙、保土的作用，因此，大规模植树造林是改造小气候的有效措施之一。我国三北地区风沙大，降水少，蒸发强，大规模植树造林，建造防风林带，对于改变这些地区的气候、促进农牧业生产，将会起重大作用。

4.2.1.4　增加生物蓄积量

森林群落的生物量是森林生态系统结构优劣和功能高低的最直接的表现，是森林生态系统环境质量的综合体现。大面积种植能源林使矿山废弃地形成大片植被，使得生物量大大提高。植被的恢复需要时间，修复越早，林木的郁闭度越高，林木密度越合理，植被生长状况越好。生物蓄积量与生物量成正比，很难在短期内看出效果（潘叶等，2016），但随着时间的变化，生物蓄积量能够大大提高。森林是多种动物的栖息地，也是多类植物的生长地，是地球生物繁衍最为活跃的区域。所以森林保护着生物多样性资源，而且无论是在都市周边还是在远郊，森林都是价值极高的自然景观资源。

4.2.1.5　优化空气质量

衡量生态修复中优化空气质量的指标是滞尘量和吸收二氧化硫的量。不同类型植物的滞尘能力与吸收二氧化碳的能力不同，粗糙的叶面有利于滞留与附着尘土，植被密度不同，枝繁叶茂的林相结构可增加阻滞与吸收有害物质的面积，群落构成不同，乔、灌、草构成的多层结构可形成多层级阻滞尘土的网格（潘叶等，2016）。森林中空气的负离子浓度较高，主要原因是能源林中植被的光合作用产生大量的氧气，蒸腾作用释放出大量的水蒸气。植物叶面积巨大，吸收二氧化硫的量要比其他物种大得多。据测定，森林中空气的二氧化硫要比空旷地少 15%～50%。若是在高温高湿的夏季，随着林木旺盛的生理活动，森林吸收二氧化硫的速度还会加快。相对湿度在 85%以上的森林吸收二氧化硫的速度是相对湿度 15%的森林的 5～10 倍。

能源植物的种植增加了氧气的释放量，研究表明，每公顷林地净释放氧气量为 23.1m³。中国地质调查局航遥中心调查结果显示，我国矿山开发占地 177.5 万 hm²，其中废弃矿山开发占地约占 45%，若将矿山废弃地全部复绿，则可释放 1845 万 m³ 氧气。按一个成人一年消耗 182.5m³ 纯氧计算，相当于多提供 10 万人一年的日常吸氧量。按工业用氧气生产成本 350 元/m³ 计算，每年森林释放氧气"价值" 64.6 亿元。2014 年底，全国矿山复绿工程已经完成全国总量的 11%，正在完成的占全国总量的 14.08%，未复绿的占 74.94%，我国复绿潜力巨大，矿山废弃地优化空气质量的潜力巨大。

4.2.1.6　改善土壤肥力

土壤质量用土层厚度、容重、总孔隙度、非毛管孔隙度与毛管孔隙度比、pH、土壤有机质含量和土壤重金属污染综合指数等指标衡量（潘叶等，2016）。矿山生态修复过程中首先选取典型土壤环境监测点，对重金属含量进行测定，采用相关土壤修复剂制备技术及重金属土壤治理技术，制备土壤修复剂，消除土壤中的重金属污染。对土壤条件较为恶劣的位置采取了少量客土覆盖法并且添加天然肥料，改良土壤结构，优化土壤持水性，提高土壤有机质含量。此外，能源林有改良土壤的作用，林地的枯枝败叶、种子、芽、树皮等残落物，以及死地被物、动物尸体及林下畜禽养殖产生的畜禽粪便，在风、光、降水、微生物和各种动物的作用下，分解成肥力很高的腐殖质，提高了土壤有机质和植物生长所需的氮、磷、钾含量，改善了土壤的物理结构，提高了土壤的肥力及林地生产力，从而促进森林生态系统的发展（陈世杰，2014）。

4.2.2　经济效益

能源化矿山废弃地生态修复模式从新能源角度出发，建立了生物质能、光能、风能、储能、地热能等多能互补的可再生能源系统，推进能源结构优化，促进生物质发电行业、生物质燃料行业、光伏发电行业、风电行业、储能电池行业、林下养殖行业等发展，具有良好的经济效益。

4.2.2.1　带动产业发展

重化工业占比过高的产业结构和"两头在外"的市场形势是当前我国经济面临的最大困境。我国是能源净进口国，原油进口量已经突破 60%，且进口天然气比重在逐年递增。生物质能发电、光伏发电及风力发电有助于调整能源消费结构。

生物质能、光能、风能作为可再生能源，来源广泛、储量丰富，可再生且可存储，其发电原理与火电相似，电能稳定、质量高，对于电网更为友好，与同样稳定的水电相比，生物质发电的全年发电小时数为 7000～8000h（生物质燃料圈，2017）。发展生物质发电、光伏发电及风力发电是用可再生能源替代传统能源的有效途径，对于替代化石能源、增加能源供应、调整能源结构，以及构建稳定、经济、清洁、安全的能源供应体系，保障能源安全具有重要意义。能源化的矿山生态修复模式中建立了生物质能发电、生物质生产燃料、光伏发电、风力发电等产业，完全可以将购买进口资源的资金投向这些产业的发展建设，对我国经济转型起到强大的支撑作用。能源化矿山生态修复模式具有产业链长、带动力强的特点，可同时带动第一、二、三产业的发展。

4.2.2.2　增加发电行业收益

1. 生物质发电的效益

能源林发电的经济效益分析，以竹柳作为分析对象，在超高密度（150000～200000 株/hm^2）、超短期轮伐（轮伐期 1～2 年）的情况下，其每年每公顷平均生物量生产可达 37.8t 以上，相当于 94.5m^3 木材或 15.12m^3 燃油，约合 94 桶原油。如将所产的生物量用来发电，按照我国国产直燃发电机组发电效率单位电量原料消耗量 1.37kg/（kW·h）计算，这些能源林每年每公顷可供发电 27560kW·h；若按照进口直燃发电机组发电效率单位电量原料消耗量 1.05kg/（kW·h）计算，则每年每公顷可供发电 36000kW·h。2010 年 7 月，国家发展改革委发布了《国家发展改革委关于完善农林生物质发电价格政策的通知》（发改价格〔2010〕1579 号），文中对生物能源与生物化工建立了风险基金制度，实施弹性亏损补贴、原料基地补助、重大技术产业化项目示范补助及税收扶持政策；出台了全国统一的农林生物质发电标杆上网电价标准，规定未采用招标确定投资人的新建农林生物质发电项目，统一执行标杆上网电价每千瓦时 0.75 元（含税）。电价按照 0.75 元/（kW·h）计算，每年每公顷产值为 13780～18000 元。竹柳作为能源植物发电的经济效益明细如表 4-4 所示。

表 4-4　竹柳作为能源植物发电的经济效益

能源植物	发电量/（kW·h）	电量产值/万元	固碳量/t	碳汇收益/万元	总收益/万元
竹柳	36000	2.7	23.6	1600	28600

2. 光伏发电的效益

近年来，为鼓励可再生能源的开发利用，国家出台了一系列政策来扶持光伏行业的发展，但由于前期投资大，回收期长，光伏投资中最受关注的还是光伏补贴政策和节能产生的经济效益。

1）电价补贴

国家对光伏行业的补贴标准参照 2013 年 8 月出台的政策《国家发展改革委关于发挥价格杠杆作用促进光伏产业健康发展的通知》（发改价格〔2013〕1638 号），其中规定了分布式发电的补贴政策，0.42 元/kW 的价格补贴，执行期限原则上为 20 年。国家将根据光伏发电规模、成本等变化，逐步调减电价和补贴标准。各省市又根据政策制定了不同的补贴标准，基本标准为：国家补贴+省补贴+市补贴+县级补贴（后三者分情况或有或无）=最终的光伏上网电价。之后由于光伏开发数量剧增，国家电价补贴已于 2018 年逐步取消。

2）增值税减免

2013 年 10 月 1 日～2015 年 12 月 31 日，对纳税人销售自产的利用太阳能生产的电力产品实行增值税即征即退 50%的政策。2014 年 10 月 1 日～2015 年 12 月 31 日，月销售额 3 万元以内的项目（约 200～250kW）免收增值税。对分布式光伏发电自发自用电量免收可再生能源电价附加、国家重大水利工程建设基金、大中型水库移民后期扶持基金、农网还贷资金 4 项针对电量征收的政府性基金。随后国家能源局又两次下发通知延长该优惠政策，但随着光伏市场的扩张，该政策未来还将持续多长时间尚无法确定。

3）投资及回收情况

通过历年统计数据估算，户用发电的价格基本在 4 元/W，包含组件、逆变器、支架各种设备的费用。如使用 $100m^2$ 的场地，根据采用的组件的安装角度不同，安装容量有很大的区别，规模为 3～10kW，即成本投入为 1 万～4 万元。不同地区的光照资源不同，因此发电时效有所差别，假设该地区每年发电时效为 1000h，若安装容量 10kW，则发电量为 10kW×1000h=1 万 kW·h。每年收益为 1 万 kW·h× 0.37 元/W=0.37 万元。忽略电池衰减 10 年，减去发电成本、人工费即后期维护费用之后则为净收益。

但核算的经济效益中有两个不确定性，首先要考虑组件电池的衰减情况，其次则需要考虑到随着发展规模的逐渐扩大，优惠政策的持续时间无法估测。

虽然光伏发电的前期投入较大，但是后期的收入是非常可观的，因此从综合角度看，光伏发电的广义收益大于广义支出，是值得投入的。由于目前光伏组件价格较高，光伏系统的直接经济效益不甚理想（当然，这和光照时间等条件密切相关），相信在可预见的未来，随着技术的不断进步，光伏组件的价格会大幅走低，光伏电池的光-电转化效率会大幅上升，届时直接经济效益将会凸显出来。

此外，利用矿山废弃地进行光伏发电的低碳经济效益较为可观，且随着光伏渗透率的提高，该项效益会直线上升，因此从这个层面讲，政府应运用公益性资金适当扩大光伏发电普及领域。对光伏发电系统的经济效益评价，不仅要看其发了多少电，还应考虑因采用光伏而减少的碳排放。分布式光伏发电对用户而言，一方面可以通过自发自用来减少用电成本，另一方面在光伏功率盈余时还可以向电网售电来获得收益。光伏扶贫工程是有效促进贫困户增收和贫困村集体经济收入增长、实现精准扶贫的重要途径之一。

近几年来，经济发展对电力的需求不断增多，造成了电力系统中电压的不稳定，使得电能的质量得不到保证，容易降低电力设备的使用寿命，对电力部门的发展造成了巨大的阻碍。应该因地制宜地选择不同的光伏发电运营模式，采用盈利最高的经营模式，使经济效益最大化。

3. 风力发电的效益

风能作为分布式能源的一种，风电具有分布式发电典型的优点：地理分布广，可以在负荷中心地区就近发电；高度模块化，容量能够随着逐渐增长的负荷递增；与传统电厂相比，建设周期明显缩短，降低了资金和管理的风险。这些特点都使风电投资具有显著的经济性（派特，2009）。

1）建设期成本

风电场建设期的投资成本主要包括风电机组购置成本、接网成本、建设成本及安装、技术指导等其他成本。风力发电项目建设、发电、并网等成本由于不同地区的自然条件和交通状况的不同，资金核算也有所差异，计算时的统计数据来源经常是一种区间（韩顺行等，2015）。根据中国电力企业联合会《2012 年电力工业统计快报》，风电机组年平均利用小时为 1893h。随着国内风电开发规模的逐渐扩大，风机建设成本呈逐年下降的态势，本书依据近三年风机价格的平均值作为风机购置成本，即 5000 元/kW。根据风电机组年发电量及风电机组年利用小时数可以得到风电机组装机容量，再根据总装机容量和单位装机容量价格可以得到风电机组购置成本，基本公式如下：

$$风电机组购置成本 = 总装机容量 \times 单位装机容量价格$$

$$风电机组装机容量 = 风电机组年发电量 \div 风电机组年利用小时数$$

利用以上公式和区域统计数据可以求出风电机组的购置成本和相对应的装机容量。

2）运营期成本

风力发电项目运营期成本主要包括：设备折旧费、相关税费、利息费以及日常杂费。风力发电项目的建设期为 1 年，寿命期为 20 年，风机的折旧采用直线折旧法，折现年限为 20 年，净残值为设备价款 5%。我国财政部、国家税务总局对于风电投产项目的优惠政策主要体现在以下两个方面：一方面是增值税实行即征即退 50%；另一方面是所得税实行"三免三减半"，即项目投产前三年免收企业所得税，第四年度至第六年度实行企业所得税减半政策。根据我国风电项目运行经验，日常杂费主要包括常规检修费、故障维修费、备件购置费、保险费、管理费等，付现成本约为 0.05 元/（kW·h）。垫支的营运资金按照项目总投资的 10% 计算。

3）风力发电电价

《中华人民共和国可再生能源法》中规定的风力发电项目实施电价补贴模式为标杆定价机制，按照不同资源地区设置不同收购电价，共包含四类资源地区，按照普遍适用原则本书取平均价格 0.56 元/（kW·h）。根据韩顺行等（2015）的研究发现，我国风力发电项目在经济上具有可行性，内部收益率表明风力发电项目的收益率高于加权平均资本成本，风力发电项目投资价值良好，动态投资回收期约为 14.5 年，说明风力发电项目可在运营期内收回全部投资，项目资金回收较好，风险适中。从经济评价项目结果可以看出，现阶段我国总体风力发电项目具有可投资性。

4.2.2.3 增加 CDM 减排收益

1. 种植能源林的 CDM 减排收益

为应对全球气候变化，国际社会积极行动，先后签订了《联合国气候变化框架公约》和《京都议定书》。许多发达国家和发展中国家面临经济发展和国际减排压力。通过植树造林活动吸收二氧化碳，抵减部分工业的温室气体的排放，是较可行、有效的措施之一。由发达国家出资到发展中国家购买二氧化碳等温室气体额外减排量的"碳汇交易"机制已经在我国逐步形成，由于森林、湿地等可以快速、大量地吸收、汇聚和储存二氧化碳，林业资产的二氧化碳负排放，未来企业建造丰产速生林就有机会通过出售排放权直接获得投资收益。

其碳汇方面还可产生额外收益。有关资料表明，人工林每生长 1m³ 约吸收 1.83t 二氧化碳，释放 1.62t 氧气，每立方米木材折合含碳量约 0.25t。高密度竹柳能源林每年每公顷可生长木材约 94.5m³，折合含碳量约 23.6t。按照芝加哥气候交易所的碳价格 10 美元/t，每年每公顷竹柳能源林碳汇收益有 236 美元，约合人民币 1600 元（汇率按 6.8 计算）。

2. 生物质燃料生产的 CDM 减排收益

（1）利用沼气的"碳负性"特征（以全生命周期计算）获取碳交易增收。

我国已宣布自 2017 年起全面启动碳排放权交易市场，沼气碳减排和创收的潜力很大。例如山东省民和牧业公司建设的沼气发电工程每年生产沼气 1098 万 m³，有机肥 25 万 t，年减排温室气体 6.7 万 tCO₂-eq（二氧化碳当量），从 2009 年起，卖给世界银行的 CDM 排放权证书的年收益达 630 万元。

（2）利用固体生物质燃料获取碳交易增收。

通过研究发现，固体生物质燃料燃烧排放的温室气体二氧化碳与其在生长过程中吸收的二氧化碳相当，且替代了化石能源。使用生物质燃料，温室气体为生态"0"排放。根据《京都议定书》CDM，使用生物质清洁能源，可向国际市场销售减排二氧化碳指标。

此外，面对全球经济变冷、空气变暖，国家针对节能减排、发展循环经济、使用清洁能源、实施清洁生产、建设生态工业园区，出台了一系列的补贴、奖励、资助及减免等财税优惠政策，使用生物质能、太阳能、风能等清洁能源，利国利民、造福后代。

4.2.3 社会效益

4.2.3.1 提供居民就业岗位

能源化矿山生态修复模式带动了生物质发电业、生物质燃料业、光伏发电业、风力发电业、林下养殖业、生态旅游业、循环经济业等其他产业的发展。这一系列新兴产业可提供大量就业岗位。装机规模为 3 万 kW 的生物发电项目围绕秸秆的收购、存储、运输等产业链条，可为当地农村提供 2000 个就业机会。矿山生态修复项目建设期间可安排大量的人员就业，项目建成后各个产业领域需要管理人员、技术人员和服务人员，可为当地市区、郊区和乡村剩余劳动力提供就业机会；项目建设完成后，除了直接的社会效益外，通过产业发展带动旅游观光，可间接增加较多的劳动就业机会，对推动地方经济发展有重要的带动作用。

4.2.3.2 提高居民生活质量

矿山生态修复项目具有产业链长、带动力强等特点，是农业、工业和服务业融合发展的重要载体，是产业精准扶贫的利器。装机规模为 3 万 kW 的生物发电项目年消耗生物质约 27 万 t，如按每吨秸秆 300 元的收购价测算，将带动所在地区农户年增加收入 8000 多万元。光伏发电技术成熟，投资回报率较高，无须劳力投入，操作简单，一次性投资可长期受益，光伏发电的收入可解决三四口人的农村贫困家庭一年的最基本生活问题，还为贫困户提供了一个长达 25 年以上拥有稳定收入的途径，加快了贫困户致富奔小康的步伐。矿山生态修复项目的建设为居民提供了大量的就业岗位，增加了居民的年收入，改善了居民的生活水平。生态修复改天换地，环境污染的消除、生态环境的治理使矿山形象发生根本性的变化，矿山的治理减少了区域环境污染，优化空气质量，能源林的种植使废弃的矿山成为"绿肺"。环境变好了，收入增多了，居民的生活质量自然就提高了。

4.2.3.3　加快城镇化进程

为了实现经济持续健康稳定发展，并对生态环境进行有效利用，我国已制定了绿色发展战略，在这一战略政策的影响下，应该对矿山生态环境进行积极修复，使生态环境成为经济发展的持续动力，使经济发展和生态环境实现和谐共存、相互促进、共同发展（吴楠，2013）。由于大部分矿山位于城市边缘带及农村地区，这些产业的发展可吸引广大农村青年从城市返乡，从事产业相关工作，解决我国农村劳动力面临断层的严峻社会问题，加快城镇化进程，极大地促进社会公平，让广大基层百姓最大限度地共享发展成果，实现我国"以人为本"的发展理念。

4.2.3.4　促进社会稳步发展

废弃矿山不仅造成土地资源的浪费，还存在滑坡、崩塌、泥石流等地质灾害隐患，威胁人民群众生命财产安全。能源化矿山生态修复模式的应用不仅解决了废弃矿山的占地且无人治理经营的难题，矿山生态修复项目的建设和运行还对拉动内需、保证当地经济增长有着重要的推动作用。此外，矿山生态修复项目的实施有利于提高民众对矿山生态修复的认识和环保意识，促进社会稳定、民族团结和经济发展。

4.3　能源化矿山生态修复模式产业前景

能源化矿山生态修复模式建立了生物质能、光能、风能、储能、地热能等多能互补的可再生能源系统，推进能源结构优化，促进了生物质能发电产业、生物质燃料产业、光伏发电产业、风力发电产业、地热能产业、储能产业、林下养殖产业、循环经济产业及生态旅游产业等产业的发展，各行业拥有良好的发展前景。

4.3.1　生物质能发电产业

矿山废弃地种植能源林，发展可再生能源项目，从而打造生物质能发电产业。生物质能发电技术的开发和应用，已经引起世界各国政府和科学家的关注，许多国家都制订了相应的计划，将生物质能发电技术作为21世纪发展可再生能源战略的重点。

1. 生物质能发电实现绿色环保

以竹柳为例，能源植物竹柳的平均含硫量仅有千分之一，而煤的平均含硫量则高达约千分之十，此外，相较于煤、石油等传统能源，能源植物燃烧时产生的氮氧化物较少，除尘后的烟气不用经过脱硫便可直接排入大气中，具有节能环保的优势。目前，生物质能发电受到国家政策的支持，可以享受国家一些相关的电价政策补贴。生物质燃料不仅需求量大，而且收购价格相对稳定，发电需要的生物质植物能够恢复生态环境，创造生态效益，在实现绿色环保的同时，能够带来较高的经济效益和社会效益。

2. 生物质能发电构建了绿色能源产业链

不同的能源植物热量各有区别，我国规定每千克标准煤的热值为 7000kcal（1kcal≈4.1868kJ），经实际测试发现，每千克竹柳的热值约为 18836kJ，相当于标准煤的 64%。使用能源植物发电，可以降低煤炭消耗，实现节能减排的目标。生物质能发电废弃物的灰渣含有丰富的营养成分，如钾、镁、磷、钙等，可用作高效农业肥料，改善和保护土壤结构，提高作物的产量。

3. 生物质能发电促进循环经济的发展

近年来在可再生能源开发利用领域引入了循环经济理念，它是一种把清洁生产和废弃物的综合利用融为一体的生态经济理念，根据生态循环再利用、再生产的循环链的原理，生物质能发电使经济、生态、社会趋于统一。随着国民经济的高速发展和城乡人民生活水平的不断提高，生物质能发电产业的发展前景将会越来越广阔。

4.3.2　生物质燃料产业

1. 生物质燃料实现绿色环保

利用生物质可制备沼气等气体燃料、乙醇及柴油等液体燃料以及成型固体燃料。生物质燃料属于可再生能源，是一种较好的煤炭替代材料，也是我国一个新兴的产业。生物质燃料发热量大，燃料纯度较高，燃料清洁卫生，不含有磷、硫，燃烧后的灰尘及排放指标比煤炭低，可实现二氧化碳和二氧化硫的减排，减轻温室效应，有效地保护生态环境。燃烧后的灰烬是品位极高的优质有机钾肥，是大自然恩赐的可再生能源。

2. 生物质燃料是可再生能源的发展方向

根据统计数据预测，全球的地下煤炭、石油、天然气的储存量按照目前的使用速度计算来看，只能够用 60 年左右。根据联合国粮食及农业组织（Food and Agriculture Organization of the United Nations，FAO）在 2000 年的报道，预计到 2050 年前后，生物质发电及其他高品位能源利用率要占总体可再生能源利用率的 40%左右，可见生物质燃料是未来全球可再生能源发展的主要方向。目前我国已经制定了生物质能源中长期发展目标，生物质成型燃料技术的应用找到了可以发挥的市场（李保谦等，2009），该研究技术领域得到了广泛的应用与实践推广。

4.3.3　光伏发电产业

1. 光伏发电绿色环保

太阳能资源分布广泛且取之不尽、用之不竭。光伏发电过程简单，没有机械传动部件，不消耗燃料，不排放包括温室气体在内的任何物质，无污染、无噪声，对环境友好，不会遭受能源危机或燃料市场不稳定而造成的冲击，是真正绿色环保的新型可再生能源。

2. 光伏并网发电成为能源主体

目前太阳能光伏并网发电的应用，通常是通过建立集中式大型并网光伏电站及一些分散式小型并网光伏系统来实现光网光伏发电，但由于大型并网电站的建设不仅周期较长，而且投资较大，并不是一朝一夕可以实现的，而利用光伏建筑一体化发电系统，不仅投资小，而且不需要占有多大的面积，建设周期较短，所以已成为当前光伏发电的主流趋势。近年来，我国太阳能光伏发电行业得以快速发展，无论是太阳能电池的产量还是太阳能光伏发电装机容量都得以不断增加。

3. 解决中西部无电地区能源问题

我国中西部地区气候的显著特征是日照时间长且干旱少雨，利用中西部区域这一特点发展光伏发电行业，具有得天独厚的条件。若将光伏电池与中西部城市和农村的建筑相结合，实行光伏并网发电，不但达到绿色环保的目的，而且会逐步改变我国传统能源结构，对克服我国中西部能源紧张、经济落后问题，对改善中西部生态环境及人体健康具有重大意义。

4. 分布式光伏发电和光伏建筑一体化

分布式光伏发电和光伏建筑一体化将是我国未来光伏产业的重要发展方向。由此，光伏产业可能从高端市场向下游市场延伸，专业从事诸如太阳能照明或者屋顶太阳能的企业可能得到大力发展。光伏企业需要更加重视相关技术的开发与研究，比如光伏并网电路的拓扑结构、分布式光伏发电系统的能量管理，以及系统的显示和远程监控等，同时也应该提供安装维护等增值服务。

4.3.4 风力发电产业

1. 实现绿色环保

风能是一种清洁、可再生能源，它取之不尽、用之不竭、就地可取、不需运输、分布广泛、分散使用、不污染环境、不破坏生态。对于缺水、缺燃料和交通不便的沿海岛屿、草原牧区、山区和高原地带，可因地制宜地利用风力发电，取代煤及石油等化石能源的燃烧，实现绿色环保无污染。在矿山废弃地中建设中小型风力发电系统，对于开发我国风力资源，促进节能减排，解决分布式电源接入配电网的稳定性问题具有重要意义（徐坊降，2011）。

2. 刺激经济增长

风电不仅在能源安全和能源供应方面发挥其独特的优势，也在经济增长、大气污染防治和温室气体减排中扮演了重要的角色。美国、德国、法国、丹麦等发达国家都对发展风能投入了高度的关注，积极出台并实施促进风电发展的相关政策和措施，极大地推动了世界风电产业的发展。世界风电行业不但已经成为世界能源市场的重要成员，并且在刺激经济增长和创造就业机会中发挥着越来越为重要的作用。

3. 解决边远地区用电难的问题

由于用电运输成本、运输距离和经济发展的局限，许多边远地区存在用电困难的问题，利用边远地区地广人稀的特点发展风力发电，随发随用，可以有效解决边远地区的用电问题。风力发电具有模式多变、方式多样化的特点，在使用过程中既可以并网运行，也可以和其他能源如光伏发电机组形成互补的发电系统，同时还可以独立运行，这种优势互补的发电方式对于解决边远地区的用电问题提供了现实可行性。

4.3.5　地热能产业

1. 地热能发电

地热能是一种可再生资源,其分布比较广泛且蕴藏量丰富,利用地热能发电,企业建造地热厂时间短且容易。地热能发电的成本要低于火力发电、水力发电、核电,设备投资费用相对偏低,也不会受到季节因素和降水因素的影响,稳定性高,对环境的污染小,很适合于地热资源丰富的区域。地热能发电绿色环保,有强劲的发展前景。

2. 地热能供暖

利用地热能供暖虽说前期需要投入一定的费用,但是整体算下来,成本不及燃气供暖的 1/4,我国北方很多地区已经采用地热能供暖,能够做到污染少,还可以用于工厂供热,也可以作为纺织、木材、造纸、制糖、酿酒的热源,有良好的社会效益与经济效益。

3. 促进节能减排

地热能是各国节能减排、调整能源利用结构的重要选择。中深层地热资源潜力巨大,开发利用地热能对节能减排具有重要的现实意义。据统计,我国 287 个地级以上城市浅层地热能资源量相当于 95 亿 t 标准煤。每年浅层地热能可利用资源量相当于 3.56 亿 t 标准煤。扣除开发消耗电量,每年节能折合标准煤 2.48 亿 t,减少二氧化碳排放 6.52 亿 t。我国大陆 3000～10000m 深处干热岩资源总计相当于 860 万亿 t 标准煤,若能采出 2%,相当于我国 2010 年全国一次性能耗总量的 5300 倍。汪集旸院士表示,"地热能源的平均利用率高达 73%,在节能减排的大背景下,地热是最具现实意义的能源"(齐鲁生,2013)。

4. 应用前景广阔

在造纸、印染、纺织、蔬菜脱水、制革等方面,地热能的应用范围十分广泛。使用地热能源进行印染着色率高、弹性与手感好,节约了生产过程中的水体软化费用,降低了生产成本。同时,可以使用地热资源进行洗涤、染色与烘干,不仅可以有效简化原有的工艺,保障产品质量,还有效节约了电力与煤炭资源的消耗,减少了化石能源的消耗。此外,可以利用地热能进行地热温室的建设,用于蔬菜与瓜果的种植,与此同时,也可以利用地热大力发展养殖业,培养菌种,以及养殖非洲鲫鱼、鳗鱼、罗非鱼、罗氏沼虾等。在医疗保健领域,地热水中含有丰富的微量元素，这些微量元素有一定的医疗效用，例如，富含铁质的地热水能够治疗缺铁性贫血，富含碳酸的地热水能够调节人体内的酸碱平衡，富含硫的地热水能够治疗关节炎、皮肤病以及神经衰弱。

4.3.6　储能产业

1. 改善供电质量

太阳能、风能等受天气等自然因素的影响，输出电能具有随机性，而储能可以平抑脉冲功率波动，改善供电质量，不影响生活，提升社会效益与经济效益。在系统和微电网分离的时候，微电网的运行为孤岛模式，这时，微电网电源会对负荷的供电任务进行独立承担。由光伏电源构成的微电网，其储能系统将在负载情况中起作用，提升供电的稳定性和安全性。电力调峰的目标是将峰电时段大功率负荷的集中需求减少，进而减轻电网的负荷压力。在光伏并网发电系统中应用储能技术可以依据实际的需求做出改变，在负荷低谷的时候将系统所发出的电能进行储存，在负荷高峰的时候将所储存的电能进行释放，这部分电能属于负荷供电。

2. 保障用电安全

利用合理的逆变控制措施，储能技术让光伏并网发电系统可以对调整相角、有源滤波及电等进行控制。储能技术在光伏并网发电系统中可以为用户提供良好的断电保护功能，当正常的电力供应无法提供给用户的时候，光伏系统可以在紧急情况下为用户供给电能，而在电力系统自身发生故障或者用户用电存在危险的时候，光伏并网系统会选择自动断电，并将断电之后所发出的电能进行自动储存，从而保障用户的用电安全。

3. 提升经济效益

在电网快速发展和新能源大规模开发的趋势下，各国已经逐步开展未来 10～20 年含储能的电网规划研究，并对各类储能技术进行深入评估和示范验证。随着技术的逐渐成熟，各国开始大力推动储能技术在智能电网中的应用和发展，很多国家将储能部署为提供快速响应的辅助服务市场产品，且大部分电网公司乐意购买由储能系统提供的辅助服务。可见储能技术的应用可以为辅助服务市场带来新一轮的资本竞争。

4.3.7　其他产业

能源化的矿山生态修复模式是一种利用矿山废弃地建设以生物质能发电、光伏发电为主，风电、储能、地热能为辅的多能互补的可再生能源系统模式。除发展各能源产业外，也衍生出一些其他相关产业，这些产业的发展为矿山生态修复领域提供多种发展方向。

1. 林下养殖产业

矿山废弃地种植能源林，在能源林中放养鸡鸭鹅等家禽，实行种植养殖相结合的生态农业，可以大力发展林下经济产业。种植的能源树可以为鸡鸭鹅等家禽提供阴凉、富含氧离子的宜居生长环境，同时，家禽可以在树下吃虫吃草，补充养分，所产生的粪便直接还田，又可以培肥地力，真正实现了健康养殖、创收增效的目的。

2. 循环经济产业

生物质制备沼气过程中排放出大量的沼液沼渣，将废弃的沼液沼渣再加工制作成有机肥料，可以作为营养成分代替化肥重新供给能源林，形成了高效、高值化的循环利用。此外，林下养殖中产生了大量的畜禽粪便，畜禽粪便中含有大量有机质及矿物质元素，直接还田或经过堆肥发酵制成肥料还田后，能起到比化肥更好的作用效果。畜禽粪便可以直接施用、沼气化利用和饲料化再利用，由此形成一个循环模式。

3. 生态旅游产业

能源化矿山废弃地的修复，在原有废弃尾矿库、排土场种植了大量的能源林，在能源林下进行生态养殖，发展林下经济，原有采矿区进行安全隐患消除后建立光伏发电系统，风电系统、储能、地热能系统也随之建立。这种标准化的生产模式、特色项目的开发、新能源技术的示范，能够吸引游客前来观光游览。生态修复后的矿山利用采矿过程中遗留下来的采矿设施、矿井、矿洞等资源，通过土壤修复、边坡绿化、喷混植生、矿山景观处理等措施，达到体验环境氛围、参与体验矿山活动、矿山观光及科普教育的建设目标。采矿设施着重强调的特色景观，烘托环境氛围；矿井体验可使人直接参与活动，是一般旅游区无法克隆的旅游活动；矿洞可开发进行观光，不同于任何旅游区青山碧水，具有独特的景观；矿山旅游能给游客切身实际的科普教育，效果明显。打造矿山文化体验旅游，可以带动区域生态旅游产业的发展。

4.4　本章小结

　　本章所介绍的能源化矿山生态修复模式是一种利用矿山废弃地建设多能互补的可再生能源系统的方法，在优化修复后的矿山废弃地再利用的同时，实现了土地利用价值最大化，建立了生物质能、光能、风能、储能、地热能等多能互补的可再生能源系统，实现无废弃、零污染的绿色生态修复模式。同时，能源化矿山生态修复模式的建立具有良好的生态效益、经济效益和社会效益。在生态效益方面，矿山生态修复利用生物质能、太阳能、风能、地热能、储能等新能源打造一系列产业，代替煤、石油等化石燃料，节约了资源，在减少区域环境污染、提高固碳释氧能力、提高土地利用率、调节区域小气候、增加生物蓄积量、优化空气质量及改善土壤肥力等几个方面作出了贡献。在经济效益方面，能源化矿山生态修复模式具有产业链长、带动力强的特点，可同时带动第一、二、三产业的发展。生物质发电、光伏发电、风力发电增加了发电行业的收益。此外，能源林的种植及生物质燃料的生产在经济上增加了 CDM 减排收益。在社会效益方面，一系列新兴产业的开发建设提供了大量的就业岗位，经济上的收入及周边环境的改善提高了居民的生活质量，带动就业破解了我国农村劳动力面临断层的严峻社会问题，加快城镇化进程，促进社会稳步发展。

参 考 文 献

陈世杰, 2014. 森林抚育对森林生态系统的影响[J]. 北京农业(27): 210.

陈温福, 张伟明, 孟军, 等, 2011. 生物炭应用技术研究[J]. 中国工程科学, 13(2): 83-89.

刁少波, 业渝光, 张剑, 等, 2005. 时域反射技术在地学研究中的应用[J]. 岩矿测试(3): 205-211, 216.

符文超, 田昆, 肖德荣, 等, 2014. 滇西北高原入湖河口退化湿地生态修复效益分析[J]. 生态学报, 34(9): 2187-2194.

高瑞芳, 张建国, 2013. 能源草研究进展[J]. 草原与草坪, 33(1): 89-96.

郭敬兰, 党立, 张姗姗, 等, 2017. 竹柳产业发展现状及未来前景[J]. 中国林业产业(3): 316-318.

国家可再生能源中心, 2016. 中国可再生能源产业发展报告: 2016[M]. 北京: 中国经济出版社.

韩顺行, 刘广斌, 2015. 风能发电项目经济效益分析[J]. 中国经贸(11): 120-121.

黄琦, 2014. 我国矿业资源枯竭型城市发展问题研究[J]. 城市地理(14): 84-85.

姜云, 周志宇, 鞠维国, 2005. 煤炭城市采空区土地开发利用潜力评估初探[J]. 中国矿业, 14(5): 42-45.

焦瑞莲, 2011. 沼液沼渣的综合利用技术[J]. 节能与环保(3): 70-71.

经济参考报. 2015 年我国新能源行业政策及发展前景分析[EB/OL]. (2015-06-08)[2024-07-30]. http://www.chinabgao.
　　com/freereport/66909.html.

李保谦, 牛振华, 张百良, 2009. 生物质成型燃料技术的现状与前景分析[J]. 农业工程技术(新能源产业)(5): 31-33.

李红云, 杨吉华, 夏江宝, 等, 2004. 济南市南部山区森林涵养水源功能的价值评价[J]. 水土保持学报, 18(1): 89-92.

李兰, 2000. 露天煤矿闭坑时期地质灾害及环境影响研究[J]. 中国地质灾害与防治学报(2): 97-99.

李勇, 2017. 风能资源利用效率评价研究[D]. 吉林: 东北电力大学.

另青艳, 何亮, 周志翔, 等, 2013. 林下经济模式及其产业发展对策[J]. 湖北林业科技(1): 38-43.

刘敦文, 2001. 地下岩体工程灾害隐患雷达探测与控制研究[D]. 长沙: 中南大学.

刘汉民, 2016. 张北风光储的价值[J]. 能源评论(8): 39-41.

罗艳, 刘梅, 2007. 开发木本油料植物作为生物柴油原料的研究[J]. 中国生物工程杂志, 27(7): 68-74.

牟初夫, 王礼茂, 屈秋实, 等, 2017. 主要新能源发电替代减排的研究综述[J]. 资源科学, 39(12): 2323-2334.

派特, 2009. 风能与太阳能发电系统[M]. 姜齐荣, 张春朋, 李虹, 译. 北京: 机械工业出版社.

潘叶, 张燕, 2016. 矿山废弃地生态修复效益评价研究[J]. 中国水土保持(5): 61-65.

彭恒, 张林, 2022. "双碳"背景下电力源网荷储一体化和多能互补项目开发模式分析[J]. 中国工程咨询(12): 98-101.

齐鲁生. 中国地热能源[EB/OL]. (2013-02-15)[2024-07-30]. http://www.360doc.com/content/13/0215/17/5629470_
    265776152.shtml.

郇少涛, 2008. 淳安县生态公益林的环境效益研究[D]. 南京: 南京林业大学.

秦翠兰, 王磊元, 刘飞, 等, 2015. 畜禽粪便生物质资源利用的现状与展望[J]. 农机化研究, 37(6): 234-238.

全师渺, 郜凤明, 王娇月, 等, 2019. 在矿山废弃地上发展可再生能源的潜力: 以辽宁省为例[J]. 应用生态学报,
    30(8): 2803-2812.

沈忠明, 2012. 林下养殖模式及实践形式研究[J]. 江苏农业科学, 40(2): 339-341.

生物质燃料圈. 生物质发电的优点和将要面临的问题[EB/OL]. (2017-04-20)[2017-03-01]. http://news.bjx.com.cn/
    html/20170420/821336. shtml.

石化人才网. 生物质发电能源林概述[EB/OL]. (2016-07-14)[2024-07-30]. http://www.nengyuanlin.com/sf_B38B8FD
    71AB745CCA65B11C7DF857158_244_C26DACB6163. html.

孙胜利, 杨定超, 2010. 探地雷达在煤矿巷道掘进探测岩溶中的应用[J]. 矿业安全与环保, 37(3): 79-80, 87.

谭芙蓉, 吴波, 代立春, 等, 2014. 纤维素类草本能源植物的研究现状[J]. 应用与环境生物学报, 20(1): 162-168.

田琳琳, 赵宁, 武从海, 等, 2013. 复杂地形风电场的机组布局优化[J]. 南京航空航天大学学报, 45(4): 503-509.

王光辉, 2017. 风电光伏联合系统光伏发电规划方法[J]. 黑龙江科技信息(4): 134-136.

王桂林, 张望成, 宋可实, 等, 2015. 基于可拓学的采煤塌陷区土地复垦适宜性评价[J]. 地下空间与工程学报,
    11(1): 222-228.

王晶晶, 2014. 磷矿山废弃地生态修复的生态效益评价[D]. 武汉: 武汉工程大学.

吴创之, 刘华财, 阴秀丽, 2013. 生物质气化技术发展分析[J]. 燃料化学学报, 41(7): 798-804.

吴楠, 2013. 浅谈当前环境下生态修复的必要性[J]. 绿色科技(3): 155-156.

谢丹, 鞠健, 于苗苗, 等, 2013. 光伏电池阵列布置模式的探讨[J]. 太阳能(23): 28-31.

新华社. 浙江长兴: 废弃矿山建起光伏发电站[EB/OL]. (2017-01-06)[2024-07-30]. https://app.xinhuanet.com/news/
    article.html?articleId=627697c539384abfffa8971020e7c1f0.

徐坊降, 2011. 中小型风力发电系统设计与并网研究[D]. 济南: 山东大学.

徐婷婷, 2015. 基于碳源碳汇分布的城市空间低碳布局优化研究[D]. 沈阳: 沈阳建筑大学.

鄢家俊, 白史且, 梁绪振, 等, 2009. 生物质能源潜力植物: 斑茅种质资源考察与收集[J]. 草业与畜牧(3): 29-31.

阎立峰, 朱清时, 2004. 以生物质为原材料的化学化工[J]. 化工学报, 55(12): 1938-1943.

喻阳华, 杨苏茂, 2016. 森林固碳释氧研究进展[J]. 环保科技, 22(3): 51-54.

袁振宏, 雷廷宙, 庄新姝, 等, 2017. 我国生物质能研究现状及未来发展趋势分析[J]. 太阳能(2): 12-19, 28.

袁振宏, 罗文, 吕鹏梅, 等, 2009. 生物质能产业现状及发展前景[J]. 化工进展, 28(10): 1687-1692.

张翠丽, 卜东升, 曹琦, 2014. 沼液沼渣改良盐碱土试验初报[J]. 塔里木大学学报, 26(1): 114-118.

张亚娟, 2014. 中小型风力发电系统设计与并网分析[D]. 北京: 华北电力大学.

赵贵玉, 齐艳玲, 吕洋, 2017. 农作物秸秆发电经济效益分析[J]. 农学学报, 7(3): 86-90.

浙江日报. 废弃石矿变身光伏发电场[EB/OL]. (2016-06-22)[2024-07-30]. http://zjrb.zjol.com.cn/html/2016-06/22/content_2981953.htm.

中电云商光伏易. 关于太阳能光伏电站的主要优势分析[EB/OL]. (2016-11-28)[2024-07-30]. http://guangfu.bjx.com.cn/news/20161128/792237.shtml.

中国煤炭资源网. 安徽省最大废弃矿山光伏发电站成功并网发电[EB/OL]. (2017-02-28)[2024-07-30]. http://www.sxcoal.com/news/4552049/info.

中国能源报. 安徽最大废弃矿山光伏发电站成功并网发电[EB/OL]. (2017-02-08)[2024-07-30]. http://guangfu.bjx.com.cn/news/20170208/807075. shtml?txxxbs=sogou.

周湘山, 2012. 四川省洪雅县退耕还林工程生态效益评价研究[D]. 北京: 北京林业大学.

周媛, 郑丽凤, 周新年, 等, 2018. 基于采伐剩余物的生物质固体燃料生态效益分析[J]. 森林工程, 34(1): 24-29, 40.

Ayotte K W, Hughes D E, 2004. Observations of boundary-layer wind-tunnel flow over isolated ridges of varying steepness and roughness[J]. Boundary-Layer Meteorology, 112(3): 525-556.

Bozell J J, Moens L, Elliott D C, et al., 2000. Production of levulinic acid and use as a platform chemical for derived products[J]. Conservation and Recycling, 28(3-4): 227-239.

Canbing L, Lina H, Yijia C, et al., 2014. Carbon emission reduction potential of rural energy in China[J]. Renewable and Sustainable Energy Reviews, 29: 254-262.

Chen G, Andries J, Spliethoff H, 2003. Catalytic pyrolysis of biomass for hydrogen rich fuel gas production[J]. Energy Conversion Management, 44(14): 2289-2296.

Choi C H, Mathews A P, 1996. Two-step acid hydrolysis process kinetics in the saccharification of low-grade biomass: 1. Experimental studies on the formation and degradation of sugars[J]. Bioresource Technology, 58(2): 101-106.

Czernik S, Bridgwater A V, 2004. Overview of applications of biomass fast pyrolysis oil[J]. Energy & Fuels, 18(2): 590-598.

Doljak D, Popović D, Kuzmanović D, 2017. Photovoltaic potential of the City of Požarevac[J]. Renewable and Sustainable Energy Reviews, 73: 460-467.

Dong Y, Steinberg M, 1997. Hynol: An economical process for methanol production from biomass and natural gas with reduced CO_2 emission[J]. International Journal of Hydrogen Energy, 22(10-11): 971-977.

Eroglu I, Aslan K, Gunduz U, et al., 1999. Substrate consumption rates for hydrogen production by rhodobacter sphaeroides in a column photobioreactor[J]. Journal of Biotechnology, 70(1-3): 103-113.

Iwasaki W, 2003. A consideration of power density and hydrogen production and utilization technologies[J]. International Journal of Hydrogen Energy, 28(12): 1325-1332.

Koehler J A, Brune B J, Chen T H, et al., 2000. Potential approach for fractionating oxygenated aromatic compounds from renewable resources[J]. Industrial and Engineering Chemistry Research, 39(9): 3347-3355.

Li J J, Zhuang X, Pat D, et al., 2001. Biomass energy in China and Its potential[J]. Energy for Sustainable Develop, 5(4): 66-80.

Mitchell C P, Stevens E A, Watters M P, 1999. Short-rotation forestry-operations, productivity and costs based on experience gained in the UK[J]. Forest Ecology and Management, 121(1-2): 123-136.

Palma J M L M, Castro F A, Ribeiroc L F, et al., 2008. Linear and nonlinear models in wind resource assessment and wind turbine micro-sitting in complex terrain[J]. Journal of Wind Engineering and Industrial Aerodynamics, 96(12): 2308-2326.

Pellis A, Layreysens I, Ceulemans R, 2004. Growth and production of a short rotation coppice culture of poplar I . Clonal differences in leaf characteristics in relation to biomass production[J]. Biomass and Bioenergy, 27: 9-19.

Rapagna S, Jand N, Foscolo P U, 1998. Catalytic gasification of biomass to produce hydrogen rich gas[J]. International Journal of Hydrogen Energy, 23(7): 551-557.

Seri K, Sakaki T, Shibata M, et al., 2002. Lanthanum(III)-catalyzed degradation of cellulose at 250℃[J]. Bioresource Technology, 81(3): 257-260.

Sims R E H, Maiava T G, Bullock B T, 2001. Short rotation coppice tree species selection for woody biomass production in New Zealand[J]. Biomass and Bioenergy, 20: 329-335.

第5章 资源化与能源化耦合的矿山生态修复

矿山资源开采后，矿区出现了一系列亟待解决的环境、社会和经济问题，如矿区环境污染严重、经济逐渐衰退、农民收入低，加上闭矿后的矿山生态系统脆弱化和产业结构空心化，必须进行矿山生态修复和产业结构调整。资源化矿山生态修复模式和能源化矿山生态修复模式之间存在着很大的耦合性。资源化矿山生态修复模式是将矿产废弃物进行有效利用，生产出的资源化产品一部分进入市场，盘活矿产资源，另一部分直接投入到矿山生态修复过程中，达到矿山生态环境恢复、矿山资源循环利用的目的。能源化生态修复模式是将废弃资源使用后遗留的矿山废弃地进行能源化开发利用，建设光伏发电、风力发电、生物质发电和储能等清洁能源开发利用工程，打造矿山源网荷储一体化电力系统，构建矿山低碳产业体系，延伸原有产业链条，创新矿山新型产业形态，实现区域产业转型及矿山的可持续发展。将资源化与能源化矿山生态修复模式进行有机结合，能够实现废弃资源的循环利用和土地资源的价值化利用，促进矿山循环化、低碳化、绿色化、可持续发展。

5.1 资源化与能源化耦合的矿山生态修复模式

5.1.1 资源化与能源化耦合的矿山生态修复模式构建

该模式采用资源化利用技术将矿产废弃物重新利用，用来生产矿山生态修复和可再生能源产业建设所需的建材产品、矿物化肥和种植土等。经过废弃物消除、土地整理后的矿山废弃地可因地制宜发展生物质能、太阳能、风能等可再生能源产业。具体包括：通过种植固氮能源作物进行土壤改良；利用林下空间发展畜禽养殖产业；利用农林废弃物和畜禽粪便等用来制备沼气；利用区域内一定城市污泥、秸秆及畜禽粪便生产有机肥；将能源作物和光伏板结合，发展"光伏+"模式，打造优势互补的产业集群，实现产业间成本优化与经济循环。通过工业、林业、农业与可再生能源产业相结合，最终实现矿山废弃资源循环利用，形成完整闭环的矿山循环产业链，达到矿山产业循环发展、低碳发展、绿色发展的最终目的。耦合模式技术路线如图 5-1 所示。

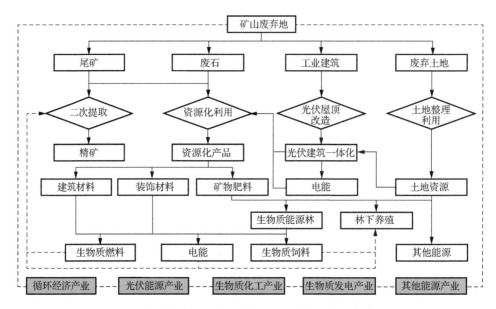

图 5-1　资源化与能源化耦合的矿山生态修复模式技术路线

　　废弃矿山的尾矿资源和废石资源作为资源化矿山生态修复的原材料，利用资源化技术，可以生产精矿和资源化产品。废弃土地经过简单的地形整理为生物质能源产业提供原材料和场地。生物质能源作物种植过程中可以有效吸收矿山废弃地土壤中的有害物质，改善土壤的状况。资源化产品用于矿山恢复工程和生物质能源相关产业建设，生物质能源产业可以为资源化产品的生产提供能源供给，两种产业相辅相成，相互联系，构成资源化矿山生态修复与矿山能源化利用相耦合的新型矿山修复模式。该模式可以有效地解决传统矿山存在的弊端，在缓解矿山修复资金压力的同时，促进区域矿山经济转型，发展循环经济产业、生态经济产业和低碳经济产业。

5.1.2　资源化与能源化矿山生态修复的耦合类型

　　资源化与能源化矿山生态修复耦合模式在实现生态效益的同时，能够对区域的产业与经济发展起到至关重要的作用。耦合模式的建立主要体现在矿山新型产业的耦合、能源化与资源化利用技术的耦合，以及循环经济和低碳经济的耦合三个方面。

1. 产业耦合

　　产业耦合是一群相关产业在经济效益、生态效益和社会效益的驱使下，打破行业之间的界限，充分发现、引进和利用不同产业之间的横向耦合、纵向耦合、上下衔接、协同共生关系（胡国平，2009），建立一个物质与能量多层利用、良性循环且转化效率高，经济效益与生态效益共赢，具有特殊功能的更高一级的链网式产业的过程。相较于简单的串联耦合方式，并联耦合方式更能达到最优的结果，使各种产业之间通过合作把价值创造过程分解为一系列相互关联的部分，其中各个部分的经验管理活动之间相互影响，共同决定着整个产业链的收益。单个产业不可能在所有环节中占有绝对优势，相反如果其中一个产业运行所产出的价值要远远低于其在整个产业链中的贡献，各个产业在各自优势的环节部位展开合作，达到互利共进的效果。过程中还要与当地政府合作，尽可能消除耦合系统内部、外部的污染物，实现废物无害化、减量化和资源化，变污染负效应为资源正效应。在各个产业由政府、企业、消费者组成的外部系统之间形成联系网络，通过建立合作关系并以可持续发展的方式来管理能源、资源。产业耦合系统的创新之处在于它能够把不同产业的运行集中到一起形成一个整体的循环系统，实现产业的循环经济化和低碳经济化。

　　资源化矿山修复的产业涵盖矿业废弃地破坏和污染程度的监测、预测及风险评估，矿山修复相关规划设计，矿山修复的工程实施，矿山固体废弃物再利用，矿山生态景观重塑等领域，涉及监测、预测及风险评估技术的研发及应用，矿山修复（边坡治理、尾矿库治理、土壤修复、矿山水资源修复、固体废弃物资源再利用等）技术的研发及应用，以及矿山生态景观重塑及矿山土地再规划利用设计等方面。能源化利用相关产业是以利用生物质能源为主发展的各类行业，包括生物质发电、生物质制备燃气（生物天然气）、生物质制备液体燃料如生物柴油、燃料乙醇）、生物质固体燃料，生物质生产生物化学品和生物材料、生产肥料、生产牲畜饲料等，以及光伏、风能等其他可再生能源的利用。

　　资源化矿山生态修复模式相关产业与能源化矿山生态修复模式相关产业之间相互联系、相互依托。通过资源化模式修复后的矿山土地为矿山能源化利用产业发展提供了充足的土地资源，资源化矿山修复中固体废弃物再利用生产的各种绿色建材为矿山能源化利用产业的生产基地提供建设用材。资源化矿山生态修复的主要产业包含矿产废弃物生产建材产品、利用有机垃圾生产堆肥产品、矿山废弃地土地整理及修复、循环中间产品制备 4 部分，在矿山废弃地中生物质能源的利用主要包括生物质碳化和气化两种方式，从而实现生物质发电。能源化矿山生态修复产业（如风光发电、生物质发电、生物质燃料）可以为资源化矿山修复产业提供能源支持，能源化矿山生态修复产业（如生产电能、肥料等）可为资源化矿山修复产业（矿山修复的工程修复——土壤修复）提供修复原料支持。产业之间相互关联，互相利用，同时外部通过政府支持、企业合作和消费者的市场化最终形成耦合的产业系统。资源化与能源化耦合的矿山生态修复模式的构成如图 5-2 所示。

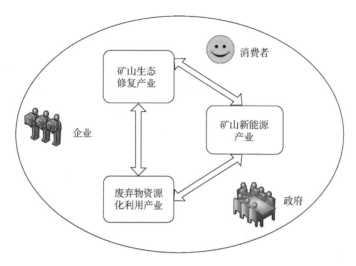

图 5-2　资源化与能源化耦合的矿山生态修复模式的构成示意图

2. 技术耦合

基于产业耦合的基础，不同产业之间技术上也有所对接。资源化矿山生态修复模式的相关技术主要是指根据矿区不同的破坏特征、不同的自然条件采取相应的工程技术，主要包括生态破坏的工程修复技术、环境污染的修复技术和矿山固体废弃物的循环经济技术。污染的修复主要是通过植被吸收技术、土壤改良技术等实现。矿山固体废弃物的循环经济技术主要包括尾矿再选提取技术、尾矿制备建材技术、尾矿制备矿物肥料和种植土技术、尾矿制备化工产品技术等。能源化矿山生态修复模式的相关技术包含光伏开发技术、风电开发技术、生物质燃烧技术、生物质气化技术、生物质热解技术、生物乙醇制备技术、生物柴油制备技术、有机固体废弃物能源利用技术、电化学储能技术、全钒液流电池储能技术、飞轮储能技术、相变储能技术、抽水蓄能技术等。为了有效实现产业之间的耦合，资源化矿山生态修复相关技术应用与能源化利用相关技术进行对接，保证产业之间的衔接，形成上下游产业连接的产业网络。如用于污染消除的植物种植技术需与对矿山能源化利用的制备产品技术相衔接，保障产业耦合的顺利实施。

3. 循环经济和低碳经济耦合

经济耦合是经济体之间在贸易结构、投资结构、人员往来结构、技术结构、制度结构等方面经过内嵌、同化、正回馈、互补均衡及状态锁定等阶段沿自由贸易、市场有序方向演化而形成稳定性结构的动态过程。在耦合过程中建立将资源、技术、产业等各类因素相互连接的一种纽带，使得资源得到价值最大化利用，实现产业共生。资源化矿山生态修复模式的产品流入市场中面临着巨大的竞争压力，由于矿山废弃地远离城市，产品从生产地到市场中的运输费用巨大，无形中进一步增加了产品成本。如果直接将相关产品运用到矿山能源化生态修复产业的建设中，则大大降低了产品的成本。矿山能源化生态修复产业中生产的相关能源可以直接作为矿山资源化生态修复产业中的产品行业的能源来源，在矿山废弃地内实现产业和经济的循环，对比单一产业经济利润梯级增加。

5.1.3　资源化与能源化耦合的矿山生态修复模式特点

1. 能源植物用于生态修复

生态能源林的涵养水源、保持水土、防风固沙、抵御灾害、吸尘杀菌、净化空气、保护物种、保存基因、固碳释氧等多种生态功能，能够有力缓解区域生态破坏和环境污染，积极响应了国家生物多样性保护等一系列生态环境保护的号召。在矿山废弃地中大面积种植能源林，能够对本区域的小气候产生良好的环境影响。大面积种植能源林使矿山废弃地形成大片的植被覆盖，大幅度提高矿区的生物量。能源林地的枯枝败叶、种子、芽、树皮等残落物、死地被物、动物尸体及林下畜禽养殖产生的畜禽粪便能够分解成肥力很高的腐殖质，提高土壤的肥力及林地生产力，从而促进矿区森林生态系统的发展。能源植物的种植在修复矿区生态环境的同时，对能源林加以利用，能够形成矿区新的经济增长点。

2. 矿产废弃物与新型资源完全利用

矿山生态修复过程中产生的废弃物主要有以下几种：一是采矿结束矿山废弃之后被遗留在废弃地中的尾矿、废石和废水等矿产废弃物；二是在矿山废弃地中进行禽畜养殖、渔业等产生的动物排泄废弃物；三是种植能源作物产生的枝叶、木料等废弃物。耦合模式中可以将这三类废弃物进行完全消化利用，利用尾矿和废石制备新型混凝土、免烧砖等建筑材料，用于材料加工、养殖厂房和储能场所的建设；利用畜禽粪便进行沼气发酵，生产有机肥用于能源作物的生长；利用林木材料进行发电，用于加工、养殖厂区能源供应，获得额外经济收益，真正实现矿山的零污染修复。

3. 矿山用地的多维空间利用

将采矿作业后产生的尾矿、废石、废水等矿产废弃物综合利用后，闲置用地可以继续进行开发利用。在闲置土地上实施新能源及其配套产业的开发，如风电、光伏、生物质发电、抽水蓄能、多类型储能等新能源产业，以及生态修复植物和经济作物的种植、家禽家畜的养殖、昆虫养殖等，实现矿山用地的多维空间利用。在矿山土地上打造"风电/光伏+乔/灌木+草+动物+昆虫"的空间利用模式，最大化发挥土地垂直空间的利用价值。根据实际用地情况与产业发展需求，有针对性地选取不同类型的对象进行排列组合，实现矿山废弃地的最大化利用，以及矿山的循环化发展。

4. 矿山生态修复产业的多元发展

传统的矿山生态修复仅仅针对土壤和环境进行修复治理，并未进一步产业化开发。资源化与能源化耦合模式的建立可以在原有产业的基础上，实现矿山生态修复衍生产业的多元发展。在废弃矿产资源的综合利用、矿山废弃地的能源化开发利用和资源循环利用等模式应用后，将衍生出多种类型的矿山生态修复产业，如矿山固体废弃物综合利用产业、循环经济产业、新能源开发产业、多类型储能产业、智能微电网产业等主流产业，以及矿山服务产业等配套产业。这些产业不仅可以与矿山原有产业相结合开发，延伸原有产业链条，同时也可以独立开发，丰富矿山产业类型。

5. 矿山新能源产业快速发展

将矿山土地作为新能源产业的实施载体，对新能源产业的快速发展具有很大的帮助。矿山用地具有规模体量大、实施难度低、用地产权清晰、交通运输条件好等诸多优点，非常适合新能源产业的发展。由于矿山体量与规模都较大，因此可以开发的光伏、风电、储能等新能源工程的装机容量和工程规模都是比较庞大的，不但能够实现大部分传统能源的清洁化替代，同时对企业或当地的碳减排目标作出贡献，有利于矿山企业或区域实现快速转型与可持续发展。

6. 拉动区域投资和就业

国家一系列政策的实施，明确了矿山新能源产业的发展方向，新型产业的建立对矿山所在地区将产生巨大的经济与社会效益。矿山新能源产业不仅可以拉动区域的投资合作，对当地的就业、创业也会产生巨大的积极影响，对矿山的产业延伸、产业转型和社会的可持续发展都可起到积极的引领作用。

5.2　资源化与能源化耦合的矿山生态修复模式分类组合

目前国际上对单一或者复合可再生能源已有研究，例如在边际土地上种植特定的一种或者多种能源植物（Xue et al.，2016；Zhuang et al.，2010），利用废弃土地发展太阳能，通过在特定区域发展复合可再生能源等方式进行可再生能源产出（Doljak et al.，2017；Li et al.，2014），但鲜有学者从矿山废弃地角度进行多种可再生能源发展耦合研究（全师渺等，2019）。

本书在修复模式研究中，从资源化矿山生态修复模式和能源化矿山生态修复模式出发，对两种模式中的不同类型方法进行组合，从而达到针对不同土地破坏类型、不同土地利用方式进行修复的目的。其中，资源化矿山生态修复模式包括矿产废弃物综合利用（A）、矿山废弃土地修复（B）及矿山废弃工业地物利用（C）三个部分，能源化矿山生态修复包括生物质能开发建设（D）、养殖业开发建设（E）、太阳能开发建设（F）、风能开发建设（G）、储能开发建设（H）及地热能开发建设（I）。

基于资源化与能源化矿山生态修复产业耦合、技术耦合及循环经济和低碳经济耦合三个部分，得出资源化与能源化矿山生态修复耦合模式，如图5-3所示。A、B、C、D、E、F、G、H、I之间存在一定的关联性。

资源化与能源化耦合的矿山生态修复模式主要是由两个及两个以上的技术和产业复合而成，基于前文的修复模式研究基础，依据矿山具体类型和地域生态条件，将资源化矿山生态修复模式与能源化矿山生态修复模式中的各个子类型进行有机排列组合，得出多种耦合类型。本书重点介绍四种耦合类型，分别为：矿山光伏建筑一体化模式、光伏一体化衍生模式、矿山风光生物质+储能模式和矿山风光生物质+养殖模式。

1. 矿山光伏建筑一体化模式［C1+F1+A（A1、A2、A3、A4）/D（D2、D3、D4）+H1］

光伏建筑一体化模式是将矿山废弃地中原有废弃厂房进行改造（C1），改造过程中厂房建筑屋面铺设太阳能光伏板进行光伏发电（F1），产生的电能可用于生产建筑材料（A1）、化工产品（A2）、矿物肥料（A3）及煤泥燃料（A4）等资源化产品，或制备沼气（D2）、乙醇、生物柴油、成型燃料（D3），以及沼液、沼渣肥料（D4）等能源化产品，多余的电能部分并网，部分可通过储能电池转换成化学能进行储存（H1），其中生产的建筑材料（A1）可用于矿山生态修复中。该模式优点是充分利用矿山建筑本身的材质特点进行产业开发，对矿山建筑基础设施要求较高，适合有建筑、化工等产品需求的矿山地区。

2. 光伏一体化衍生模式（B1+B2+D1+E1+A3/D4）

光伏一体化衍生模式与光伏一体化模式相似，主要区别在于消除矿山废弃地的安全隐患（B1）后，对于达到种植标准的土地种植能源植物，建立生物质能源植物基地（D1），开发建设生物质能，对于未达到种植能源植物标准的土地要先消除污染（B2）后再种植，在能源林下发展畜禽养殖业（E1），矿业废弃物制备

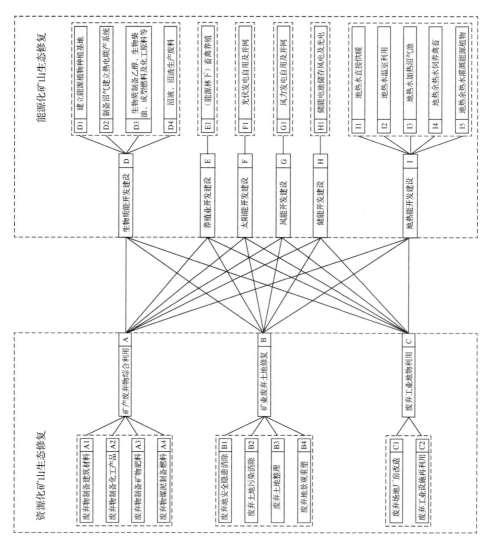

图 5-3　资源化与能源化耦合的矿山生态修复模式组合示意图

的矿物肥料（A3）、沼液和沼渣生产的肥料（D4）及林下养殖产生的畜禽粪便可供给施肥能源植物。该模式的优点是依靠矿区农业基础进行产业开发，整体投资成本较低，更适合农业发展较为成熟的矿山地区。

3. 矿山风光生物质+储能模式（B1+B3+F1+G1+H1+A1）

矿山风光生物质+储能模式是在消除矿山废弃地的安全隐患（B1）后，将废弃土地进行整理（B3），用于太阳能（F1）和风能开发建设（G1），对于没有废弃厂房的矿山要新建太阳能和风力发电所需的厂房，资源化生产的建筑材料（A1）用于新厂建设，光伏和风电产生的电能部分自用部分并网，多余的电能可通过储能电池转换成化学能进行储存（H1），解决新能源电力的储存与输出不稳定的问题。该模式的优点是完全依靠太阳能与风能进行可再生能源开发，生产过程清洁环保，不会对矿区造成二次环境污染，但对矿山气候、光照条件要求较高，适合光照条件、风力条件较好的矿山地区。

4. 矿山风光生物质+养殖模式（B1+B2+B3+F1+G1+A1+E1+D4）

矿山风光生物质+养殖模式是在矿山风光生物能储能模式基础上的延续，消除矿山废弃地的安全隐患（B1）后，对于存在污染的区域进行土壤污染修复（B2），然后进行土地整理（B3），用于太阳能（F1）和风能开发建设（G1），对于没有废弃厂房的矿山利用资源化生产的建筑材料（A1）新建厂房，结合太阳能光伏板和风力发电机组下方空余位置，利用建筑材料（A1）搭建窝棚开发畜禽养殖（E1），畜禽养殖产生的粪便制作成肥料（D4）。该模式的优点是依靠风能和太阳能作为能源供应，养殖农业对地质环境要求较低，但风光发电并网相对困难，只能发展小型设备，适合经济条件落后的矿山地区。

5.3　矿山风光生物质+储能模式

5.3.1　储能方式概述

现有的储能方式主要包括物理储能、电磁储能、化学储能和相变储能四种类型（张文亮等，2008）。物理储能主要包括抽水储能、压缩空气储能和飞轮储能等，电磁储能包括超导磁储能（superconductor magnetics energy storage，SMES）和超级电容储能等，化学储能包括铅酸电池、钒液流电池、钠硫电池和锂电池等，相变储能为多种储能结合。各种储能的功率与能量特性及其适应范围如图 5-4 所示。

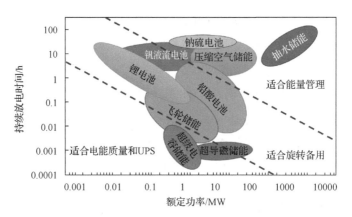

图 5-4　不同储能方式的功率与能量特征

UPS（uninterruptible power supply）：不间断电源

　　储能方式多种多样，每种模式各有其应用特点，应用场合也有所不同，根据行业特色的不同适用于不同研究领域。不同储能方式的主要特点及目前的研究应用现状如表 5-1 所示。

表 5-1　目前主要储能方式及其特征

序号	储能方式	主要优点	主要缺点	应用场合	国内研究进展
1	铅酸电池	低成本	深度充放电时寿命较短	一直功率波动、黑启动	技术成熟、示范工程最大 40MW
2	锂电池	高功率、高能量密度、高效率	生产成本高、需特殊的充电电路	电能质量、备用电源	技术成熟、已建兆瓦级示范工程
3	钒液流电池	大容量、功率和能量相互独立	能量密度比较低	负荷跟踪、抑制功率波动	已建成100MW/500MW 示范工程
4	钠硫电池	高功率、高能量密度、高功率	生产成本高、安全性问题	旋转备用、抑制功率波动	掌握大容量单体技术、有示范工程
5	超导磁储能	比功率高、响应快	能量密度较低、成本高	抑制震荡	已有 35kJ 低温超导样机
6	超级电容储能	响应快、效率高	能量密度低	稳定控制	小规模应用示范
7	抽水储能	大容量、低成本	安装位置有特殊要求	调峰/调频、系统备用	已建超 22 座、最大2400MW
8	飞轮储能	比功率高	能量密度低、噪声大	调频、电能质量	已有示范项目，大规模应用阶段
9	压缩空气储能	大容量、低成本、寿命长	对位置有特殊要求、需气体燃料	削峰填谷、频率控制	研究较少、相关技术尚没有应用

序号	储能方式	主要优点	主要缺点	应用场合	国内研究进展
10	相变储能	大容量、效率高、寿命长	对规模和体量有要求、占地面积大	削峰填谷、冬季供暖	已有成熟案例、尚未完全推广

5.3.2　光伏发电系统的储能技术

5.3.2.1　光伏并网存在的问题

由于光伏发电系统规模相对于电网规模较小,同时也由于储能系统成本较高,光伏系统并网发电时通常不采用储能系统,这使得光伏系统对电网带来了一些不良的影响,并且,随着光伏发电系统规模的不断扩大,光伏电源在系统中所占比例的不断增加,这些影响变得不可忽视。光伏发电系统对电网的影响主要由光伏电源的不稳定性造成的,从电网安全、稳定、经济运行的角度分析,不加储能的光伏电网系统主要对线路流动、电路网络、电网运行的经济性、电能质量和运行调度都产生一定程度的影响(刘建涛等,2011)。所以在运行大规模的光伏发电系统时,必须采取一定的措施来尽可能减少其对电网系统的影响。

光伏电站并网尤其是大规模光伏电站并网对电网带来的影响是不可忽视的。目前,解决光伏电站并网对电网的影响、提高光伏电站并网容量的措施有两种:一是从电网角度出发,提高电网的灵活性,建设智能电网;二是从光伏电站角度出发,为并网光伏电站配置储能装置。

5.3.2.2　储能技术的应用

电力储能技术属于灵活输电技术范畴,在并网光伏电站中应用,可以通过适当的充放电控制,解决光伏电站输出不稳定的问题,避免了由于光伏电源的输出不稳定引发对电网的一系列不良影响。光伏电站中配备适当储能装置后,能够解决上述问题,并通过采用科学的控制策略,为电网带来经济、运行以及环境上的利益。储能技术在光伏发电系统中的应用主要包括以下几个方面。

1. 电力调峰

调峰的目的是最大程度上减少大功率负荷在峰电时段对电能的集中需求,以减少电网的负荷压力。光伏储能系统可根据实际需要在负荷低谷时将光伏系统发出的电能储存起来,在负荷高峰时再释放这部分电能为负荷供电,提高电网的功率峰值输出能力和供电可靠性。

2. 电网电能质量控制

储能系统在光伏发电系统中的应用，可改善光伏电源的供电特性，使供电更加稳定，制定科学的逆变控制策略，光伏储能系统还可以实现对电能质量的控制，包括稳定电压、调整相角以及有源滤波等。

3. 微电网并网

微电网并网是未来输配电系统的一个重要发展方向，它可以显著提高供电可靠性。当微电网与系统分离时，即微电网运行处于孤岛模式时，微电网电源将独立承担负荷的供电任务，此时，在光伏电源构成的微电网中，储能系统将为负载提供安全稳定供电的重要保证。

5.3.3 风力发电系统的储能技术

1. 风电并网存在的问题

由于风电输出功率存在一定的波动性和不确定性，尤其在大规模、高集中度的开发模式下，区域风电场分布集中，风速风向特点相近，风电场之间出力相关性很强，因而风电出力波动会对电力系统的供电充裕性有很大影响。另外，目前大部分风电机组是通过电力电子接口并网，其动态响应特性与常规同步发电机有很大差别。风电机组的现有控制策略一般以其接入强电网为假设条件设计，在远距离大规模并网的情况下，风电机组和电网之间的连接相对较弱，导致传统的电力系统稳定控制和故障保护措施难以应对，严重影响了电力系统运行的安全稳定性。为保证电力系统的稳定运行，电网公司制定了严格的风电并网规范，对风电场的最大出力波动、故障穿越、无功调节能力等方面都做了相应规定，从而导致目前部分风电场无法满足并网条件，出现"风机空转"现象。

2. 储能技术的应用

将储能技术应用在风电并网系统中，不仅可以提高风电系统的低电压穿越能力，抑制风电输出功率波动，同时还可以参与系统频率控制，提高含风电电力系统稳定性和优化风电调度等。储能技术的应用可以改善含风电电力系统的动态特性和运行经济性，在解决大规模风电并网"瓶颈"过程中，发挥至关重要的作用。

5.3.4 生物质发电的储能技术

生物质气化发电是生物质能较清洁、高效、经济的利用方法之一，其原理是利用生物质气化后产生的可燃气推动燃气轮机等燃气发电设备进行发电（韩小霞等，2016）。生物质气化发电主要包括三个步骤：首先将生物质气化得到气体燃料，然后净化气体，除去可燃气中含有的杂质，如焦油、灰分等，最后将燃气送入燃气轮机或燃气内燃机中进行发电。

　　由于生物质气化发电实现的技术路线与普通燃煤发电的工作原理类似，都是将燃料进行充分燃烧气化或通过厌氧发酵进行气化，根据原动机类型的不同，将所产生气体输送到蒸汽轮机、燃气轮机、往复式发动机等来进行发电。生物质气化产生的电能大多可以通过热电联产直接并入电网来实现电能供应（图 5-5）。但如果产生电能过量的情况，则需通过储能技术来实现电能的存储与应用，其利用方式与光伏和风电储能方式类似，此处不一一赘述。

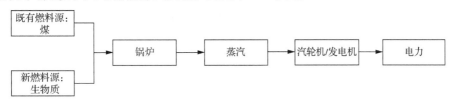

图 5-5　生物质直接燃烧系统示意图

5.4　矿山风光生物质+养殖模式

　　矿山土地经安全隐患消除，经过土地整理后可因地制宜发展生物质能、太阳能、风能等可再生能源产业。通过种植能源林木作物进行土壤改良，修复矿山土壤环境；发展光伏与风电等可再生能源发电项目，利用光伏和林下空间发展矿山生态养殖，实现矿山土地空间利用最大化；利用矿山固体废弃物资源化产品建设养殖场所，实现产品的就地消纳；利用农林废弃物和畜禽粪便等制备沼气，为矿山资源化产品生产提供能源；利用区域内农作物、林木废弃物及畜禽粪便生产有机肥，为矿山能源林木提供养分。各路径有机组合，打造优势互补的产业集群，实现产业间成本优化与经济循环。工业、林业、农业与可再生能源产业相结合最终实现矿山废弃资源循环利用，形成完整闭环的矿山循环产业链，达到矿山产业循环发展、低碳发展、绿色发展的最终目的。

5.4.1　光伏+生态养殖

5.4.1.1　光伏+畜禽养殖

　　光伏+畜禽养殖是一种将现代光伏清洁能源与传统养殖相结合，实现屋内养殖、屋顶设光伏发电站的新型养殖模式（图 5-6）。与其他农业光伏模式相比，该模式在光伏建筑一体化的基础上，采用废弃物综合利用技术，利用光伏电板发电为养殖厂区提供电力能源，畜禽产生的废弃物通过固液分离装置，液体通过污水处理回收利用的同时，固体进入沼气池发酵作为清洁能源使用，发酵后的沼液再次进入污水回收装置，沼渣通过生物发酵后形成有机肥。养殖畜禽粪便与沼渣经过处理后形成固态有机肥，实现变废为宝，养殖废水经过消毒等处理后中水回用（洪雨等，2016）。沼气主要用于发电，沼气发电项目具有节能减排的重要功效。

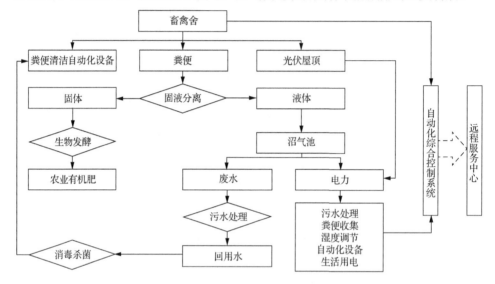

图 5-6　光伏+畜禽养殖技术路线图

　　光伏+生态养殖模式涵盖了自动化流程控制技术、污水污粪回收利用技术、沼气发电技术、光伏发电技术及其他先进的工艺与创新技术，打造了一个零污染、零排放、资源高效循环利用的光伏生态养殖循环系统。

　　以养殖规模 20000 头猪的 200 亩养殖场为例，预计年可生产有机肥 8760 万 t，年生产沼气 93.4 万 m³。在计算光伏电板发电量时，考虑到晶硅光伏组件在使用过程中会由于光照及气候温度等外界条件变化而产生不同程度的衰减，按年衰减 0.8%进行计算，预计前十年平均年发电量为 1447 万 kW·h，十年总发电量为 14470 万 kW·h，预计年收益 1.1 亿元。

　　2013 年，河北省定州市建起全国首个光伏屋顶养猪场。该养猪场总投资 2.07 亿元，总计安装了 46569 块太阳能电池组件，安装容量为 10MW。在 20 年经营期内，该设备累计发电量约 2.4 亿 kW·h，节约燃煤 8 万 t，减少二氧化碳排放 21 万 t，总减排效益达 8715 万元（保定日报，2013）。

5.4.1.2　光伏+水产养殖

渔光互补模式是在光伏农业的基础上提出的一种光伏发电与水产养殖相结合的一体化发展模式（刘汉元等，2014）。该模式是利用鱼塘水面或滩涂湿地，架设光伏组件进行发电，形成"上可发电、下可养鱼"的创新发展方式（赵轶洁等，2015），既能充分利用竖向空间、节约土地资源，又能利用光伏电板调节养殖环境，还能优化地区能源结构、改善环境，并可提高单位鱼塘产量、增产增收，在水产养殖和光伏产业上实现领域共享。很多矿山的矿坑在闭坑后可以形成水面鱼塘，可以在此基础上发展渔光互补模式。

与其他农业光伏模式相比，光伏水产养殖模式更有其特有的优势。首先，由于水面环境温度小于地面环境温度，组件之间距离较大，形成良好的日照、通风、降温环境，对于延长光伏寿命及提高发电效率较为有利；其次，光伏水产养殖模式可以通过光伏发电，为养殖设备供电，减少养殖过程中电力成本投入，从而直接降低水产养殖成本，保障水产养殖的顺利进行；再次，该模式可改变池塘养殖模式，实现大水面的规模化养殖，借助智能化系统及物联网可转变提高养殖管理水平；最后，与火电等发电方式比较，光伏发电可创造额外经济收益的同时，可有效减少二氧化碳与氮硫氧化物的排放，是一种经济、环保的新型养殖模式。2013年，江苏省建立首个"渔光互补"光伏发电站——建湖电站一期 20MW，总投资 2.19 亿元，2012 年发电量为 2457 万 kW，销售收入达到 2904.6 万元。

5.4.2　林下和板下生态养殖

林下和板下生态养殖是充分利用矿山能源林的林下和光伏板下、板间的空间饲养猪、牛、羊、鸡、鸭、鹅等畜禽，该模式具有空气流通性好、湿度较低等环境特点。一般采用放养、圈养和棚养相结合的养殖方式（刘旭等，2017）。充分利用林下和板下板间杂草、昆虫资源相互依存的环境特征，为畜禽提供良好的营养环境，天然的草木昆虫食材有利于强健畜禽体质，林木光合作用产生的大量氧气可以促进畜禽的生长。同时，林下养殖的畜禽所产生的粪便可以为树木提供大量的有机肥料，畜禽产生大量的二氧化碳，能够提高林木的光合作用，促进林木生长，形成循环生物产业链。2014 年泉州市林下养殖成果颇丰（靳雅棋，2016），主要为林下养鸡、鸭、蜜蜂、青蛙，其中林鸡养殖所占比重较大，为 23.6%，每年带来 10140 万元的经济效益，林蜂、林蛙养殖产值亦占有较大比重。林畜模式虽然可为林木提供有机肥料，但不便于管理，亦会对林木造成伤害，破坏生态环境，因此，农户发展林畜模式的案例较少。

5.4.2.1　林禽模式

林禽模式是充分利用林下空间与林下透光性强、空气流通性好、湿度较低等的环境，林下饲养肉鸭、鹅、肉鸡、乌鸡、柴鸡等，采用放养、圈养和棚养相结合的方式（另青艳等，2013），有效利用林下昆虫、小动物及杂草资源，林木光合作用产生的大量的氧气也能促进禽类的生长。大力发展林下鸡、鸭、鹅等高品质、无公害蛋禽产品，能促进农民增收。同时，家禽粪便还可以为树木提供肥料，禽类的存在产生了大量的二氧化碳，可增强林木的光合作用，促进林木生长，实现林"养"鸡、鸡"育"林。

甘肃白银市景泰县 2009 年开始推广枸杞园生态放养滋补鸡立体种养模式，养殖总面积达 67hm^2，共放养滋补鸡达 10 万余只，年产值约 400 万元。山东济南商河县韩庙乡依托 1300hm^2 左右速生杨树林（另青艳等，2013），发展獭兔养殖小区 25 个，建设标准化养殖基地 8 个，存栏獭兔达到 15 万只，年出栏商品兔 70 万只，獭兔养殖已经成为当地农民增收的支柱产业之一。

5.4.2.2　林畜模式

林畜模式主要依托林下保留自然生长的杂草，或者种植一定密度的牧草，在周边地区设置围栏，养殖牛、羊、鸡等牲畜的养殖模式。林木为牲畜提供良好的遮阴条件，成为牲畜的天然"氧吧"，提供良好的通风降温条件，提高了牲畜抵抗疫病的能力，便于牲畜生长。放养的牲畜吃草吃虫，不会啃食树皮，粪便是林木的天然养分，与林木的生长形成良性生物链循环。林地养殖解决了牛羊等牲畜放养空间有限的难题，有利于动物生长（简振中，2016）。在生长 4 年以上、造林密度小、林下活动空间大的林地，放养或圈养肉牛、奶牛、羊、肉兔或野兔等，有效利用林下杂草多的资源为牲畜提供营养饲料（沈忠明，2012），该放养模式有利于强健牛、羊体质；养殖牲畜所产生的粪便为树木提供大量的有机肥料，促进树木增长，形成循环生物产业链。

福建省龙岩市永定区岐岭乡秉承动植物之间互利共生的原则，发展竹下养羊。毛竹林下具有丰富的野生牧草（若野生牧草不足，可以在毛竹林下人工种植牧草来补充）可以为羊群提供丰富的自然饲料。竹林与牧草和谐共生，牧草的自然更新能力得到提高，羊群拥有丰富的饲料，粪便可以为牧草和毛竹林提供丰富的养分，促进毛竹林和牧草的生长，三者与自然可构成封闭的循环体系，养分在体系中不断流动。此外，毛竹林下林荫空间极大，氧气充足，能为林下散养的羊群提供广阔的活动空间，减少了羊群疾病的发生，提高了成活率，而丰富的牧草又为羊群提供了充足的饲料，对羊群的生长极其有利，产出的肉羊肉质细嫩、味道鲜美、营养价值高、绿色天然。这就是竹山养羊作为发展毛竹林下经济经营模式的重要自然优势和经济优势。

5.4.2.3　林渔模式

林渔模式是一种依托池塘空间，形成水、陆、空立体生产模式，实行生态养殖，提高渔业生产经济效益、环境效益的养殖方式。通常在待开发的湖滩地上开沟作垄，垄面栽树，沟内养鱼和种植水生作物；也可以在正规鱼池四周的堤岸上布置林带，以提高资源利用率。常见立体生态模式有池杉-鱼-鹅、杨树-鱼等，形成"滩地植树、树下种草、水中养鱼（禽粪喂鱼）、水面养鹅"的生态种植养殖链。

皖南地区山上森林涵养水源，形成涵盖林木根部、落叶积层、山体土壤的"天然水库"。溪流从森林流出，经过村落，流经鱼池、山塘、小水库，流入山腰梯田、菜园、果园，最后汇入山下江河（杨子江等，2017）。森林作为生产者，利用太阳能、CO_2、水分以及池鱼所需要的饲料及养分；鱼类消费浮游生物，以及人为投喂的山野杂草、厨余及食料废弃物，一边为人类提供优质水产品，一边把浮游生物、杂草、食料废弃物等转换为有机养分，融入溪流，灌溉田园，改善土质，培肥地力。

5.4.3　复合模式

利用光伏、养殖、生物质种植等若干个模式的结合，发展矿山生态经济。如光伏+林草牧模式，在光伏板下种植灌木，灌木林下种植牧草，这些牧草作为奶牛、羊、鹅等草食性动物饲料，动物的粪便作为林下牧草或林木生长的营养来源，形成自给自足的光伏下种养殖模式。

在发展矿山生态经济的同时，最大程度上从经济活动的源头节约资源和减少污染，体现资源的高效利用（张毅，2014）。此外，要注重发展过程管理和控制，要求产品和包装器具能够多次使用或修复、翻新后继续使用，以延长产品的使用周期，从而节约生产这些产品所需要的各种资源投入，提高利用效率。在输出端控制，要求产品在完成其使用功能后尽可能重新变成可以利用的资源而不是无用的垃圾。

5.5　本章小结

本章提出的资源化与能源化耦合的矿山生态修复模式是在资源化生态修复模式和能源化生态修复模式的基础上，从产业、技术和经济三个方面将两种模式进行耦合，资源化矿山生态修复的相关产业与矿山能源化利用产业之间相互联系、相互依托。资源化矿山修复后的土地为能源化矿山生态修复的相关产业发展提供了充足的土地资源,资源化矿山生态修复模式中固体废弃物再利用产生的各种绿色建材为能源化矿山生态修复相关产业的生产基地提供建设用材。能源化矿山生态修复的相关产业(如光伏发电、生物质发电、生物质燃料)可以为资源化矿山修复模式的相关产业提供能源支持,能源化矿山生态修复产业(如提供电能、生产肥料产品等)也可为资源化矿山修复模式的相关产业(矿山修复的工程修复——土壤修复)提供修复原料支持。为了有效实现产业之间的耦合,资源化矿山生态修复模式的相关技术应与能源化矿山生态修复模式的相关技术进行对接,保证产业之间的衔接,如用于污染消除的植物种植技术需与对矿山能源化利用的制备产品技术相衔接,以便产业耦合的顺利实施。能源化矿山生态修复模式下相关产业生产的新能源可以直接作为资源化矿山生态修复产业的企业的能源来源,在矿山废弃地内实现产业和经济的循环,相较单一产业的经济利润呈梯级增长势态。将种植生产的能源植物用于生态修复,矿产废弃物与新型资源可以完全利用,具有多重优势。根据区域实际资源禀赋与经济条件,衍生出多种耦合模式,如矿山光伏建筑一体化模式、光伏一体化衍生模式、矿山风光生物能储能模式和矿山光电生物能养殖模式。多种耦合模式各异,共同构建完整的资源化与能源化耦合的矿山生态修复体系,对不同类型、不同区域条件下的矿区生态修复具有全面的指导意义。

参 考 文 献

保定日报, 2013. 河北定州国香建起全国首个光伏屋顶"养猪场" [EB/OL]. (2013-03-26)[2024-07-30]. http://guangfu. bjx.com.cn/news/20130326/424979.shtml.

樊瑛, 龙惟定, 2009. 生物质热电联产发展现状[J]. 建筑科学, 25(12): 1-6, 38.

方凯, 2019. 太阳能与建筑一体化实例分析[J]. 中国标准化(16): 15-17, 20.

韩小霞, 胡从川, 韦古强, 等, 2016. 生物质气化热电联产发展概述[J]. 建设科技(13): 79-81.

洪雨, 王俊宏, 2016. 光伏发电与分布式能源在现代化生态养殖及资源综合利用方面的应用[J]. 信息与电脑(理论版) (18): 56-57.

胡国平, 2009. 产业链稳定性研究[D]. 成都: 西南财经大学.

简振忠, 2016. 竹山养羊: 永定区岐岭乡发展林下经济的首选模式[J]. 绿色科技(3): 121-123.

靳雅棋, 2016. 基于农户视角的林下经济效益评价[D]. 北京: 中国林业科学研究院.

另青艳, 何亮, 周志翔, 等, 2013. 林下经济模式及其产业发展对策[J]. 湖北林业科技(1): 38-43.

刘汉元, 钟雷, 谢伟, 等, 2014. "渔光互补"在江苏地区发展前景及应用思考[J]. 当代畜牧(32): 94-95.

刘建涛, 张建成, 马杰, 等, 2011. 储能技术在光伏并网发电系统中的应用分析[J]. 电网与清洁能源, 27(7): 62-66.

刘世林, 文劲宇, 孙海顺, 等, 2013. 风电并网中的储能技术研究进展[J]. 电力系统保护与控制, 41(23): 145-153.

刘旭, 徐正春, 刘珊, 等, 2017. 广东省林下经济产业结构研究[J]. 林业与环境科学, 33(4): 88-97.

全师渺, 郗凤明, 王娇月, 等, 2019. 在矿山废弃地上发展可再生能源的潜力: 以辽宁省为例[J]. 应用生态学报, 30(8): 2803-2812.

沈忠明, 2012. 林下养殖模式及实践形式研究[J]. 农村养殖技术(24): 6-7.

太阳库. 最美太阳能光伏建筑盘点[EB/OL]. (2015-09-28)[2015-09-26]. http://guangfu.bjx.com.cn/news/20150928/6678 76.shtml.

唐小东, 2010. "千万太阳能屋顶提案"不足以启动美国光伏市场[J]. 太阳能(8): 7-9, 6.

杨子江, 王玲玲, 刘某承, 等, 2017. 林渔复合经营产业支撑精准扶贫的调查分析: 以皖南地区溪池型林渔复合经营为例[J]. 西南林业大学学报(社会科学), 1(2): 32-37.

张文亮, 丘明, 来小康, 2008. 储能技术在电力系统中的应用[J]. 电网技术(7): 1-9.

张毅, 2014. 循环经济视角下林下经济的内涵与路径研究[J]. 林业经济问题, 34(4): 380-384.

赵轶洁, 孟宪学, 王聚博, 2015. 探索"渔光互补"发展光伏农业: 以鄂州 20MWp 农业光伏科技示范园为例[J]. 安徽农业科学, 43(22): 360-362.

Doljak D, Popović D, Kuzmanović D, 2017. Photovoltaic potential of the city of Požarevac: Renewable and Sustainable[J]. Renewable and Sustainable Energy Reviews, 73: 460-467.

Li C B, He L N, CaoY J, et al., 2014. Carbon emission reduction potential of rural energy in China[J]. Renewable and Sustainable Energy Reviews, 29: 254-262.

Xue S, Lewandowski I, Wang X Y, et al., 2016. Assessment of the production potentials of Miscanthus on marginal land in China[J]. Renewable and Sustainable Energy Reviews, 54: 932-943.

Zhuang D F, Jiang D, Liu L, et al., 2010. Assessment of bioenergy potential on marginal land in China[J]. Renewable and Sustainable Energy Reviews, 15(2): 1050-1056.

第6章 辽阳铁矿区生态修复与产业规划

辽阳市是全国矿产资源开发历史较为悠久的地区之一，长期的矿产开发不仅为辽阳市带来了经济的飞速发展，而且为辽宁省乃至全国经济建设作出了巨大贡献，但也造成了矿山地区的生态破坏和环境污染，特别是对区域土地资源、森林资源、水资源、旅游资源和生态环境造成了影响和破坏。中共十八届三中全会以来，辽阳市委、市政府高度重视矿山开发地区的生态文明建设，坚持矿产资源开发利用与环境保护并重、预防为主、防治结合的方针，加强矿山地质环境和生态环境的保护，将生态文明理念融入保护和合理开发利用矿产资源、优化矿业结构和矿山布局中，促进经济社会全面、协调、可持续发展。《国务院关于近期支持东北振兴若干重大政策举措的意见》（国发〔2014〕28 号）的发布，更加预示着辽阳铁矿区的生态修复工作的严肃性和紧迫性。辽宁省对辽阳市下达了"着力强化矿山地区生态环境保护，推进重点生态功能区建设，推进矿山废弃地环境治理，推进矿山废弃地复垦利用"等工作要求。辽阳市双河地区铁矿开发历史悠久，由于辽阳市早期对双河矿区的管理不到位，该区域历史遗留矿山面积较大且对区域的生态环境造成了巨大影响。辽阳市双河铁矿区的生态修复是探索历史遗留矿山生态修复整治的重要案例，具有典型性和示范性。

6.1 区 域 概 况

6.1.1 区域自然条件

1. 地理位置与交通

辽阳市双河矿区位于东经 123°15′7″～123°15′30″、北纬 41°10′52″～41°19′32″，距离本溪明山区 2km，距离辽阳市弓长岭区 10km、灯塔市 30km。本辽辽高速公路、S106 省道从矿区南部通过，矿区内部至寒岭镇有简易公路相通，由于受到葠窝水库自然保护区、细河、太子河的阻隔，矿区内交通基础设施落后，交通条件不便利。双河矿区位置如图 6-1 所示。

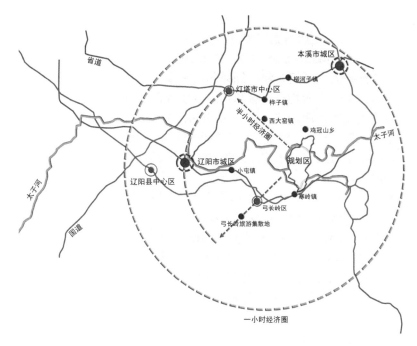

图 6-1　双河矿区位置

　　双河矿区位于辽阳双河自然保护区东部，与本溪北台钢铁厂邻近，现由 5 家主要大型采矿企业的采矿区组成，分别为聚鑫矿区、鞍辽矿区、贾家堡矿区、鞍塔矿区、金昌矿业第一采区和第二采区。其中聚鑫矿区和鞍辽矿区属于辽阳县寒岭镇管辖，贾家堡矿区所在地为本溪市与辽阳市的交界处，行政区划隶属于辽阳县寒岭镇管辖。鞍塔矿区、金昌矿业第一采区和第二采区属于灯塔市管辖。同时该区域还有西洋鼎洋等小型选矿企业 18 家。

　　2. 气象气候

　　双河矿区处于中温带湿润气候区，季风气候显著，气温变化较大，四季分明。冬夏两季较长，年平均气温为 7～8℃，年最高气温为 37.3℃，年最低气温为 -32.3℃。全年冻结期为 150 天左右，冻结深度为 1.2m。全年平均降水量为 800mm，年最大降水量为 1147mm。全年风向以东风、西南风为多，其主导风向为西南风。

　　3. 地表水

　　双河矿区内有细河、太子河、兰河等主要干流。太子河的水源有南北两支。南支的源头在本溪县羊湖沟草帽顶子山麓，北支的源头在新宾满族自治县平顶山镇鸿雁沟。两支流到本溪县马家崴子汇合成一股，蜿蜒西下，经由本溪县、本溪市区，到灯塔市鸡冠山乡瓦子峪村进入辽阳市境内，由鸡冠山南行至孤家子，透迤西下，经安平、西大窑、沙浒、小屯、望水台、沙岭、黄泥洼、柳壕、穆家、唐马寨等 18 个乡镇，至唐马寨出境，经鞍山市海城三岔河入辽河，由营口汇入渤海。太子河全长 353.4km，流域面积 13720.70km²，年平均径流量 26.86 亿 m³。

细河和兰河皆为太子河支流。细河起源于凤城市白云山麓，该河流的名称源于上游多泉水，其上中游位在凤城和本溪县境内，仅下游河口部分在辽阳县孤家子村，而后流入葠窝水库。细河全长 62.8km，流经辽阳县境内长度为 4.8km，是葠窝水库主要水源之一。兰河发源于水泉乡南部的大黑山，自南向北流经甜水乡、寒岭镇，在蒿甸子村入葠窝水库。河长 55km，流域面积 417km²，多年平均径流量 9713 万 m³。

葠窝水库位于辽宁省辽阳市太子河干流上，是一座以防洪灌溉为主、兼顾工业供水及发电等综合利用的水利枢纽工程（王霄宇，2016），有太子河、细河、兰河、鸡冠山河 4 条河流汇入，库区面积约 52km²，水库的控制流域面积为 6175km²，占全流域 44.5%。水库按百年一遇洪水设计、千年一遇洪水校核，最高库水位 102.0m，相应库容 7.91 亿 m³，水库设计死水位 70.0m，相应库容 0.10 亿 m³，防洪限制水位 77.8m，相应库容 0.65 亿 m³，正常高水位 96.6m，相应库容 5.43 亿 m³。流域多年平均降水量 822mm，多年平均径流量 24.5 亿 m³（赵静，2015）。葠窝水库与上游观音阁水库形成梯级联调水库，能够保证水量的供需平衡。太子河入库口水质较差，上层水为劣 V 类，主要超标项目有氨氮（5.6 倍）、五日生化需氧量（0.4 倍）、高锰酸盐指数（0.3 倍）；底层水为 V 类，主要超标项目是氨氮（2.3 倍）。细河入库口表层、中层水质为 III 类，底层为 V 类。表层、中层水主要超标项目是氨氮（0.3、0.4 倍），底层水质氨氮超标 2.7 倍。兰河入库口水质较好，从表层至底层均为 II 类水质。通过矿山生态修复，可以恢复生态系统调节功能，减少水土流失，降低土壤和水体污染，提高生物多样性，进而改善入库水源水质，保障水资源安全。

4. 地下水

该区域地下水按赋存条件可划分为三种类型，分别为第四系孔隙潜水、基岩风化裂隙水、基岩构造裂隙水，其赋存规律如下。

1）第四系孔隙潜水

该类型地下水按含水介质的成因及岩性组成划分为两大亚类，即坡洪积物孔隙潜水及冲积物孔隙潜水。坡洪积物孔隙潜水集中分布于矿区的西偏南部，矿界外围与之相连有较大片分布。堆积物主要由块石和土混合而成，局部夹砂性土透镜体，黏性土含量较高，较密实，揭露厚度 20～40m。冲积物孔隙潜水在近细河岸边及河床下部地段分布，沿细河河床呈窄的带状断续分布，一般宽 10～30m，堆积物由粉质黏土、砂砾石组成，含水层为砂砾石，一般厚 1～3m，该层与河水（细河）水力联系密切，河水大量侧向补给地下水。

2）基岩风化裂隙水

基岩裂隙水一般分布在山地和丘陵地带，含水层岩性以侵入岩类为主，地下水赋存在节理、构造裂隙、风化裂隙和张裂隙发育的断裂破碎带，地下径流较短。双河矿区本身地质条件良好，基岩风化裂隙水储量丰富，但随着矿产资源的过度开发，露天开采的采矿形式导致矿区的浅层岩土体已剥离殆尽，目前基岩风化裂隙水很少分布。

3）基岩构造裂隙水

该类型地下水是矿区内的主要地下水类型，对未来矿区地下开采具重要影响。矿区内主要有四种岩石，分别为云母石英片麻岩、磁铁石英岩、斜长角闪岩及花岗伟晶岩。前三种岩石均为太古界鞍山群变质岩，后者为燕山期侵入岩脉。矿区地下水主要赋存于由燕山期侵入的花岗伟晶岩脉体中，其他几类岩石（太古界老变质岩）均为弱含水的。地下水类型为微承压和承压基岩构造裂隙水。天然条件下，其地下水流向总体为由山地向河流排泄。

6.1.2　区域地质环境条件

1. 地形地貌

双河矿区位于千山山脉东北部延续部位，属辽东山地浅切割侵蚀中低山区，矿区附近最高山峰为矿区西北面的大顶子，海拔485.6m。矿区附近最低处为细河两岸，海拔约为104m，区域内广泛发育的地层有太古界鞍山群、元古界辽河群、震旦系以及零星分布的古生界和中生界（武建勇等，2017）。矿体赋存在太古界鞍山群歪头山组单斜构造中。矿区出露主要岩石有黑云变粒岩、绿泥变粒岩、黑云磁铁石英岩、绿泥磁铁石英岩、角闪磁铁石英岩、斜长角闪片岩和云母石英片岩。

2. 矿区水文地质条件

1）水域

矿区内地表水系发育，太子河、细河流进双河矿区，西为葠窝水库。据已有资料，太子河流量4.94～1400.00m³/s，平均69.50m³/s，洪峰流量18100m³/s（陈晨，2013）；细河流量1.10～512.00m³/s，平均9.26m³/s，洪峰流量3330m³/s；葠窝水库正常库容量为5.43亿m³，最大库容量为7.94亿m³（张琪，2019）。

2）土壤

矿区内土壤主要为棕壤，在山脊、山坡处土壤厚度0.3～0.5m，山脚沟谷中土壤厚度0.5～1.5m，局部低洼处土壤厚度可达2.0m。土壤腐殖质层薄，呈中性-微酸性反应，土壤中有机质含量1.76%，全氮含量1.1g/kg，土壤容重为1.1～1.4g/cm³，肥力中上等。生长季节气候较温暖湿润，较适宜植物生长。

3）植被

辽阳的植被因地貌成因、气候类型等诸多因素，形成东西不同的植被类型。根据其分布和种类组成，全区可分成三个植被类型。东部是低山丘陵落叶阔叶林和针、阔混交林；中部是蒙古栎、油松，是人工林的主要树种；西部为灌木。矿区附近植被属于长白植物区系与华北植物区系的过渡地带，主要树种有落叶松、刺槐、柞树，灌木有榛子、荆棘等，草本植物主要以黄背草、狗尾草、旱茅、白茅、野谷草为主。

4）动物

辽阳县境内目前发现的大型野生动物较少，小型野生动物较常见。矿区及附近地区人员活动频繁，已发现的陆生动物有山兔、老鼠、麻雀等，河流中仅发现常见鱼类。

3. 矿区工程技术条件

矿区构造简单，矿体层位稳定，覆盖层厚度不大，矿层厚度较大，夹层较少。矿层出露处地形平缓，并有坡度向东南倾斜，废石存放条件良好。矿区地势较高，无地表水及地下水之患。区内矿体顶底板地层为绢云母石英片岩、含铁石英岩，故抗风化能力较强，岩石一般比较新鲜完整，属弱风化带，因此，本区顶底板岩层为中等稳固型。

4. 矿区地质构造

矿区大地构造位置位于中朝准地台（Ⅰ）、胶辽台隆（Ⅱ）、太子河-浑江台陷（Ⅲ）、辽阳-本溪凹陷（Ⅳ）构造单元的中部。矿区内岩浆岩不发育，侵入岩有正长斑岩和石英岩脉。正长斑岩多呈脉状产出，规模较小，呈树枝状穿插于铁矿层中，矿物成分主要有长石、石英及电气石等。石英岩脉分布在走向断裂或横向断裂中，规模不大，有黄铜矿化、绿帘石化、透闪石化和黄铁矿化等蚀变现象（刘小杨，2014）。

5. 区域地层

双河矿区内出露地层主要为太古界鞍山群茨沟组和新生界第四系。鞍山群茨沟组上部为云母石英片岩，下部为黑云变粒岩，中间夹有斜长角闪岩、磁铁石英岩，矿体赋存于黑云变粒岩中。第四系主要由残积、坡积、冲积层组成，厚度为0.5～20m。

6.1.3 区域社会环境简介

双河矿区范围内共有7个行政村，分别是辽阳县寒岭镇的黄家村、二道河子村、前牌坊村、双河村、前蒿甸子村、后蒿甸子村，以及灯塔市鸡冠山乡的鸡冠山村。该区农村经济不甚发达，主要农作物有玉米、大豆、谷物等，地少人多，劳动力资源充足。

6.1.4　矿区企业现状

1. 本溪贾家堡矿业

本溪钢铁（集团）矿业贾家堡铁矿始建于 2012 年 1 月，设计规模为 400 万 t/a，设计服务年限 14 年，稳产 8 年，在其境内矿石储量为 4476.85 万 t，岩石为 9110.18 万 t，目前正在运营中。

2. 辽阳县鞍辽矿业

辽阳县鞍辽矿业有限公司双河铁矿于 2004 年 4 月建成，同年建铁选厂一座并投产使用，主要进行贫铁矿的磁选加工，设计年处理铁矿石量 15 万 t。开采范围为山城子矿段，开采深度标高为 239～110m。矿山全部为露天开采，2004 年 4 月至 2006 年 12 月，共采出矿石量 40 万 t，贫化率 5%，损失量 2 万 t，采矿回采率 95%。2007 年 1 月至 2024 年 1 月，矿山扩大了生产规模，设计年生产矿石量 20 万 t。矿山投产至 2011 年 9 月，累计采出矿石量 130 万 t。2014 年 10 月收购金悦矿山，鞍辽矿业深部扩界采矿许可证下证之后与金悦矿山进行整合，扩界后深部开采规模设计为 200 万 t/a，目前正在稳步运营中。

3. 辽阳县聚鑫矿业

辽阳县聚鑫矿业有限公司成立于 2012 年，矿山及选厂地址位于辽阳县寒岭镇，矿区面积 0.9142km^2，主要从事铁矿石深加工，下设平顶山铁矿和聚鑫选矿厂。矿山规模为年产磁铁矿石 400 万 t，选矿厂年生产铁精矿 120 万 t。铁矿设计前期为露天开采和井下开采，后期为井下开采，装备水平高，采矿设备和大型汽车等均为合资企业或国内知名品牌。

4. 灯塔市鞍塔矿业

灯塔市鞍塔矿业有限公司原为鞍钢集团矿业公司弓长岭公司鞍塔选矿厂，位于辽宁省灯塔市鸡冠山乡，于 1994 年 7 月建成投产。2011～2014 年，该公司对矿山地质环境进行了治理，取得了较好的成效。2015 年，灯塔市鞍塔矿业有限公司与灯塔市铧林采矿场办理了资源整合相关手续：一采场为灯塔市铧林采矿场，二采场为灯塔市鞍塔铁选矿有限公司。

5. 辽宁金昌矿业鸡冠山选矿厂

辽宁金昌矿业鸡冠山选矿厂位于辽阳市灯塔市鸡冠山乡，目前有 2 个采矿区，即辽宁金昌矿业鸡冠山选矿厂第一采区和辽宁金昌矿业鸡冠山选矿厂第二采区，目前正在运营中。

6.2　区域生态问题分析

6.2.1　生态环境现状调查

1. 调查范围

根据区域行政界线、土地利用类型及地形条件，设定的双河矿区范围为葠窝水库东部双河矿区生态修复区域，评价区涉及的行政区域主要包括：寒岭镇和鸡冠山乡。同时对葠窝水库及周边地区进行实地调查与采样，以确定区域生态环境现状及生态问题的完整性。

2. 调查内容

根据研究区实际情况及规划需求，主要对矿区生态环境现状、矿区生态环境破坏情况进行相关调查（李超等，2015）。生态环境现状调查主要包括四方面内容：一是地形地貌、地质构造、工程地质、环境地质条件的调查；二是矿体赋存特征、矿山开采方式、开采深度、开采厚度及开采影响范围的调查；三是研究区环境问题，以及地质灾害的分布规律、影响因素、发育程度、发展趋势及其对矿业活动的影响调查；四是研究区土壤、植被状况调查，并对不同区域土样进行采集，分析土壤重金属含量对植物群落产生的影响（Hou et al.，2018）。矿区生态环境破坏情况调查内容包括三方面：一是矿业活动对土地（植被）资源的影响和破坏，包括改变土地利用现状、地貌景观破坏，以及水土流失、土地沙化、废液排放等；二是矿山废水、废气、废渣排放及噪声污染等造成的矿区环境污染，包括调查生活污水的产生、处理、利用，矿区专用道路、废石场等污染源排放及治理情况，固体废弃物产生量、处置情况、占地情况及产生的生态环境影响等；三是矿山地质灾害，矿业开发强烈影响和改变着矿区地质环境条件，引发地质灾害，矿业活动诱发不稳定边坡、崩塌、滑坡、泥石流等。

6.2.2　生态环境问题分析

1. 土地利用现状与分析

双河矿区土地利用现状分析主要是通过对高分辨率影像进行人机交互的分类

方式进行，按照辽阳市土地利用的实际情况，并且参考《土地利用现状分类标准》（GB/T 21010—2007），将双河矿区的土地利用类型分为农田、林地、牧草地、农村居民点、水域、工矿用地、道路、滩地 8 类，其中将工矿用地细分为露天采场、尾矿库、尾矿溃坝区、排岩场、工矿厂区、矿山恢复地 6 类。各类土地利用类型分布如图 6-2 所示。

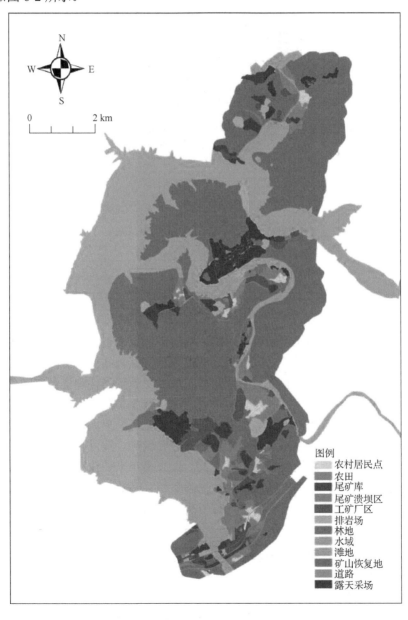

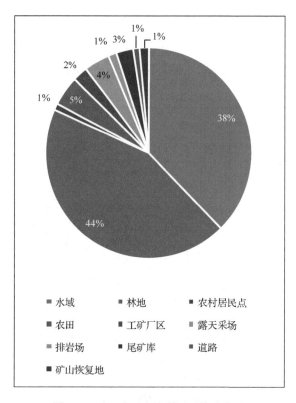

图 6-2 双河矿区土地利用现状分布图

从土地利用分布和比例图可以看出，双河矿区主要以林地和水域为主，构成了评价区土地利用的基质。对区域土地利用现状类型分布及其空间格局分析可以看出，区域土地利用形态和类型的空间分布主要受地形条件和资源空间分布所控制，受铁矿资源分布位置的制约。矿山企业成片状集中分布于资源富集区，露天采场、排岩场和尾矿库等用地类型多分布在水库岸边，形成众多破碎斑块，农村居民点零星分布其中，生态系统受人为干扰程度较高。经过长期以来高强度铁矿资源开发，区域工矿用地类型的比例较大。过去多年来矿业开采活动中对生态保护的强调力度不够，使评价区内的森林生态系统、灌丛生态系统和水体生态系统一定程度上受到矿业开采活动的侵入与干扰，自然保护区及水体也受到了很大程度的影响。

2. 水土流失与土壤侵蚀现状

1）水土流失现状

双河矿区属于东北黑土区，水土流失类型以水利侵蚀为主。基于遥感数据与空间数据库，建立水土流失评价模型对双河矿区的水土流失敏感度进行分析，模型建立的依据是水土流失与其驱动因子之间的匹配关系。根据水土流失的驱动力因素，选取降水量、土地利用类型、植被覆盖率和地形坡度为判别指标，利用遥感数据和地理信息系统空间分析功能得到各个指标数据，对各个指标进行分等级赋值，再借助层次分析模型确定各个因子的影响权重，然后利用综合指数方法最终确定双河矿区的水土流失敏感度分布，如图 6-3 所示。

图 6-3　双河矿区水土流失敏感度分布图

从水土流失敏感度分布图可以看出，目前双河矿区水土流失敏感性形势较为严峻。采矿活动过程中产生的露天矿场和排岩场形成的陡坡是水土流失敏感度最高的地区，处于极敏感等级。其次是植被稀疏的地区及工矿用地区域，其等级为高度敏感和中度敏感。而基于植被对水土流失的控制作用，坡度小、植被覆盖程度较高的地区水土流失的敏感性程度较低，为不敏感和轻度敏感等级。植树造林是控制水土流失的有效方式，因此双河矿区缓解水土流失敏感程度的首要工作是对符合复垦条件的排岩场及露天采场进行绿化复垦。

2）土壤侵蚀现状

以地形数据和土地利用数据为基础，分析土壤侵蚀现状，如图 6-4 所示。受气候和地形条件的影响，区域内土壤侵蚀以水力侵蚀为主。露天采区、排岩场地和尾矿库侵蚀的程度较重，属于剧烈侵蚀状态。各种采矿废弃物堆场次之，属于强烈侵蚀等级。同时，坡耕地引起的土壤侵蚀也较为明显，为中度侵蚀状态。森林、草地等受侵蚀程度较低，为轻度侵蚀、微度侵蚀和无侵蚀状态。长期以来的矿业开发已经成为区域土壤侵蚀产生的重要驱动力。因此，对采矿废弃地生态复垦及边生产、边治理的举措是减少土壤侵蚀的有力途径。

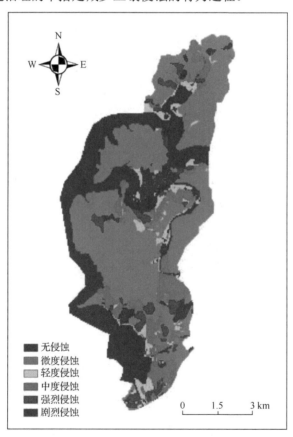

图 6-4　双河矿区土壤侵蚀分布图

3. 区域土壤环境现状分析

研究表明，铁矿区重金属污染主要以砷、铜、锌、铬、铅、镍、汞为主（宋凤敏等，2015；姜素等，2014）。通过野外特征样点取样调查与实验室分析的检测方法对矿区土壤环境质量进行分析评价。在双河矿区范围内选择了 16 个典型的土壤环境监测点（图 6-5），分别针对铁矿露天采矿区、尾矿区、河流底泥和采场周边土壤等区域重金属污染特征进行全方位科学评价（张晓薇等，2018）。对土壤中的砷、铜、锌、铬、铅、镍、汞等七项重金属含量进行测定（中国环境监测总站，1992）。土壤样品分析方法依据环境保护部《环境监测　分析方法标准制修订技术导则》（HJ 168—2010）的有关要求进行。

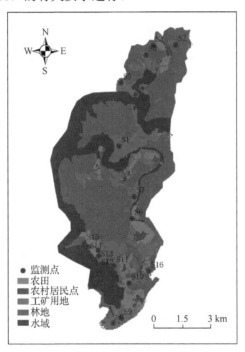

图 6-5　双河矿区土壤环境监测点分布图

1）评价方法

用单因子标准指数法对土壤环境质量现状进行评价。单因子标准指数法通过比较污染物检测的平均值与污染物评价标准的比值来评估环境质量。评价采用的标准为生态环境部的《土壤环境质量　农用地土壤污染风险管控标准（试行）》（GB 15618—2018）和《土壤环境质量　建设用地土壤污染风险管控标准（试行）》（GB 36600—2018）的二级标准中工业用地的土壤污染物环境质量标准。

2）检测与评价结果

通过上述方法对采样的土壤中砷、铜、锌、铬、铅、镍、汞七项重金属含量进行两次检测，两次检测的平均值见表 6-1。

表 6-1 土壤环境质量现状检测结果平均值

单位：mg/kg

采样点	砷	铜	锌	铬	铅	镍	汞
S1	118.35	109.04	122.17	1.62	86.59	96.57	78.65
S2	42.90	70.37	159.08	9.51	65.89	167.18	58.78
S3	90.15	100.19	105.47	2.47	69.53	46.62	55.56
S4	75.89	115.22	137.42	15.02	70.05	156.29	58.30
S5	75.89	96.34	76.16	1.14	57.81	81.03	76.01
S6	101.90	76.99	109.37	12.17	79.95	144.01	66.01
S7	74.70	75.79	110.73	8.94	54.43	57.50	78.06
S8	69.33	24.95	80.41	4.75	53.65	44.61	46.86
S9	33.09	11.17	35.10	0.89	37.76	14.05	45.13
S10	4.96	33.47	60.17	9.70	41.41	94.52	57.63
S11	1.30	22.62	58.49	12.93	41.67	109.24	50.58
S12	63.41	41.72	54.28	15.02	54.43	124.65	62.72
S13	1.73	5.99	47.48	2.28	32.55	43.30	59.25
S14	1.57	15.53	39.46	6.08	30.73	60.50	51.93
S15	2.28	15.36	36.25	1.52	39.84	36.40	56.08
S16	2.49	9.97	23.67	2.09	29.17	23.74	55.02
标准值	70.00	500.00	700.00	1000.00	600.00	200.00	20.00

　　通过对 16 处不同区域的采样点检测结果与标准值进行比对分析，得出双河矿区土壤环境质量的评价结果。评价结果如表 6-2 所示，分析结果如图 6-6 所示。

表 6-2 土壤环境质量现状评价结果

采样点	砷	铜	锌	铬	铅	镍	汞
S1	**1.69**	0.22	0.17	0.00	0.14	0.48	**3.93**
S2	0.61	0.14	0.23	0.01	0.11	0.84	**2.94**
S3	**1.29**	0.20	0.15	0.00	0.12	0.23	**2.78**
S4	**1.08**	0.23	0.20	0.02	0.12	0.78	**2.91**
S5	**1.08**	0.19	0.11	0.00	0.10	0.41	**3.80**
S6	**1.46**	0.15	0.16	0.01	0.13	0.72	**3.30**
S7	**1.07**	0.15	0.16	0.01	0.09	0.29	**3.90**
S8	0.99	0.05	0.11	0.00	0.09	0.22	**2.34**
S9	0.47	0.02	0.05	0.01	0.06	0.07	**2.26**
S10	0.07	0.07	0.09	0.01	0.07	0.47	**2.88**
S11	0.02	0.05	0.08	0.01	0.07	0.55	**2.53**

续表

采样点	砷	铜	锌	铬	铅	镍	汞
S12	0.91	0.08	0.08	0.02	0.09	0.62	**3.14**
S13	0.02	0.01	0.07	0.00	0.05	0.22	**2.96**
S14	0.02	0.03	0.06	0.01	0.05	0.30	**2.60**
S15	0.03	0.03	0.05	0.00	0.07	0.18	**2.80**
S16	0.04	0.02	0.03	0.00	0.05	0.12	**2.75**

注：表中加粗数值指该数据在评价结果中超过标准值

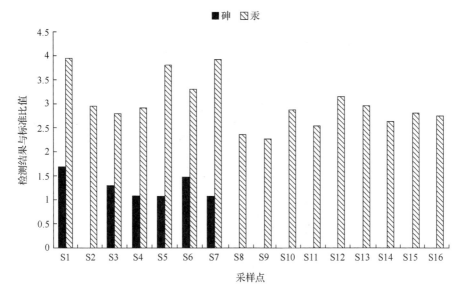

图 6-6　土壤环境质量现状分析结果

　　根据检测、评价数据可知，评价区各采样点汞元素的含量严重超标，检测最高值达到标准值的 3.9325 倍。检测点 S1、S3、S4、S5、S6、S7 出现砷超标，其余各个检测点及其余各检测因子均能满足《土壤环境质量　农用地土壤污染风险管控标准（试行）》（GB 15618—2018）和《土壤环境质量　建设用地土壤污染风险管控标准（试行）》（GB 36600—2018）中二级标准的要求。虽然检测区铜、锌、铬、铅、镍元素达到了标准，但是矿区内土壤重金属汞污染特别严重，亟须采取相关的措施进行治理，否则将对区域内及下游地区人民的健康生存产生威胁（张晓薇等，2018）。

4. 植被现状分析

1）植被类型及分布

双河矿区在气候上属于暖温带大陆性季风气候区，地貌类型区划上属于辽东半岛北部，下辽河平原东缘与辽东山地丘陵过渡地带，是我国长白、华北、内蒙古三大植物区系的交会地带，地带性植被包括温带针叶林、温带落叶灌丛以及温带草丛，区域内落叶灌丛广泛分布。植物区系分布上属于华北山地植物亚地区（图6-7）。双河矿区的乔木多为人工林，代表性植物为油松栎和蒙古栎林。灌丛林主要以榛子灌丛和蒙古栎灌丛为主，灌木林占主导地位，主要分布在低山丘陵地带，成连片分布。双河矿区内农田植被主要是栽培植被中的农作物，主要分布在地势平缓的平原地带、河谷地带，农作物以玉米为主。

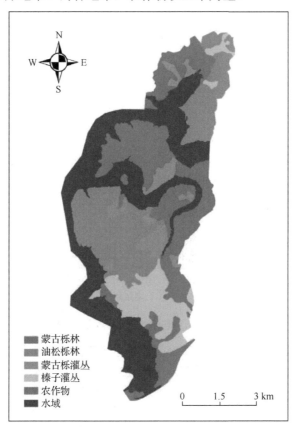

图 6-7　双河矿区植被类型分布图

2）植被生产力现状

根据土地利用调查结果及野外生态观测，双河矿区的生态生产力的主要植被类型为油松栎和蒙古栎代表的林地、榛子灌丛和蒙古栎灌丛为代表的灌丛和平原农田的玉米作物等。本次评价通过经过大气校正的 TM（thematic mapper，指美国陆地卫星 4～5 号专题制图仪）影像数据，利用归一化植被指数（normalized difference vegetation index，NDVI）算法模型及其与生物量的关系方程，估算

评价区内生物量的空间分布格局，分析双河矿区植被生产力分布情况，如图 6-8
所示。

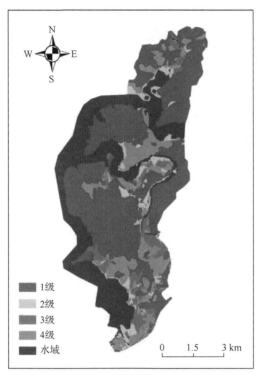

图 6-8　双河矿区植被生产力分布

从分析结果可以看出，双河矿区中乔木林的生产力最高，次之为灌木林和农
田，植被生产力最弱的区域为露天采矿矿坑、未复垦的排岩场、尾矿库水面和干
滩等矿业开采场地。说明长期以来的矿业生产活动已经导致双河矿区的植被生产
力降低。

5. 动物资源调查评价

双河矿区地处辽东半岛北部，下辽河平原东缘与辽东丘陵的过渡带，动物区
系复杂，属于东北、华北、内蒙古三大动物区系的交会地带。由于人口增加、采
矿活动的干扰以及乱捕滥猎，野生动物如狼、野猪、熊等大型动物已经基本绝迹。
区域内的动物多为小型个体，常见的兽类为狍、狐狸、山猫、黄鼬、山兔等，禽
类常见的有环颈雉、啄木鸟、布谷鸟、沼泽山雀、翠鸟、黄鹂、云雀等 180 余种。
经过野外实地调查勘测，本次生态评价区范围无重点保护野生动物分布。采矿活
动破坏了动物的生境，选矿生产过程中产生的爆破声响和机械设备连续作业时产

生的噪声也对野生动物的生存产生了一定的影响。从双河矿区目前的区域生态系统和整体环境来看，人为干扰已经对生态环境产生了很大的影响，水库东侧的矿业生产区已经不再适合作为野生动物的生境。随着矿山服役期满，复垦绿化力度加大和排岩场复垦比例增加，区域内的野生动物生境将逐渐恢复，部分小型动物的种群将逐步扩大，部分野生动物可以在区域内生存。

6. 生态敏感目标分析

需特殊保护的生态敏感区是双河矿区生态环境脆弱的区域和国家规定的一些重要区域，主要是指双河矿区内分布的自然保护区、森林公园、风景名胜区、野生动物的重要栖息地和重要的植物群落分布区等。根据调查结果可知，双河矿区范围内有双河自然保护区、蒉窝水库水源保护区、林区三处生态敏感区。生态敏感区的分布如图6-9所示。

图 6-9　辽阳双河矿区生态敏感区分布

双河自然保护区是 2002 年经辽阳市人民政府批准成立的一个以森林生态系

统为主要保护对象的自然保护区，保护区内的核心区和缓冲区内禁止开展任何形式的开发建设活动，实验区内只能从事科学试验、教学实习、参观考察、旅游，以及驯化、繁殖珍稀、濒危野生动植物，还有一定范围的生产活动等。考虑到自然保护区的特殊性及相关规定，将双河自然保护区列入特定保护的目标。

蓬窝水库是辽宁省南、中、北三条东水济西工程联通联调的节点，地理位置非常重要。但是目前水库已遭受严重的污染，既不能直接作为生活饮用水的水源，又不能用来进行养殖，目前蓬窝水库被评估为Ⅳ类水质。矿山开发以及水库上游钢铁厂是水质变差的主要原因。矿山恢复将大幅度降低水体污染物水平。湿地建设和植被恢复可以减少进入库区的固体悬浮物，减缓入库水体的富营养化程度，在保证恢复措施被严格落实的前提下，以及对上游钢铁厂污染物排放的持续整治，可以实现水库Ⅲ类水质目标。2013 年辽宁省水利厅就明确提出要加大对蓬窝水库的治理力度，考虑到水体的生态敏感性和水库的重要性，将蓬窝水库列入特定保护目标。矿山生态修复的实施，有助于增加河流生态环境用水量，避免河道断流，促进区域水污染物削减，改善河流水环境质量，带动相关产业发展，提高经济效益，提升区域人民生活质量，保障人体健康，改善生存区域的水环境条件，保障饮水安全，维护社会稳定，具有重要的社会、经济和环境价值。

双河矿区的林区植被茂密，森林覆盖率高，树木种类多，结构复杂，形成了较稳定的森林生态系统，发挥着保持水土、涵养水源等重要的生态功能。此处的森林资源对于保障本地区的生态安全有着深远影响，因此将双河矿区内的林区作为重要的保护目标。

6.3 双河矿区生态修复规划

6.3.1 矿产废弃物综合利用

1. 各区域废弃物性质

通过相关调查研究，确定双河矿区尾矿及废石总储量为 270.21 万 m^3。通过对各区域进行理化分析及土壤环境分析、评价，形成各区域矿产废弃物的处理方案。

对各个地块多点取样调查与试验分析的检测方法包括：X 射线衍射（X-ray diffraction，XRD）分析、X 射线荧光（X-ray fluorescence，XRF）光谱分析、全组分分析、容重、放射性检测、烧结试验及建筑砂性能检测。通过这些检测可知：各区域尾矿在含泥量、坚固性、压碎值指标等方面符合建材产品原料要求，不含有放射性元素，尾矿中的物质包括云母、轻物质、有机物、硫化物、硫酸盐、氯化物、贝壳等，含量满足建材产品原料要求。

根据《建设用卵石、碎石》（GB/T 14685—2022）及《建设用砂》（GB/T 14684—2022）中的要求，可将尾矿砂根据不同的建材产品原料要求进行级配，配备成制备建材的粗骨料或细骨料。各地块尾矿的基本性质参见表 6-3。

表 6-3　各地块尾矿砂原矿物理性质检测指标

序号	颗粒级配	含泥量/%	泥块质量分数/%	放射性 （I_{Ra} 和 I_r）	有机物 质量检测结果
1#	特细砂	—	0.02	<0.01	合格
2#	特细砂	—	0.02	<0.01	合格
3#	特细砂	—	0.01	<0.01	合格
4#	特细砂	—	0.03	<0.01	合格
5#	特细砂	—	0.02	<0.01	合格
6#	特细砂	—	0.02	<0.01	合格
7#	特细砂	—	0.01	<0.01	合格
8#	特细砂	—	0.01	<0.01	合格
9#	特细砂	—	0.02	<0.01	合格
10#	特细砂	—	0.03	<0.01	合格
11#	特细砂	—	0.01	<0.01	合格
12#	特细砂	—	0.02	<0.01	合格
13#	特细砂	—	0.02	<0.01	合格
14#	特细砂	—	0.01	<0.01	合格
15#	特细砂	—	0.02	<0.01	合格
16#	特细砂	—	0.03	<0.01	合格
17#	特细砂	—	0.01	<0.01	合格

根据《建设用卵石、碎石》（GB/T 14685—2022）中对建筑用石的技术要求，以及《建设用砂》（GB/T 14684—2022）中的要求，各地块尾矿的物理性质参见表 6-4。

表 6-4　各地块尾矿砂原矿物理性质检测指标

序号	表观密度 /（kg/m³）	堆积密度 /（kg/m³）	膨胀率/%	坚固性质量 损失率/%	压碎值指 标/%	SiO_2 质量分 数/%	K_2O+Na_2O 质量分数/%
1#	2407	1227	0.09	9.23	27	71.32	1.68
2#	2464	1295	0.1	9.53	29	74.45	1.89
3#	2501	1301	0.08	9.28	27	78.27	1.45
4#	2522	1348	0.09	9.36	24	65.32	2.68

续表

序号	表观密度 /（kg/m³）	堆积密度 /（kg/m³）	膨胀率/%	坚固性质量 损失率/%	压碎值指 标/%	SiO₂质量分 数/%	K₂O+Na₂O 质量分数/%
5#	2458	1288	0.09	9.75	29	77.66	0.70
6#	2419	1265	0.08	9.44	30	70.09	1.75
7#	2515	1308	0.09	9.19	26	68.41	0.84
8#	2518	1320	0.08	9.62	27	69.09	1.66
9#	2398	1206	0.09	9.47	26	73.66	1.48
10#	2464	1295	0.09	9.17	28	71.89	1.94
11#	2518	1318	0.10	9.87	26	70.77	1.28
12#	2520	1329	0.09	9.26	28	69.82	1.63
13#	2467	1295	0.08	9.33	28	71.29	1.49
14#	2528	1355	0.07	9.09	27	75.38	1.82
15#	2408	1249	0.09	9.81	29	73.39	1.69
16#	2513	1314	0.10	9.36	28	71.95	1.71
17#	2497	1299	0.09	9.15	27	72.99	1.29

根据《建设用卵石、碎石》（GB/T 14685—2022）中对建筑用石的技术要求，以及《建设用砂》（GB/T 14684—2022）中的要求，各地块尾矿的化学性质参见表 6-5。

表 6-5　各地块尾矿砂原矿化学性质检测指标

序号	泥块质量分数 /%	氯离子质量分 数/%	含水率 /%	云母质量分数 /%	硫酸盐及硫化 物质量分数 /%	石粉质量分数 /%
1#	0.02	0.02	7.58	0.83	1.56	53
2#	0.02	0.02	7.64	0.65	1.47	50
3#	0.01	0.01	6.98	0.75	1.31	52
4#	0.03	0.02	6.91	0.68	1.39	49
5#	0.02	0.01	7.39	0.71	1.51	53
6#	0.02	0.01	7.66	0.59	1.58	52
7#	0.01	0.02	7.38	0.82	1.09	50
8#	0.01	0.02	7.18	0.74	1.49	48
9#	0.02	0.01	7.86	0.84	1.42	51
10#	0.03	0.02	7.54	0.77	1.04	51
11#	0.01	0.01	7.47	0.69	1.22	49
12#	0.02	0.01	7.24	0.72	1.31	50

序号	泥块质量分数 /%	氯离子质量分数/%	含水率 /%	云母质量分数 /%	硫酸盐及硫化物质量分数 /%	石粉质量分数 /%
13#	0.02	0.02	6.88	0.81	1.53	53
14#	0.01	0.01	7.09	0.74	1.46	48
15#	0.02	0.02	7.48	0.82	1.49	54
16#	0.03	0.01	7.27	0.68	1.25	50
17#	0.01	0.02	7.46	0.63	1.16	50

通过各个地块的理化性质分析，可以得出初步结论：双河矿区的尾矿砂属细砂级，无放射物残留，有机物含量正常，经过加工后，完全具备制作建筑材料及相关产品的基础条件，可用于矿山生态修复中。

2. 资源化产品制备

结合产品市场情况以及各区域尾矿及废石性质，将产品定位为加气混凝土砌块、商品混凝土、预拌砂浆、免烧砖及透水砖、生态种植土 5 种产品。所有产品的生产过程避免高能耗，不产生二次污染。产品生产线规模如表 6-6 所示。

表 6-6　资源化产品生产规模表

序号	项目	单位	建设规模
1	加气混凝土砌块	万 m³/a	10
2	商品混凝土	万 m³/a	40
3	预拌砂浆	万 m³/a	20
4	免烧砖及透水砖	万块/a	3000
5	生态种植土	万 m³/a	10

五条生产线年消纳尾矿及废石量为 170 万 m³，按照双河矿区现有尾矿及废石资源储量计算，预计从项目运营开始，到矿产废弃物被完全消除，大约需要三年时间。

3. 产品工艺技术方案

1）加气混凝土砌块

加气混凝土砌块是以硅质材料（尾矿、砂）和钙质材料（生石灰和水泥）为原料生产的一种轻质保温隔热的新型墙体建材。其由于重量轻、保温性能好、产品本身可锯可钉、装修方便，是城市高层框架结构理想的建筑材料。本项目建立一条年产 10 万 m³ 的加气混凝土砌块生产线，预计年消耗铁尾矿砂最高达 6 万 m³。

产品性能符合国家标准《蒸压加气混凝土砌块》（GB/T 11968—2020），具体指标见表 6-7。

表 6-7　加气混凝土砌块生产经济技术指标

内容	产品指标
容量级别	600kg/m³、700kg/m³（即 B06、B07 级）
抗压强度等级	3.5MPa、5.0MPa、7.5MPa（即 A3.5、A5.0、A7.5 级）
质量损失	≤5%
干燥收缩值	≤0.8mm/m
导热系数	0.16～0.18W/（m·K）
抗冻融性能	冻后强度≥2.8MPa、4.0MPa、6.0MPa
隔声性能	30～50dB

2）商品混凝土

就地利用矿业开采生产的废石、尾矿资源生产商品混凝土。采用先进的生产设备，精确计量，均匀搅拌，配备完善的质检系统，保证质量。施工企业购买商品混凝土可以减少现场建筑材料的堆放，有利于保护环境、文明施工，同时，利用废弃资源减少开山挖砂等一次资源开发，不但节约成本，还具有深远的环保效益。本项目建设年产 40 万 m³ 商品混凝土生产线，年处理废石最高为 48 万 m³。产品性能符合《混凝土结构设计规范》（GB 50010—2002）规定的强度要求，具体指标见表 6-8。

表 6-8　商品混凝土生产经济技术指标

内容	产品指标
含气量	≤7%
坍落度	≤180mm
坍落度经时损失	≤30mm/h
扩展度	≥550mm

3）预拌砂浆

预拌砂浆是以尾矿和尾渣等再生骨料、水泥、水以及根据需要掺入的外加剂、矿物掺合料等组分按一定比例，经计量拌制后，在规定时间内运至使用地点的混凝土拌合物。预拌砂浆是新建和改造建筑中不可或缺的重要成分。以尾矿为原料生产的预拌砂浆能大幅降低建筑的二次施工率，在不断提高人们居住环境舒适度的同时，降低建筑耗能总量，有效缓解能源的供需矛盾，具有实际经济意义，又具有重要的社会意义和环保价值。本项目建立一个年产 20 万 m³ 的预拌砂浆生产线。产品性能符合预拌砂浆的生产技术标准，如表 6-9 所示。

表 6-9　预拌砂浆生产经济技术指标

内容	产品指标
表观密度	≥1800kg/m³
保水率	≥88%
14d 拉伸黏结强度	≥0.15MPa
28d 收缩率	≤0.20%
抗冻性	强度损失率≤25%、质量损失率≤5%
28d 抗渗压力	≥0.6MPa
2h 稠度损失率	≤30%

4）免烧砖及透水砖

本项目建立一条年产 3000 万块砖的生产线，包括年产 2500 万块免烧砖生产线和年产 500 万块透水砖生产线，铁尾矿掺量在 70%～90%，预计年消耗废石约 10 万 m³。

（1）免烧砖。利用铁尾矿、粉煤灰、煤渣、煤矸石、尾矿渣、化工渣或者天然砂、海涂泥等（以上原料的一种或数种）作为主要原料，不经高温煅烧而制造的一种新型墙体材料称为免烧砖。免烧砖符合中国"保护农田、节约能源、因地制宜、就地取材"的发展建材总方针，符合《财政部 国家税务总局关于继续对部分资源综合利用产品等实行增值税优惠政策的通知》（财税字〔1996〕20 号）中规定的产品属于全免增值税的建材制品。免烧砖生产经济技术指标如表 6-10 所示。

表 6-10　免烧砖生产经济技术指标

内容	产品指标
颜色分类	本色（N）和彩色（Co）
强度等级	MU30、MU25、MU20、MU15、MU10
干质量损失	单块值≤2%
干燥收缩值	≤0.65mm/m
碳化系数	K_c≥0.8

（2）透水砖。根据该项目尾矿情况，设计生态透水砖生产线，充分利用尾矿资源，提高资源化利用效率，制备的生态透水砖产品要求符合国家生产经济技术标准，其生产经济技术指标如表 6-11 所示。

表 6-11　生态透水砖生产经济技术指标

分类	内容		产品指标
产品性能	抗压强度等级		Cc30，Cc35，Cc40，Cc50，Cc60
外观质量	正面粘皮及缺损的最大投影尺寸		10.0mm
	缺棱掉角的最大投影尺寸		15.0mm
	裂纹	贯穿裂纹	10.0mm
		非贯穿裂纹长度最大投影尺寸	0.0mm
	分层		不允许
	色差		不明显
尺寸允许偏差	长度、宽度		±2.0mm
	厚度		±2.0mm
	厚度差		±2.5mm
	垂直度		≤2.0mm
	平整度		≤2.0mm
	直角度		≤2.0mm
抗折破坏荷载	—		当产品的边长/厚度≥5 时，其抗折破坏荷载不小于 6000N
物理性能	耐磨性		磨坑长度不大于 35mm
	保水性		小于 0.6g/m^2
	透水系数		透水系数（15℃）≥1.0×10^{-2}cm/s
	抗冻性		25 次冻融循环后外观质量应符合外观质量的规定，且抗压强度损失率不得大于 20.0%

5）生态种植土

项目预计建立一条年产 10 万 m^3 生态种植土的生产线，使尾矿资源能够得到合理利用，提高资源利用率，同时制备的生态种植土含有多种矿物和微量元素，用于废弃矿山修复过程中土壤结构的改良，增加有机质含量，能够满足植物对各种元素的需求，从而达到以废治废的目的。选择污染物不超标的尾矿库开展种植土的生产。

6.3.2　矿区地形景观重塑

1. 消除矿区重金属污染

1）土壤修复剂修复

对重金属污染土壤进行修复，既能消除土壤中重金属，又能改善土壤环境，制备出土壤堆肥，增加土壤肥力，循环用于矿山生态修复。利用污泥、生石灰、膨润土、壳聚糖等按照一定的比例制备土壤修复剂，经过蚯蚓等生物分解后，按照一定的比例掺进被重金属污染的土壤中，通过离子交换法交换土壤中的重金属离子，可使污染土壤中的重金属含量下降 30%～70%，增加土壤肥力，不会造成二次污染。

2）动植物生态修复

综合利用特定动植物进行重金属污染土壤修复，操作简单、修复效果好、持续时间长。选定待修复的重金属污染土壤，人工清除杂草、灌木。秋末冬初时节施足腐熟有机农杂肥，深耕，使土壤风化，冻死越冬害虫，土地耕透耙碎。春季土壤解冻后平均气温达到 10℃以上时，移栽具有富集重金属能力的速生乔木加拿大杨。移栽完成后，在气温达到 15℃以上时，引入蚯蚓进行修复，之后收集蚯蚓。在蚯蚓修复过程中第一次收集蚯蚓后，引入对 Cu^{2+} 具有超积累作用、生长速度快的草本植物鸭跖草，增强对浅层土壤铜离子的富集作用，之后将鸭跖草植株连根整体移除。

2. 矿山局部湿地营造

1）湿地类型的选择

目前，国内外相关的专家对人工湿地的分类各异，但最广泛的分类方式是按照实际工程布水方式差异分为表面流人工湿地、垂直流人工湿地、水平潜流人工湿地，如表 6-12 所示。

表 6-12　人工湿地分类及特性

类型	优点	缺点	基质特点
表面流人工湿地	工程造价低，便于运行管理	容易滋生蚊虫，散发异臭，对环境产生的效果极差	一般为土壤、沙子等
垂直流人工湿地	硝化能力优于水平潜流人工湿地，适用于处理氨氮较高的污水	易堵塞，基建要求较高。故需采用具有良好空隙、水体易通过的基质填料	豆石、砾石、炉渣等孔隙率较大的基质

续表

类型	优点	缺点	基质特点
水平潜流人工湿地	环境效果较好,与表面流人工湿地相比较水力负荷较大	在实际运行时难以控制,脱氧除磷效果相对垂直流人工湿地差	基质类型较多,如沙子、砾石、沸石或煤渣。或以上几种基质以不同比例混合

2）湿地植物的选择

根据目前人工湿地植物品种的特性及应用现状可将人工湿地植物划分为水生、湿生和陆生三大类型,如表 6-13 所示。

表 6-13　人工湿地植物类型与典型代表

类型	名称	特征	代表植物	适宜环境
水生类型	挺水植物	植物的根、根茎生长在水的底泥之中,茎叶伸出水面	芦苇、莲、水芹、茭白、荷花、香蒲	水体中或河海沿岸
	浮水植物	漂浮于水中生长或根固定在水底,叶浮在水面	水禾、槐叶萍、凤眼莲、浮萍	
	浮叶植物	根附着在底泥或其他基质上,叶片漂浮在水面	睡莲、莕菜、菱、萍蓬草	
	沉水植物	根、根须或叶状体及叶片都生长在水面下的大型植物	苦草、金鱼藻、狐尾藻、黑藻	
湿生类型	湿生草本植物	在水分过剩环境中能够正常生长的草本植物	姜花、海芋、春羽、龟背竹	土壤水分充足的沼泽地、河海沿岸
	湿生木本植物	在水分过剩环境中能够正常生长的木本植物	水杉、池杉、欧美杨	
陆生类型	陆生草本植物	可以适应潜流人工湿地环境的各种耐污的草本植物	萼距花、金盏菊、香石竹、笼草	一般陆生环境生长
	陆生木本植物	可以适应潜流人工湿地环境的各种耐污的木本植物	夹竹桃、木槿、小叶女贞、栀子花	

3）湿地填料的选用

在选择填料时要遵循机械强度高、化学稳定性好、孔隙率高、不易阻塞、比表面积大、价格实惠等原则。在人工湿地系统中,天然填料因具有良好的处理效果、来源广、价格实惠等优点而成为使用最广泛的填料。根据填料对主要污染物的吸附程度选取石灰石、页岩和沸石组合运用于人工湿地中。

6.3.3 矿区土地类型划分

根据对双河矿区范围内现状基础条件、生态地质环境条件、土地破坏类型和地物资源化利用条件等进行综合分析,将双河矿区划分为四大发展片区,分别为北部发展片区、中部两河沿岸发展片区、南部水库周边发展片区和寒岭镇综合发展片区。矿区空间结构划分如图 6-10 所示。

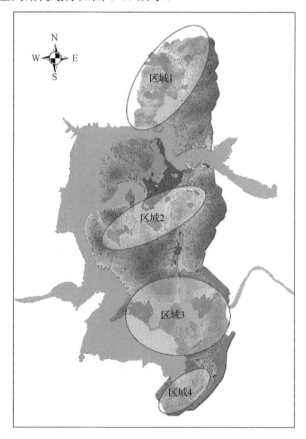

图 6-10 矿区空间结构划分

1. 北部发展片区

北部发展片区所处位置为蓑窝水库以北(图 6-11)。目前片区内生态破坏用地共 19 处,总面积 167.45hm²,其中包含尾矿库 7 处,采场 4 处,排土场 3 处,工矿厂区 5 处。

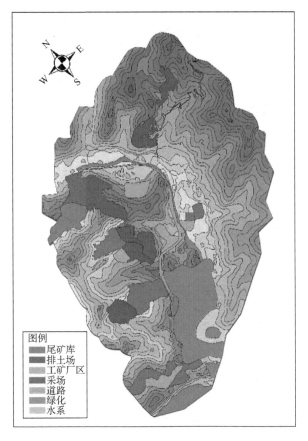

图 6-11　矿区北部发展片区

2. 中部两河沿岸发展片区

中部两河沿岸发展片区所处位置为太子河与细河之间（图 6-12）。目前片区内生态破坏用地共 38 处，总面积 132.39hm^2，其中包含尾矿库 11 处，采场 13 处，排土场 9 处，工矿厂区 5 处。

3. 南部水库周边发展片区

南部水库周边发展片区所处位置为蓖窝水库东南沿岸地带（图 6-13）。目前片区内生态破坏用地共 52 处，总面积 177.77hm^2，其中包含尾矿库 25 处，采场 6 处，排土场 7 处，工矿厂区 14 处。

图 6-12　矿区中部两河沿岸发展片区

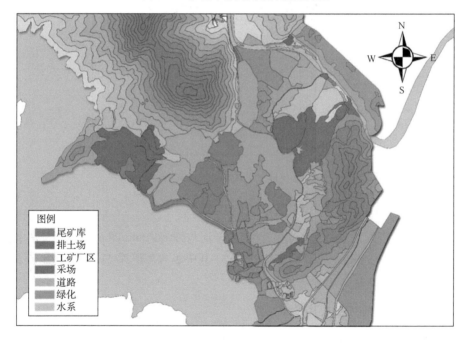

图 6-13　矿区南部水库周边发展片区

4. 寒岭镇综合发展片区

寒岭镇综合发展片区所处位置为蓑窝水库南沿岸寒岭镇范围内（图 6-14）。目前片区内生态破坏用地共 81 处，总面积 49.16hm²，其中包含尾矿库 23 处，采场

1 处，排土场 7 处，工矿厂区 50 处。

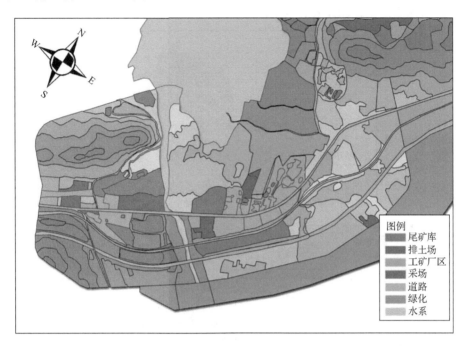

图例
■ 尾矿库
■ 排土场
□ 工矿厂区
■ 采场
■ 道路
■ 绿化
■ 水系

图 6-14　寒岭镇综合发展片区

6.4　产　业　发　展

6.4.1　矿山循环经济产业

按照循环经济理念，通过深入研究铁尾矿和废石综合利用技术，创新铁尾矿资源化利用模式，推进国家矿山循环经济产业示范区的建设。培育一批典型项目和重点企业，强化市场和政策保障，切实提高区域铁尾矿和废石的利用率和效益，在双河铁矿区打造集建筑材料生产、科技研发、技术示范、科普宣传、观光休憩和投融资服务于一体的循环经济产业区。加快矿产资源等优势资源转换效率，大力发展循环经济，积极推广矿产资源节约综合利用和环境保护技术，提高矿产资源利用效率。将矿山资源开发产业与资源循环利用相结合，加强矿山开采的残土和舍岩的综合利用以及尾矿资源的高水平开发，将双河矿区建设成为东北地区重要的矿山循环经济发展地带。

为避免造成双河矿区的二次污染，合理利用土地资源，节约深加工产品的运输成本，双河矿区内建设循环经济产业园 5 处，分别位于双河矿区南部道路西侧、原西洋鼎洋尾矿库西侧、双河矿区北部细河景观带西侧、矿区中部太子河沿岸和矿区北部鸡冠山村,以实现矿区尾矿综合利用、区域循环发展的最终目的。矿区循环经济加工厂位置如图 6-15 所示。

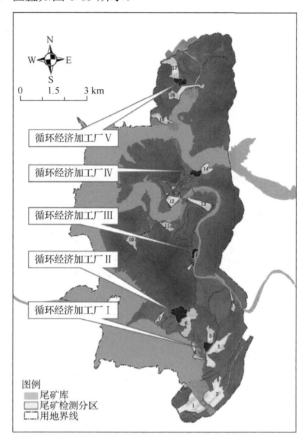

图 6-15　矿区循环经济加工厂位置

6.4.2　矿山生态农业产业

双河矿区内农业的发展定位是特色生态观光农业,为区域的旅游提供生态农产品和相关农家风情服务,延伸农业第一产业的功能到农业服务业第三产业功能。在双河矿区建设中,以"新型城镇化建设"为目标,强化农业的服务功能、生态功能以及社会功能,发展建设生态观光农业,实现双河矿区内农业由传统农业向现代服务型农业的转变。合理配置土地资源,充分保护耕地,通过荒山造林、荒地复垦、退矿还田和复垦造地等措施,使减少的耕地、园地等农用地得到补充,保证耕地总量动态平衡。

通过转变农业发展方式,大力发展现代生态农业,建设现代生态旅游农业景区。依托现有自然农业资源,将矿区划分为特色林业区、休闲农业区和观光农业区三类四大片区（图 6-16）。寒岭镇和鸡冠山村地理位置优越，依托铧子国家公益林场重点发展特色林业，双河村依托太子河和细河流域重点发展休闲农业，前牌坊村依托蓇窝水库重点发展观光农业。

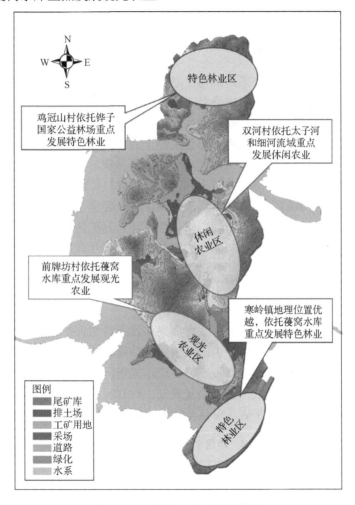

图 6-16　矿区生态农业发展分区

6.4.3　休闲服务产业

在双河矿区发展现代休闲服务业，可以提高双河矿区土地综合使用效率，提升区域竞争力，在双河矿区内尽可能多地布局为生产生活以及旅游服务的公共设施，满足片区发展的需求。主要沿省道布置商业设施和休闲设施，在进入矿区内部的道路入口处，利用充足的用地条件和周边良好的景观资源，布置文化活动设施用地和旅馆用地。

6.5　规划前后效益评价

6.5.1　生态系统服务功能

1. 生态系统服务功能改善

生态系统服务功能是生态系统与生态过程所形成及维持的人类赖以生存的自然环境条件与效用。该矿山生态修复工程是以恢复区域生态类型、改善生态环境条件、维护生态平衡、提供科教和满足当前及未来人们生活更高需求为目标的一项经济、社会双赢工程。矿区生态修复工程全面实施后，矿区植被面积大幅度增加，可有效吸滞粉尘，净化空气，提高环境空气质量，还可防风固沙，减少水土流失，减少土壤水分蒸发，改善土地利用状况。通过矿区生态修复工程，矿区的污染减小，周边区域的生态环境得到改善和恢复，促进了整个矿区自然生态系统的融洽和协调，使矿区生态环境形成良性循环，为矿区和周边群众创造良好的生存环境。这些生态系统服务功能之间相互影响、相互联系、共同作用，大大提高了周边地区居民的福祉。

2. 生态系统服务功能评估

将现有生态系统服务功能评价研究成果与双河自然保护区实际情况相结合，选取与矿区联系最为密切的六种生态系统服务功能，即气体调节、气候调节、水源涵养、土壤保育、生物多样性及废物处理。采用区域生态系统服务价值评估模型，结合矿区资源化与能源化生态修复规划，对双河矿区生态修复之后各种生态系统服务功能的价值进行评估。项目全部建成后新增生态效益如表 6-14 所示。

表 6-14　项目全部建成后新增生态效益

生态系统服务类型	项目全部建成后新增生态效益/（万元/a）
气体调节	3150
气候调节	5450
水源涵养	5149
土壤保育	3236
废物处理	7057
生物多样性	3277
总价值	27319

由于矿业生产产生的废弃物会长久残存于生态系统中，进行生态修复之后整个区域生态系统的抵抗力及恢复力增强，自净能力增加，能够有效减少系统中的

污染物质。其中，气体调节服务主要体现在矿山恢复之后当地空气质量净化方面，矿山生态修复项目能够直接减少双河矿区的扬尘源，减少空气污染；气候调节服务是双河矿区生态修复之后提供的固碳释氧的功能，这种服务功能不仅对调节区域内小气候具有重要的意义，而且对大尺度气候变化也有深远的影响；植被是重要的水体涵养源，生态修复之后植被面积大大增加，其水源涵养能力增加，会影响葠窝水库水量及下游地区的供水功能（吴阳，2017）；土壤保育服务源于矿业活动破坏地表，土壤被压占、侵蚀，恢复之后可以有效固土保肥；生物多样性服务体现在当地物种的分布情况，双河自然保护区生物资源丰富，但矿山开采使当地的生物多样性严重受损，植物、动物绝迹，生态修复之后能够大大改善生境质量，提高区域生物多样性。

6.5.2 资源化修复效益

本项目中的废石尾矿资源化利用和旅游业的发展将会带来可观的经济效益，同时矿区生态恢复治理工程全面完成后，可以改善矿区生态环境，节约大笔的排污费和环境治理费用，并带来一定的土地价值增值，成为当地经济发展新的增长点。具体经济效益主要表现在以下几个方面。

1. 废石尾矿资源综合利用效益

采用资源化矿山修复模式，充分利用矿山废弃地土地资源及矿物资源。该模式下将部分土地资源作为苗圃用地，矿产废弃物作为建材产品生产原料，通过计算，建材产品及绿化产品年平均销售额为 6225 万元。

2. 旅游产业效益

矿山地区可结合当地自然景观发展矿山旅游产业，根据该地区实际资源条件，预估每年可带来 54375 万元的旅游经济收益。

3. 土地价值增值

土地的价值一般根据地理位置、周围环境、交通状况、公用设施、土地用途等因素确定。由于本项目为双河及周边地区生态修复建设工程，直接影响建设或改造道路两侧土地价值，整体景观美感大幅提升，土地价值能够得到极大的提升。土地价值的增值以土地使用费的形式反映，根据土地开发面积和土地增值系数进行计算，可创造年收益 25515 万元。

4. 节约废弃矿山维护费用

经计算，项目范围内对周边环境造成安全隐患的尾矿及废石共 484.05 万 m^3，以最低维护费用 1 元/m³ 计算，年需投入维护费用 484.05 万元。采用资源化矿山修复方案消除尾矿，可节约维护费用。

根据计算结果，全部项目建成之后，每年新增的经济效益达到 86599.05 万元，具体明细如表 6-15 所示。

表 6-15　规划项目全部建成后双河矿区的新增经济效益

类型	经济效益/（万元/a）
废石尾矿资源综合利用	6225
旅游产业	54375
土地增值	25515
节约废弃矿山维护费用	484.05
总价值	86599.05

从表 6-15 中数据可以看出，在矿山生态修复工作完成后，产生最大经济效益的是旅游产业，其次是土地增值，但土地增值具有典型的区域性特征，随市场波动较大。废石尾矿资源综合利用效益与节约废弃矿山维护费用产生的经济效益最低，但环境效益最大，符合国家提倡的"绿水青山"生态理念，因此，这种修复模式具有广阔的发展前景，值得在我国矿山修复工作中进行推广。

6.6　本 章 小 结

本章从矿区废弃地物综合利用与保护生态环境的角度，针对辽阳矿山地区的环境特点，重点解决采矿业开发带来的影响区域可持续发展的核心问题。基于生态学与城乡规划相关理论，通过分析双河矿区的自然条件、地质环境条件、生物条件以及矿业发展条件风险，构建矿山整体生态安全格局；并针对矿山生态环境进行矿产废弃物综合利用、矿区地形景观重塑和土地类型重新划分，确定矿区主导产业，即循环经济产业、生态农业和休闲服务业。围绕山、水、矿、农、林五大核心资源，通过区域交通建设和完善，发展矿山生态旅游产业；并用若干年的时间完成矿山生态恢复和资源化利用矿产废弃物任务。在确定规划总体空间结构的基础上，本章进一步细化用地布局网络，确定区域重点建设工程，着力加强矿山地区生态环境保护，推进尾矿、废石等废弃资源综合利用，推进矿山废弃地环境治理及综合利用；旨在修复矿山环境，保护矿山生态，综合利用矿区废弃资源，以达到生态修复和经济发展的双重目的。

参 考 文 献

陈晨, 2013. 太子河流域生态系统健康评价研究[D]. 湘潭: 湖南科技大学.

环境保护部, 2010. 环境监测 分析方法标准制修订技术导则: HJ 168—2010[S]. 北京: 中国环境科学出版社.

姜素, 陆华, 曹瑞祥, 等, 2014. 某铁矿尾矿库及周边土壤重金属污染评价[J]. 环境科学与技术, 37(S1): 274-278.

李超, 郭进, 2015. 辽阳双河地区生态治理策略研究[J]. 中国人口·资源与环境, 25(S2): 313-315.

刘小杨, 2014. 辽宁鞍山-本溪地区深部地质特征及三维地质建模[D]. 长春: 吉林大学.

生态环境部, 2018. 土壤环境质量 建设用地土壤污染风险管控标准(试行): GB 36600—2018[S]. 北京: 中国环境科学出版社.

生态环境部, 2018. 土壤环境质量 农用地土壤污染风险管控标准(试行): GB 15618—2018[S]. 北京: 中国环境科学出版社.

宋凤敏, 张兴昌, 王彦民, 等, 2015. 汉江上游铁矿尾矿库区土壤重金属污染分析[J]. 农业环境科学学报, 34(9): 1707-1714.

王霄宇, 2016. 葠窝水库健康评价及治理对策[J]. 水利规划与设计(10): 61-63.

吴阳, 2017. 基于 GIS 的辽阳市生态保护红线划分及管理对策研究[D]. 沈阳: 辽宁大学.

武建勇, 陈世权, 周福庆, 等, 2017. 辽宁双河铁矿地质特征及控矿因素分析[J]. 矿产勘查, 8(2): 265-271.

张琪, 2019. 辽阳市双河小流域侵蚀性降雨特征研究[J]. 水利技术监督(2): 125-128.

张晓薇, 王恩德, 安婧, 2018. 辽阳弓长岭铁矿区重金属污染评价[J]. 生态学杂志, 37(6): 1789-1796.

赵静, 2015. 葠窝水库水质及生态环境现状与具体保护措施[J]. 水资源开发与管理(3): 60-62.

中国环境监测总站, 1992. 土壤元素的近代分析方法[M]. 北京: 中国环境科学出版社.

Hou X Y, Liu S L, Zhao S, et al., 2018. Interaction mechanism between floristic quality and environmental factors during ecological restoration in a mine area based on structural equation modeling[J]. Ecological Engineering, 124: 23-30.

第7章　抚顺煤矿区生态修复与产业规划

抚顺煤矿始采于 1901 年，新中国成立以来累计生产优质煤炭近 8 亿 t，这座城市曾因此享有"煤都"美誉，为国家经济建设和地方社会经济发展作出过巨大贡献。但随着煤炭资源的日渐枯竭，传统煤炭行业面临产业转型和可持续发展问题，煤炭开采造成的资源逐渐枯竭、生态破坏、环境污染和次生地质灾害等，已经成为抚顺城市可持续发展和抚矿集团转产转型面临的严峻问题。本章结合抚顺煤矿区生态环境治理现状和难题，提出矿山生态修复新模式，通过矿山生态修复与矿区废弃土地综合利用，谋划适宜资源枯竭型城市产业转型升级的合理方式，探索资源枯竭型城市的可持续发展道路。

7.1　区　域　概　况

7.1.1　区域自然概况

7.1.1.1　地形地貌

辽宁省抚顺市素有"煤都"之称，位于辽宁省东部，东与吉林省接壤，西距省会沈阳市 45km，北与铁岭市毗邻，南与本溪市相望。地理坐标为东经 123°39′42″～125°28′58″、北纬 41°14′10″～42°28′32″。抚顺境内平均海拔 80m，地处中温带，属大陆性季风气候，市区位于浑河冲积平原上，三面环山，是一座美丽的带状城市。抚顺地区地貌单元分成构造剥蚀山地丘陵区、侵蚀堆积波状平原区和冲积平原区三个小类。构造剥蚀山地丘陵区主要沿浑河两岸分布；侵蚀堆积波状平原区分布于丘陵山地与河谷平原的过渡地带，其海拔标高和地形坡度变化较大；冲积平原区由一级阶地和河漫滩组成，分布于浑河水系两岸和靠近沈阳地段。浑河区一级阶地发育范围较大，阶地面开阔平坦，宽 1～3km，微向河床倾斜，地势从东向西逐渐降低（高伟程等，2015；许波波等，2009）。

7.1.1.2　地质构造

抚顺地区出露的地层由老至新有：太古界变质杂；元古界钙镁质化学沉积岩及陆源碎屑，出露主要有白云岩、灰岩、大理岩、石英砂岩等；中生界侏罗系小东沟组紫色粉砂岩、白垩系小岭组安山岩夹凝灰质粉砂岩、梨树沟组粉砂质页岩及含砾砂岩；新生界古近系及第四系。其中古近系主要分布在抚顺地区的浑河断裂盆地内，为含煤地层和泥质岩、玄武岩、凝灰岩、火山角砾岩等。第四系在河谷平原区多为冲积层，在其下部为砾石、砂砾石层，上部为黏土层（王声喜等，2008）。

抚顺城区位于华北地台胶辽台隆，铁岭-靖宇台拱内的抚顺凸起与汎河凹陷两个构造单元的交界部位。抚顺市区的深层断裂属郯庐断裂带系，抚顺-营口超岩石圈断裂带与二界沟岩石圈断裂在抚顺汇合为一条，即称浑河断裂带，为区域性北东向断裂体系；北西向构造体系的断裂带为紫花断裂带；弧形断裂体系为章党-柴河堡弧形断裂带。抚顺城区地质构造复杂，横穿抚顺城区的两条近乎平行走向呈北东东向的 F1 和 F1A 断层为浑河断裂的主干断裂，两者都为压扭性断裂，同时在浑河断裂带形成和发展的过程中也伴生出数条低次序如 F41、F42、F39、F44、F45 等断裂构造（高伟程等，2015）。

7.1.2　矿区基本情况

抚顺矿区现拥有露天矿坑两座，分别为：西露天矿坑、东露天矿坑。矿区现有舍场三座，分别为：西舍场、汪良舍场和南舍场。矿区产权隶属于抚顺矿业集团有限责任公司。

1. 西露天矿坑

抚顺西露天矿坑曾经是亚洲最大的露天矿坑，它记载了抚顺煤炭开采的历史。矿坑位于抚顺市望花、新抚、东洲三个区的交界处，南侧为千台山，东侧为市区公路和电铁线路，与东露天矿采场毗邻，西侧为古城子河，北侧就是抚顺市中心区。西露天矿历经百余年开采，形成了东西长 6.6km、南北宽 2.2km、垂直深度距地表 420m（海拔-340m）、面积 10.87km^2 的矿坑（图 7-1）。

2. 东露天矿坑

东露天矿坑位于抚顺市区南部、抚顺煤田东部，东西长 5.7km、南北宽 1.9km，面积为 9.2km^2（图 7-2）。东露天矿自 2006 年以露天开采的方式恢复开采以来，尚未到达开采年限。目前北帮尚未到界，南邦上部局部到界，没有闲置土地。东露天矿的生态修复重点是进行周边绿化，使其形成一个封闭圈（张防修等，2012）。北帮规划在-280m 地表界外，修筑高为 5m 的土堤，形成一条东西长 4500m、宽 10m 的绿化带，实现与南邦和端帮闭合的绿化带，利用两年的时间建成（鲁冰等，2015）。

3. 西舍场

西舍场位于西露天矿坑的西南侧，是西露天矿的排岩场地（图 7-3）。目前西舍场的用地处于闲置状态，其土地性质为城市发展、工业项目建设的储备用地。

图 7-1　西露天矿实景

图 7-2　东露天矿实景

图 7-3　西舍场实景

4. 汪良舍场

汪良舍场位于西露天矿坑南部，曾为西露天矿的排岩场地（图 7-4），已到达使用年限。2013 年汪良舍场通过了省国土资源厅批准实施的征地增减挂钩指标复垦农用地项目，随后，沈抚新城管理委员会完成了复垦项目施工招标工作，准备进行生态规划和相关生态恢复工程的实施。

图 7-4　汪良舍场现场实景图

5. 南舍场

南舍场位于东露天矿坑的东南侧，曾为东露天矿的排岩场地（图 7-5）。南舍场到达使用年限后，其闲置土地开始进行综合利用。目前，南舍场已开始进行光伏发电产业建设的相关工作，并获得了一定的收益；尚有 192hm² 土地闲置，可进行综合利用。

图 7-5　南舍场现场实景图

7.1.3　抚矿集团概况

1. 抚矿集团总体概况

抚顺矿业集团有限公司（以下简称抚矿集团）在 2001 年由原抚顺矿务局改制组建，为省属国有企业，现隶属于辽宁能源产业控股集团公司。自抚矿集团成立以来，为国家经济建设和地方社会发展作出了巨大贡献。

2. 抚矿集团产业概况

抚矿集团的主要产业构成是以煤炭和油页岩的开发和综合利用为核心，辅以再生造纸、页岩油化工、热电火工、电铁运输、电力通信、矿山装备制造、工民建筑施工、房地产开发、建材及医疗卫生、教育培训等相关产业（王舒虹，2016）。抚矿集团主要产业结构如图 7-6 所示。

图 7-6 抚矿集团主要产业结构图

7.1.4 抚顺煤矿资源概况

矿区现有三种类型资源，分别为原生矿产资源、采矿废弃资源和其他可利用资源。原生矿产资源主要包括：煤炭资源、油页岩资源、绿页岩资源、第四纪黄土资源等。采矿废弃资源主要包括：油页岩废渣资源、废弃黄土资源、洗后煤矸石资源和矿井水资源等。其他可利用资源主要包括：矿区土地资源、矿坑空间资源、周边林业资源、人力资源和旅游资源等。

7.1.4.1 原生矿产资源

1. 煤炭资源

西露天矿作为抚顺矿区最大最早的采矿场所，已累计采出煤炭约 2.5 亿 t。目前西露天矿同时也作为东露天矿开采的排土场，每年约有 1800 万 m³ 的废石回填到西露天矿（刘娜，2013）。东露天矿的规模略小于西露天矿，其煤炭地质储量略低于西露天矿。

2. 油页岩资源

油页岩是一种含有可燃性有机质的黏土岩或泥灰岩矿物。油页岩经过干馏加工，充分利用其有机质，可以生产页岩原油，再炼制加工成汽油、煤油、柴油、润滑油等各种石油产品。抚矿西露天铁矿区是中国油页岩开发利用的主要矿区之一。

3. 绿页岩资源

绿页岩是由黏土脱水胶结而成的岩石，以黏土类矿物（高岭石、水云母等）为主。绿页岩是生产陶粒的极好原料，特别是可制备超轻陶粒，超轻陶粒可用于制作保温砌块、轻质保温墙板，也可用于化工工业炉炉衬，还可用作水处理滤料等。绿页岩用于发泡陶瓷原料，掺量达 70%～90%，制备的发泡陶瓷制品技术指标达到了行业标准。

4. 第四纪黄土资源

第四纪黄土是第四纪时期由于冰川的研磨作用及沙漠的风化、吹扬、磨蚀作用，产生了大量的粉砂级碎屑，通过风、流水、冰川等外力搬运、堆积作用，在干旱、半干旱草原气候带形成的一种富含钙质的棕黄色陆相堆积物。该矿区的第四纪黄土全部产于东露天矿。

7.1.4.2　采矿废弃资源

1. 油页岩废渣资源

油页岩废渣是油页岩矿在炼制原油过程中产生的主要固体废弃物，产生量巨大，如图 7-7 所示。目前油页岩废渣的主要处置方式为堆砌和充填西露天矿坑，并没有进行综合利用，导致资源浪费，容易产生冒烟、起火等环境问题。

2. 废弃黄土资源

废弃黄土是由煤炭开采产生的废弃物，主要是第四纪黄土。主要综合利用方式是将其搬运至废弃土地进行土地的复垦。

3. 洗后煤矸石资源

洗后煤矸石是采煤过程与洗煤过程中排放的固体废弃物，是一种在成煤过程中与煤层伴生的含碳量较低、比煤坚硬的黑灰色岩石，如图 7-8 所示。主要用于制取铝系、硅系及氧化铁等产品，以及生产有机复合肥、微生物肥料等，进行燃料提取用作发电，制作琥珀作为医药原料或工艺品，还有生产矸石水泥、混凝土的轻质骨料、耐火砖等建材。此外还可用于回收煤炭，煤与矸石混烧发电，以及提取贵重稀有金属。

图 7-7　油页岩废渣

图 7-8　煤矸石资源

4. 矿井水资源

煤矿矿井水是指在采煤过程中，所有渗入井下采掘空间的水，有时也含有少量渗入的地表水。煤矿矿井水处理技术主要有：中和酸性水、絮凝处理去除悬浮颗粒物、反渗透去除可溶性盐类等技术以及组合。精华处理后的矿井水可用于生活或者工业用水。

7.1.4.3　其他可利用资源

1. 矿区土地资源

目前矿区可利用土地共四处，包括一个矿坑——西露天矿坑，以及三个舍场——西舍场、南舍场和汪良舍场，具体位置见图 7-9。

图 7-9　矿区可利用土地分布图

目前矿区可利用土地总面积 27.88km²，包括：西露天矿坑 10.87km²，西舍场 11.44km²，汪良舍场 2.65km²，南舍场 2.92km²。具体见表 7-1。

表 7-1 抚顺矿区可利用土地资源

序号	位置	占地面积/km²
1	西露天矿坑	10.87
2	西舍场	11.44
3	汪良舍场	2.65
4	南舍场	2.92
5	总计	27.88

2. 矿坑空间资源

西露天矿空间资源丰富，如充分利用矿坑空间资源发展部分产业，可使矿坑变废为宝，因此矿坑具有很大的利用空间与价值。

3. 周边林业资源

抚矿集团森林资源丰富，树种结构主要以落叶松、油松、红松、樟子松、刺槐、柞树等为主。林地分布于辽宁省抚顺市、沈阳市、铁岭市等地。

4. 人力资源

抚矿集团人力资源丰富，职工组织结构复杂。现有从事煤炭和页岩油生产及科研人员近万人，其中包括拥有初级、中级、高级职称人员近千名，拥有初级、中级、高级技术工种七千多人。

7.1.4.4 旅游资源

抚顺西露天观景台目前共有一个博物馆和四个景区，即抚顺煤矿博物馆、露天矿大型设备陈列广场、西露天矿坑、大型毛泽东塑像和平顶山惨案纪念馆，位于西露天矿坑的西南部，占地面积约 3 万 m²。

1. 抚顺煤矿博物馆

抚顺煤矿博物馆于 2011 年建设，占地面积 29353m²，2015 年 12 月被评为国家 3A 级景区，如图 7-10 所示。修建目的是记录和传承抚顺煤矿历史，弘扬抚顺煤矿百年历程的文化底蕴，让社会和后人牢记抚顺煤矿和煤矿工人为国家建设作出的突出贡献。博物馆总建筑面积为 6629m²，共 4 层楼，分为"物华天宝""百年回眸""熔铸辉煌"三个展区，在博物馆顶层设有呈 360°的瞭望塔，游人可在此处一览浩瀚煤海全貌。

2. 露天矿大型设备陈列广场

在抚顺煤矿博物馆的东侧是露天矿大型设备陈列广场，如图 7-11 所示。陈列广场南侧展出了西露天矿采装、剥离和运输三个关键环节中不同生产时期使用过的德国、捷克、苏联等国生产及国产不同型号的蒸汽机车、电机车、自翻车、挖掘机、推土机和 108t 大型采矿汽车，以及苏式、日式电铲等 17 台大型矿山设备，并于 2016 年增设了一台 106 大型电镐，以及"十最"标志。

图 7-10　抚顺煤矿博物馆　　　　　　图 7-11　露天矿大型设备陈列广场实景

3. 西露天矿坑观景台

在露天矿大型设备陈列广场的北侧，与碑刻遥相呼应的是三个观景台。一号观景台是毛泽东当年视察时在此观看矿坑，二号、三号观景台是近年修建的，供游人饱览亚洲第一大露天矿坑神奇景观（图 7-12）。

图 7-12　西露天矿坑

4. 大型毛泽东塑像

在抚顺煤矿博物馆的南侧是毛泽东塑像。在毛泽东塑像的西侧，是由大理石砌筑的"西露天矿参观台重要接待大事记""抚顺西露天矿矿史"和"大鹏扶摇上青天，只瞰煤海半个边"三个碑刻。在矿史碑刻里记录了百年矿山发展的历程和为祖国建设作出的贡献。

5. 抚顺平顶山惨案纪念馆

抚顺平顶山惨案纪念馆是记录日军"九一八"事变侵华滔天罪行的证据，是国内保存最完好的二战期间日本帝国主义屠杀中国平民的现场，属全国重点保护单位。2016 年 12 月，抚顺平顶山惨案纪念馆入选"全国红色旅游景点景区名录"。

7.2 区域主要问题分析

7.2.1 生态环境问题

7.2.1.1 地质灾害

通过对矿区地质灾害进行评估，可以确定抚顺矿区属于地质灾害危险区，主要是受区域大规模的采矿活动以及复杂的地质构造所影响。未来一段时期内发生滑坡、地面变形以及地裂缝等地质灾害的可能性很大（张平等，2015）。同时，随着西露天矿的降深开采，采掘深度及内排土量的增加，界边坡不断风化出现裂缝，导致内部可燃物料通过缝隙接触到空气进而发生透氧自燃。煤炭自燃火灾不仅会造成矿井设备和煤炭资源的巨大破坏和损失，而且也严重威胁到井下作业人员的生命安全，甚至会引发瓦斯、煤尘爆炸等重特伤亡事故（贺清等，2014）。

7.2.1.2 环境污染

1. 烟尘污染严重

煤矿开采、运输过程中，会产生大量扬尘。矿区内的透氧燃烧、油页岩的生产过程中也会产生大量烟尘，这些烟尘含有很多对人体健康不利的化学物质。尤其在季风的作用下，这些烟尘大范围快速扩散，对矿区周边动植物健康以及人类生产、生活造成严重的负面影响。

2. 土壤及水系污染严重

在煤矿开采、油页岩生产过程中会产生大量废水。这些废水中含有大量有机污染物和重金属元素。废水的不当处理会对周边的河流、地下水体造成严重污染。因开矿工艺和流程的要求，一般在开矿活动中都会先将渗入作业区的地下水排干。长此以往，地下水水位下降也是必然的结果。西露天矿历经百余年的开采，目前地下水水位已经受到影响（杨芃，2014）。此外，在开采过程中还产生了大量含有重金属离子的工业废水，矿区内两处堆放剥离物及煤矸石的排土场也常年有有毒物质溶出。污染源首先渗入矿区及周边土壤，随后补充进地下水系，从而给土壤和周边水系造成严重污染。

3. 固体废弃物污染严重

煤炭和油页岩生产过程中会排出大量废渣，这些废渣数量巨大，占用了大量空间进行堆放。而且这些废渣成分复杂，废渣中污染物在雨水的淋洗作用下进入水体和土壤，并通过一系列迁移和转化进入生物圈。这个过程破坏了土壤质量，影响植物生长，同时也会在动植物体内累积起来，最终危害人类健康。

7.2.1.3　生态破坏

矿山开采造成的表土剥离使得开采区植被全部被破坏（胡高建等，2019）。由于排土场、废弃的开采区土壤养分、水分条件不适合大多数自然植被的生存与生长，该区植被难以通过天然更新恢复，故该区域的植被覆盖率极低。在矿区周边建设的辅助设施、道路也对原有植被造成了一定程度的破坏。同时，露天采坑和地下采空区面积不断扩大，现已形成地面塌陷、滑坡、地裂缝等多种地质灾害（王彤，2016；翟文杰等，2006）。此外，矿区的扬尘以及偶发矿震对周边山体水文、地质等方面的影响与改变，具有较大的破坏性，导致矿区周边 1～2km 植被的生存状况受到显著的负面影响（王承伟等，2018）。露天转地下开采引起地表移动变形，影响了地面建筑物的安全和周边环境（孙世国等，2019；郭霁等，2019）。

7.2.2　产业发展问题

现阶段煤炭开采和油页岩的开发在抚矿集团的产业结构中占有较大的比重（纪国涛，2019）。但是伴随着矿产资源的日益枯竭，资源开采产业发展潜力明显不足。传统的产业发展模式所带来的环境问题也在一定程度上制约着集团的发展（唐小雯等，2019）。转变传统发展模式，打造循环经济产业，促进产业转型是抚矿集团未来产业发展的必然选择。抚矿集团未来的产业规划要考虑如何借助技术的发展，实现煤炭资源由粗放利用向高效利用转型，打造绿色、循环的产业集群。基于循环经济、生态经济的指导，将以前企业无法利用的废物、废水、废气、废热，经过改进技术、互相联产，实现废弃资源的综合利用，实现集团内产业链上下游的有效连接。通过对抚矿集团现有的资源概况、产业结构、生态环境条件和周围社会情况进行梳理和分析，抚矿集团在未来产业转型中在以下几方面需要重点关注。

1. 现有产业链条延伸不足

抚矿集团在过去的产业发展中已经意识到产业转型的重要性，积极探索产业转型转产之路，对低品位资源、煤矸石、页岩油炼制过程中产生的废料进行综合利用，形成了"煤—电—热（暖）—纸""油页岩—炼油—页岩油化工—综合利用"两条综合循环产业链。

然而抚矿集团有丰富的煤矸石、绿土、废渣和废弃的黄土资源，产业链的延伸尚存在很大的空间，在未来应继续扩大"煤—电—热（暖）—纸"这一循环产业链，增加适当的背压机组，增加煤矸石发电量，既可以替代大量原煤，合理利用资源，又可以减少占压土地，保护环境。现阶段造纸产业的原材料主要依赖进口，这大大增加了产业的成本，而抚矿集团存有大量的闲置土地和待修复的土地，这可以为未来造纸原料的生产提供一定的空间，使得"煤—电—热（暖）—纸"这一循环产业链进一步延伸。对于"油页岩—炼油—页岩油化工—综合利用"这一循环产业链可介入小颗粒油页岩干馏工艺技术，该技术以大型高效小颗粒油页岩干馏炉为核心，可以提高页岩油的回收率，提高资源综合利用效率。低品位油页岩及灰渣中含有大量有机质以及作物生长所需的养分元素，是一个良好的养分来源。目前已确定有碳（C）、氢（H）、氧（O）、氮（N）、磷（P）、钾（K）等16种高等植物必需营养元素，且具有一定的黏结性、黏着性、可塑性、吸附性等，作为种植土可以增强土壤肥力，改善土壤结构。因此低品位油页岩及灰渣与煤矸石等其他废弃物相结合生产种植土，可用于土地的生态修复。如此可将"油页岩—炼油—页岩油化工—综合利用"这一产业链进行延伸，提高废弃物的利用效率和产业链的效益。

2. 产业结构需进行调整

抚顺煤矿的发展给城市带来的生态环境问题日益严峻，导致城市资源枯竭，使抚顺逐步成为资源枯竭型城市。随之暴露出城市经济发展缓慢、生态环境日趋恶化等一系列问题，给东北地区资源型城市的可持续发展带来了严重挑战，因此对产业结构进行调整。实行可持续发展势在必行（刘雪婷等，2019）。矿区现有的产业结构以煤炭和油页岩的开发利用为主，二者在整个集团产业集群中占有较大的比重，未来需对产业的结构进行适当的调整。应降低对资源型产业的依赖，增加新型产业、高附加值产业的比重，同时大力发展第三产业，实现产业多方位协调发展。产业发展以资源循环利用为导向，依托矿区内丰富的资源优势、空间优势和人力资源优势，加强油页岩、煤层气、煤矸石和存量资产等多种资源共同发展，拓宽各种可利用资源的范围，加强废弃资源的开发利用，包括生产水泥、种植土、陶粒、微凝材料、烧结砖，以及环保产品、生物质化肥等一系列产业。最终应形成以煤炭、油页岩、煤层气为主的资源开采产业，以页岩油为主的油页岩加工产业，以糠醛、二甲醚、甲醇及其下游产品为主的生物质和煤化工产业，以烧结砖、水泥、微晶凝石和微晶玻璃为主的建材产业，以光伏、热电联产为主的能源产业，通过对舍场、采煤沉陷区等进行环境治理和生态恢复形成的生态环境产业，以造纸、机械设备加工为主的制造业，以工业遗迹、历史遗迹、景观风貌、休闲运动组成的旅游产业，组成多元化产业共同发展的产业集群，不仅可解决企业的生存问题，还能实现其持续稳步的发展。

3. 各产业未形成集群效应

矿区产业众多，现有的产业中还有多个产业为独立发展，如煤炭开采、房地产、建材、光伏等多个独立发展产业，已有的产业之间未充分关联，未形成闭合的循环产业链。这在一定程度上增加了产业的生产成本，降低了产品市场竞争力，不能体现出集团多产业共同发展的优势。未来产业转型规划中要根据不同产业生产过程对资源的品位、质量要求不同，进行产业耦合和资源梯级利用，实现资源循环利用，提高资源利用效率的同时加强产业的交流合作，降低各企业的原料、交易、运输和废物处理成本，从而提高企业和产品的市场竞争力。集团内各产业通过产品和副产物的供需关系形成循环产业链后，需考虑与更大区域的企业和社会建立广泛的物质关联，加强与周围地区产业的连通。以煤、油页岩两个主要产业带动抚顺地区多个产业的共同发展，形成大区域内多个产业的共生耦合。如依托废渣和煤矸石等废弃资源发展的建材产品可为抚顺城市建设和其他产业建设提供重要的原料；煤化工和生物质产品可以应用在交通运输、机械等领域，减少交通带来的大气污染；集团内各产业所产生的多余电、蒸汽、煤气、水等可与城市居民的日常生活使用和农业生产挂钩；集团中打造的地质公园、景观带、娱乐场所、博物馆等可以丰富周边居民的生活，扩展抚顺市的生态旅游产业。

7.2.3　职工保障问题

目前，抚矿集团依然担负着沉重的历史包袱，离退休人员管理、工伤人员管理、厂办大集体等历史遗留问题较多，不断加剧企业经营负担，每年需承担各项费用支出。

1. 离退休人员管理

抚矿集团有离退休人员 4 万余人。2010 年 4 月成立离退休管理中心，并作为辽宁省社保局的代办机构，负责企业在职职工和离退休人员的养老保险业务和管理服务工作。集团为离退休人员支付的总费用包括：机构管理费、财务费、统筹外费用等。该部分支出金额较高，在集团改制后，离退休人员的管理问题成为制约其发展的另一大难题。

2. 工伤人员管理

抚矿集团目前有伤残人员 3000 余人，2010 年 8 月成立伤残管理中心，负责企业工伤、因病休息人员的集中统一管理和服务工作。

3. 厂办大集体

抚顺矿区集体企业始建于 1975 年，安置 1968～1979 年下乡返城知青、城市待业青年及残疾人就业，至 2017 年末累计向国家上缴税费 6.87 亿元。随着国家对抚顺矿区"保城限采"和国企"主辅分离"改革政策的实施，矿区煤炭产量急剧下降，集体企业业务锐减，原为煤矿加工配件和附属设备以及提供劳务的集体企业处于停产和半停产状态，生产经营难以为继，从此集体经济陷入了困境。为保证集体职工的基本生活和社会稳定，抚矿集团在稳固自身经济总量的情况下，想尽办法筹措资金来缓解集体退休职工个人垫付保费、丧葬费问题。根据《国务院办公厅关于在全国范围内开展厂办大集体改革工作的指导意见》（国办发〔2011〕18 号）和《辽宁省厂办大集体改革工作实施方案》（辽政办发〔2018〕11 号），抚矿集团于 2018 年 3 月启动了厂办大集体改革工作，但面对巨额的保费拖欠额，改革工作的推进前路艰难。

4. "三供一业"

抚矿集团担负"三供一业"职工家属区社会职能，服务居民 9 万余户，年均企业负担 2000 万元。在省、市政府的支持下，集团大力实施"三供一业"分离移交工作。截至 2018 年，抚矿集团先后与国网抚顺供电公司、抚顺市房产经营总公司签订了职工家属区供电、物业分离移交实施协议、资产划转协议，无偿划转供电资产和物业资产，实现了相关资产的管理权及产权的移交。

7.3　生态修复与利用

7.3.1　矿产废弃物综合利用

抚顺煤矿区所产生的废弃物主要有煤矸石、绿土、油页岩废渣，还有粉煤灰、煤泥、废弃黄土等其他资源。这些废弃物储量巨大，主要利用方向有农业方面、充填、发电、制备建筑材料、制备精细化材料等，具体利用方向如表 7-2 所示。

表 7-2　抚顺矿区废弃物主要利用方向

主要利用方向	利用类型	所需废弃物原料	主要方法
农业方面	生产有机肥料	煤矸石、粉煤灰	由于煤矸石、粉煤灰中含有非常多的矿物种类，可以将煤矸石、粉煤灰中有用的微量元素提取出来生产微生物有机肥料
	生产生态种植土	绿页岩废渣	将绿页岩废渣、含磷粉砂岩和白云岩分别粉碎研磨，混合均匀，加入腐殖酸和自来水，经回转炉烘烤后，制成粒径 1～3mm 的颗粒，烘干冷却后，可制备出适合矿山土壤恢复的生态种植土
	矿坑周边绿化整理用土	废弃黄土	提供矿山恢复植被生长所需土壤条件，通过改良土壤的物理结构，满足产业发展所需地形条件
充填	采空、塌陷区充填	煤矸石、粉煤灰、油页岩废渣、绿土、废弃黄土	可利用煤矸石、粉煤灰、油页岩废渣、绿土、废弃黄土进行采空区、塌陷区的充填，恢复矿区地形地貌
发电	混烧发电	煤矸石	主要用洗中煤和煤矸石混烧发电。中煤和煤矸石的混合物，一般每千克发热量为 3500kcal
制备建筑材料	制备混凝土	煤矸石、粉煤灰	以水泥、砂石为主体掺入部分煤矸石、粉煤灰配制而成
	制备烧结砖	煤矸石、粉煤灰、油页岩废渣	用煤矸石、粉煤灰作主料，再掺入其他工业废渣，经过配料、混料、干燥成型和焙烧制得多孔砖或空心砖
	制备砂石骨料	煤矸石、粉煤灰	可以用来替代部分黏土用作水泥配料
	生产陶粒	油页岩废渣	国内某建材研究院利用油页岩废渣进行了隔焰回转窑还原法焙烧陶粒中试，试验烧制出粒度 0.3～3mm 陶砂，堆积密度为 450～600kg/m³，强度 3.2～4.3MPa
	发泡陶瓷	绿页岩废渣	绿页岩废渣可用于发泡陶瓷原料，掺量达 70%～90%，制备的发泡陶瓷制品技术指标达到了行业标准
制备精细化材料	制备 13×分子筛	煤矸石、粉煤灰	将煤矸石经破碎、粉磨、筛分，高温煅烧活化预处理后再进行湿磨，湿磨后的料浆作为铝源与部分硅源，与粉煤灰脱硅液混合，在碱性环境下经陈化、晶化、过滤、洗涤、干燥制得 13×分子筛
	微晶玻璃	粉煤灰	粉煤灰中所含硅铝等化学组分与制造微晶玻璃的原料组分相似，将其作为原料用来制备微晶玻璃可拓展粉煤灰综合利用途径
	提取氧化铝	粉煤灰	从粉煤灰中提取氧化铝常见的方法有石灰石烧结法、碱石灰烧结法、气体熟化法和酸氟氨助溶浸取法

　　结合矿区现有产业，矿区废弃物综合利用可以与集团建材产业、发电产业和矿山修复产业相结合，生产种植土、发泡陶瓷、烧结砖、水泥和用于采空区回填等。产业结合明细如图 7-13 所示。

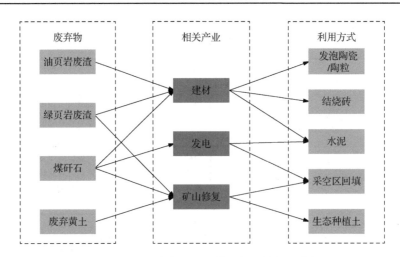

图 7-13　矿区废弃物综合利用与相关产业结合

7.3.1.1　种植土制备

生态种植土是适宜植物生长的最佳土壤，最佳体积比为：矿物质 45%、有机质 5%、空气 20%、水 30%。要求土壤酸碱适中，排水良好，疏松肥沃。改良土壤可以弥补矿区土壤肥力不足的问题，使植物尽快恢复生长。绿土和矿物废渣中含有丰富的矿物质，与其他材料混合后可以制得生态种植土用于矿山土壤修复。

将绿土、废渣、含磷粉砂岩和白云岩分别粉碎研磨，混合均匀，加入腐殖酸和自来水，经回转炉烘烤后，制成粒径 1~3mm 的颗粒，烘干冷却后，制备出适合矿山土壤恢复的生态种植土，可使绿土、废渣资源能够得到合理利用，提高资源利用率，同时制备的矿物肥含有多种矿物和微量元素，用于废弃矿山修复过程中土壤结构的改良，增加有机质含量，能够满足植物对各种元素的需求，从而达到以废治废的目的。

7.3.1.2　水泥生产

煤矸石可以部分或全部代替黏土组分生产普通水泥。自燃或人工燃烧过的煤矸石具有一定活性，可作为水泥的活性混合材料，生产普通硅酸盐水泥（掺量小于 20%）、火山灰质水泥（掺量 20%~50%）和少熟料水泥（掺量大于 50%），还可直接与石灰、石膏以适当的配比，磨成无熟料水泥，可作为胶结料，以沸腾炉渣作骨料或以石子、沸腾炉渣作粗细骨料制成混凝土砌块或混凝土空心砌块等建筑材料。英国、比利时等国有用煤矸石代替硅质原料生产水泥的工厂。利用煤矸石生产水泥，可以节省 80% 的黏土和 30% 的石灰石，降低煤耗 10%、电耗 2%。

7.3.1.3　烧结砖生产

1. 绿页岩废渣制烧结砖

绿页岩废渣、煤矸石、油页岩废渣通过计量配料，经过真空搅拌、挤压成型以及烘干焙烧等工艺后，可制成结烧砖。

20 世纪 70～80 年代，抚顺红砖一厂曾建三条生产线生产烧结砖，主要生产内燃标准砖，主要采用隧道窑工艺，原料为绿页岩废渣、煤矸石、粉煤灰、炉渣。2006 年，抚矿集团华强砖厂建有一条隧道窑生产线，设计规模 6000 万块（标准砖）/a，生产内燃标准砖和空心砖。配料主要为绿页岩废渣、煤矸石、油页岩废渣。

2. 煤矸石制砖

煤矸石代替黏土作为制砖原料，可以减少优质土壤的使用。在烧砖过程中，利用煤矸石本身的可燃物作燃料也可以减少煤炭的消耗。煤矸石烧结空心砖，是指以油页岩废渣、煤矸石或粉煤灰为主要原料，经焙烧制成的具有竖向孔洞（孔洞率不小于 25%，孔的尺寸小而数量多）的砖，这种砖与普通砖性能基本一致。建设年产 4500 万块的煤矸石砖厂所需投资约为 900 万元。

7.3.1.4　陶粒生产

绿页岩是生产陶粒的极好原料，特别是可制备超轻陶粒。超轻陶粒可用于制作保温砌块、轻质保温墙板，也可用于化工工业炉炉衬，还可用作水处理滤料等。绿页岩用于生产陶粒已有多年，20 世纪 70 年代，抚顺市红砖一厂建有陶粒生产线，原料采用绿页岩，经单筒回转窑（燃料煤粉）焙烧成陶粒，经水选分成水上陶粒（又称保温陶粒，用于保温）和水下陶粒（又称建筑陶粒，用于一般建筑）。传统工艺生产耗能高，环境污染大，成品率不高，料球易黏结大块等。焙烧工艺多采用双筒回转窑工艺，以煤粉作燃料，陶粒质量、产量、窑热效率均得到了提高，但依然存在一定环境污染、小颗粒陶粒成品率低等问题。

目前，国内正在研发隔焰回转窑还原法焙烧陶粒，可以采用清洁能源电或天然气作燃料，产生的烟气污染小，可以烧制小颗粒陶粒或陶砂（0.3～3mm），产品附加值高，除可用于轻质保温隔热材料如烟囱内衬、墙体外保温等外，还可用于军工。国内某建材研究院利用油页岩废渣进行了隔焰回转窑还原法焙烧陶粒中试，试验烧制出粒度的 0.3～3mm 陶砂，堆积密度为 450～600kg/m³，强度 3.2～4.3MPa。总体效果较好，但还存在试制产品产量不达标的问题，需要进一步完善设备结构。现阶段，建设一个年产 20 万 m³ 的环保陶粒生产企业所需的投资约为 3500 万元。

7.3.1.5　发泡陶瓷生产

经国内几家研发单位试验，绿页岩可用于发泡陶瓷原料，掺量达 70%～90%，制备的发泡陶瓷制品技术指标达到了行业标准。发泡陶瓷作为一种陶瓷与气体复合材料，具有重量轻、强度高、不变形、耐火性好、寿命长、不燃、抗腐蚀、不老化、吸水率低的特点，用途广泛，性能优良，施工便捷，是一种新型的环保节能建筑材料。发泡陶瓷势必逐步取代炉渣砌块、有机苯板、岩棉板，具有广阔发展前景。其主要用途如下：①可做内外墙隔墙板，可替代传统红砖等，施工效率高，防水、防火、防潮、防霉、隔声、隔热，可以与建筑同寿命；②可做主题墙、背景墙、厅墙、屏风等隔墙装饰，具备造价经济、安装灵活、图案精美等特点；③可做外墙保温装饰一体化板，适用于建筑外墙保温、防火隔离带、建筑自保温冷热桥处理等；④可做屋面板，可以替石膏板；⑤可做设备保温、烟囱内衬等。建设一座年产 300 万 m³ 发泡陶瓷隔板生产厂的投资约为 6000 万元。

7.3.1.6　采空区回填

1. 废弃黄土

废弃黄土可作为矿坑周边绿化用土、采空区回填用土，以及西舍场、汪良舍场和南舍场的土地整理用土等。经过整理后的土地可因地制宜发展生物质能、太阳能、风能等可再生能源产业，从而形成新能源产业链。

2. 煤矸石

可利用煤矸石进行采空区、塌陷区的充填，恢复矿区地形地貌（夏寿亮等，2017）。同时，由于煤矸石中含有非常多的矿物种类，可以将煤矸石中有用的微量元素提取出来生产矿物肥料。矿物肥料不仅可以增强土壤的透气性、疏松性，还有利于提高土壤肥力。

7.3.1.7　发电产业

洗中煤和煤矸石可以进行混烧发电。国内部分企业已用沸腾炉燃烧洗中煤和煤矸石的混合物（发热量每千克约 2000kcal）发电。炉渣可生产炉渣砖和炉渣水泥。日本有十多座这种电厂，所用洗中煤和煤矸石的混合物一般每千克发热量为 3500kcal，火力不足时，用重油助燃。德国和荷兰把煤矿自用电厂和选煤厂建在一起，以利用洗中煤、煤泥和煤矸石发电。

7.3.2　矿区舍场土地修复与治理

7.3.2.1　土地整理

由于有些舍场地形高差较大，部分坡面较为陡峭，无法直接发展产业，故在土地利用前需进行土地整理工作，通过改良舍场土地的地形结构，满足产业发展所需地形条件。经过整理后的土地可因地制宜发展生物质、太阳能等可再生能源产业。

矿区舍场土壤主要是一些剥离的废弃岩石风化或者未风化而形成的矿山土，土层厚度一般为 5～15cm。如果遇到暴风雨天气极容易造成水土流失，后果是很严重的。表土层破坏后，使得养分流失，原本很难进行复垦的土地，复垦效果变得更差了。因此土地复垦时应该针对水土流失这一破坏形式采取相应的技术措施，以防止水土流失对能源种植业带来的影响和损失。

7.3.2.2　土壤基质改良

植被重建是生态恢复中最关键的阶段，土壤基质的优劣是植被重建中的主要问题，因此在生态恢复过程中应该注意土壤基质改良问题。结合当地气候条件，根据土壤的评价结果（如舍场土壤缺氮少磷，有机质低，土壤呈碱性），采取以下措施进行土壤改良。

1. 添加营养物质提高土壤肥力

舍场土壤缺乏氮、磷等营养物质，可以通过添加肥料或利用豆科植物的固氮能力来改善。施肥虽然可以补充作物所需的养分，但是速效的肥料极易被淋溶，因此不能一次性施用肥料，而需要少量、多次施肥来补充土壤的肥分。若使用豆科植物的固氮能力来提高氮肥的利用率，需要采取一些辅助措施，如施加磷肥、调节过碱、对废弃地基质改良等。

2. 调节土壤 pH

对于碱性废弃地，宜采用硫酸钙、硫酸亚铁及硫酸氢盐等物质来改善废弃地的 pH 环境。还可以施加少量石膏，调节土壤 pH 使其适合植物生长。该措施除了降低土壤碱度外，还能促进微生物活性，增加土壤中钙含量，改善土壤结构。

3. 施加有机质

有机肥料不仅含有作物生长和发育所必需的各种营养元素，而且可以改良土壤物理性质。有机肥料种类很多，大体分为两类：一类为生物活性有机肥料，如动物粪便、人粪尿、鸟粪、污水污泥等；另一类为生物惰性有机肥料，如泥炭和泥炭类物质及其同各种矿质添加剂的混合物。它们都可作为阴阳离子的有效吸附剂，提高土壤的缓冲能力，降低土壤中盐分的浓度。加入的有机质还可以螯合或者络合部分重金属离子，缓解其毒性，提高基质持水保肥的能力。

这种施用有机肥料的方法使用固体废弃物来改良废弃地的土壤结构，既达到了废物利用，又收到了良好的环境和经济效益。事实上，"矿物+有机改良物"的改良效果优于化学肥料。作物的秸秆也被用作废弃地的覆盖物，这可改善土壤表面的温度状况，并有助于维持一定的温度，有利于种子萌发和幼苗的生长。秸秆还田还能改善土壤的物理结构，有利于微生物的生长，固定和保存氮素养分，促进基质养分的转化。

4. 客土法

舍场生态恢复时需要大量的客土来进行铺垫才能种植植物。采矿时考虑使用表土剥离工艺保留表土，同时配合调查，在不影响将来土地使用的情况下，应用周边黄土进行覆盖，覆盖厚度一般至少 0.3m。在复垦整地时（特别是穴状整地时）将客土与表土按一定比例混合，然后栽种植物，以保证植物的成活率和正常生长。混合比例原则上是表土越多越好，但考虑到作业时的工作量和复垦成本等因素，混合比为 1∶1 为宜，即混合后的土壤表土和客土各占 50%，既提高了改良土壤的疏松度和水分的渗透系数、田间持水能力，保证植物栽植后的成活率和正常生长，又能相对降低复垦成本。

5. 保水剂法

由于舍场的土壤渗透系数小，舍场常年处于干旱状态，因此，舍场土壤的含水量远远不能满足植物正常生长的需要。如果靠人工长期浇水来维持，又大大地提高了复垦的成本。为了解决这一问题，可采用保水剂技术。在具体应用时，采用拌土法和浸根法。拌土法是将保水剂与土按照一定的比例混合，将其施入栽培沟或栽培穴中，使保水剂均匀分布在植物的根系周围；浸根法是在使用前先用清水将保水剂浸泡，让保水剂充分吸水，使其成黏稠的絮状物质，然后将其拌入靠近植物根系的土壤中或直接浸泡土壤根系，栽植后浇一次透水，然后覆土踩实。

7.3.3　矿区用地发展规划

通过抚顺矿区的整体景观格局与产业发展综合分析（邹蕴琪，2015），并结合投资成本与收益、发展规划、发展潜力、生态与环境效益等方面进行综合分析论证，确定适合抚顺矿区土地再利用的最佳组合方案，分为西露天矿坑和舍场两部分。

7.3.3.1　西露天矿坑土地再利用

1. 西露天矿坑可用资源

西露天矿坑可利用土地面积 10.87km^2，主要包括坑内土地资源、矿坑周边可利用土地资源、环坑工业遗迹三大部分。

（1）坑内土地资源包括矿坑回填线以上至边界环坑区域、矿坑底部已回填区域、坑底逐年动态回填区域和矿坑底部剩余未回填区域。动态区域预计回填速度为 70～100m/a，回填方向为自西向东，预计回填时间为 18 年。可在矿坑开展抽水蓄能，为辽宁电网提供调峰服务。

（2）矿坑周边可利用土地资源包括五处，分别为：西露天博物馆观景台及周边区域、千台山大峡谷区域、博物馆西北角废弃厂房、矿坑西侧废弃土地和西北角废弃沙场。

（3）环坑工业遗迹包括胜利工业遗址、平顶山惨案纪念馆、龙凤矿旧址、西露天东端帮铁路隧道、西露天西端帮和其他矿坑周边景观节点。

2. 整体发展格局

西露天矿坑整体发展格局为"一心、两线、五片区"，如图 7-14 所示。

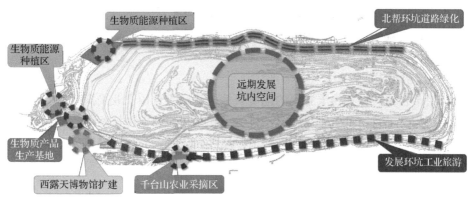

图 7-14　西露天矿坑整体发展格局

（1）"一心"——矿坑内部空间资源，为西露天矿整体规划的核心地带，远期矿坑开采结束后，主要发展地质公园、环坑工业旅游、生物质种植、抽水蓄能等产业。

（2）"两线"——分别为北帮环坑道路和南部工业遗迹旅游线路，是中远期主要发展区域，主要发展项目有：北帮环坑道路绿化、胜利工业遗址、平顶山惨案纪念馆、龙凤矿旧址、西露天东端帮铁路隧道、西露天西端帮等。

（3）"五片区"——分别为西露天博物馆扩建项目、千台山农业采摘区、生物质产品生产基地和生物质能源种植区（两处），为规划近期发展项目和主要发展区域。

3. 分期发展规划

近期发展规划为：利用矿坑周边可利用土地资源，进一步发展西露天博物馆、千台山农业采摘区、生物质产品生产基地、生物质能源种植区（2处）。

中远期发展规划为：北帮环坑道路绿化工程、环坑工业旅游、矿坑内部生态修复治理，建设抽水蓄能电站等。

4. 重点建设区域

重点建设区域包括近期发展区域和中远期发展区域。近期发展区域主要为：西露天博物馆扩建区、千台山农业采摘区、生物质产品生产基地、生物质能源植物种植区（2处）。

1）西露天博物馆扩建区

目前西露天矿观景台景区共有一个博物馆和四个景区，即抚顺煤矿博物馆、露天矿大型设备陈列广场、西露天矿坑、大型毛泽东塑像、平顶山惨案纪念馆。在西露天矿坑近期发展规划中，将此片区作为重点发展区域，扩大原有区域规模，利用博物馆与观景台现有空地进行煤矿博物馆的升级改造，同时在观景台周边进行景观和设施重新规划与升级改造。

2）千台山农业采摘区

利用千台山大峡谷得天独厚的地质条件，建设千台山农业采摘区，重点发展农业采摘旅游项目，种植苹果、梨、桃等适宜果树，林下种植蔬菜、发展鸡鸭鹅等家禽养殖。春天桃花、梨花盛开时节发展观光旅游，夏日采摘蔬菜发展体验旅游，秋天采摘水果发展农家乐，四季都可体验田园乐趣，在此享受农家饮食，进一步拓展抚顺市及周边农业休闲娱乐项目。

3）生物质产品生产基地

结合生物质产业发展，建设生物质产品生产基地。利用矿区闲置土地种植能源植物，为生物质产业提供原料，生产出糠醛、木质素、初级木浆等，既可进行售卖，又可与矿区原有造纸产业进行连接，提供纸浆原料，延伸原有产业链条。同时，结合西露天矿坑旅游，建设生物质生产过程展示场所，发展产业基地的参观游览项目，使游客对生物质产业有更加深入的了解，有助于生物质产业持续发展和示范。

4）生物质能源植物种植区

生物质能源植物种植区所在位置分别为矿坑西部和西北部，为生物质产品提供原料供应。在种植区可选择的能源植物分别为竹柳和柳枝稷，两种植物都可提供丰富的纤维素、半纤维素和木质素等生产原料，但外形特征、生活习性和亩产量都有些许不同。

（1）竹柳。竹柳是经选优选育及驯化出的一个柳树品种。其形态、侧枝、密植性跟竹子相似，故取名为竹柳。由中国科研单位从美国引进，并通过全国 8 个区域 1～4 级试验证明，其抗寒、抗旱、抗淹等各方面表现远远超过目前国内各种速生树种。

美国竹柳的木材工业用途广泛，采伐旋切为单板后可制作市场需求量大的胶合板，它还是刨花板、纤维板、纸浆工业的重要原料。从板材用途来看，竹柳木质密度、抗压、抗剪等能力都强于我国的主力速生树种杨树，生产出的板材质地优良，市场前景广阔。

从生物质造纸用材角度来看，使用染色体加倍技术改良基因，使其具备倍性优势和杂种优势的综合特点，因此竹柳的纸浆性能优良，纤维素含量和质地高于杨树、桉树和其他树种，可用来替代进口长纤维纸浆。而且该树种是用于工业原料林、大径材栽培、行道树、四旁植树、园林绿化、农田防护林的理想树种。

竹柳有以下优点。

速生性好：在适宜的立地条件下，竹柳的工业原料林栽培的轮伐期小径材一般为两年，中径材为三到四年，大径材为五到六年，该树种具有极高的经济效益，投资回收期短。

高密植性：大中径材 110～220 株/亩，小径材 500～600 株/亩。该树种可提高单位土地面积经济效益，是营造工业原料林的首选树种。

适应性强：耐盐碱（可适应土壤 pH8.0～8.5、含盐量 0.8%的重盐碱地区）、耐水淹（水淹两个月仍能正常生长），湖泊滩涂、盐碱地都可栽植，扩大了造林地域，提高了土地利用率，降低了造林成本。

（2）柳枝稷。柳枝稷为多年生暖季型的根状茎 C4 类草本植物。柳枝稷起源于北美大陆的美国中部大平原，是北美高草平原（北纬 36°～55°）的优势物种，植株高大、根系发达。柳枝稷叶型紧凑，叶子正反两面都有气孔；具有根茎，可以产生分蘖，在条件适宜的情况下大多数分蘖均可成穗；圆锥状花序，15～55cm长，分枝末端有小穗；种子坚硬、光滑且具有光泽，新收获的种子具有较强的休眠性，品种间千粒重变化较大；寿命较长，一般在 10 年以上，如果管理较好可达15 年以上。

　　长期以来，柳枝稷是一种优良的牧草作物，将其作为能源作物开展研究工作始于美国。柳枝稷已被引种到欧洲地区，作为能源作物进行开发利用研究。目前，国内许多学者看好柳枝稷的能源化利用前景，并开展了相关的研究。

　　据美国农业部调查，柳枝稷的年平均干生物量在美国东南部为 17.3～39.5t/hm^2，西部地区则为 12.3～14.8t/hm^2。在欧洲同纬度地区的冬季气候较为温暖，因此，柳枝稷可以在更高纬度的北欧国家种植。在北欧和西欧地区，不同柳枝稷品种在种植后第一年的平均干生物量为 2t/hm^2，第二年可以达到 12t/hm^2，第三年则达到 18t/hm^2 的水平。而在希腊等南欧地区，部分柳枝稷品种在栽培后第一年的干生物量可达 10t/hm^2，第二年则达到了 20t/hm^2 左右。

　　柳枝稷适应性强，对自然条件要求不高，可以在不适宜其他作物生长的边际土地生长并获得较高的产量。利用柳枝稷进行能源生产不仅不会占用耕地，还能充分利用边际土地，增加农民收入，可见潜力之大。

　　5）矿坑内部空间

　　西露天矿坑的回填方式主要是将东露天矿采矿剥离物回填至西露天矿坑中，回填后土质营养成分低，不能直接进行利用，如果任其自然发展则容易风蚀产生扬尘，因此需要对回填区域进行生态恢复。恢复前应用煤矸石、废石和油页岩废渣生产的种植土对回填区域进行土壤改良，之后种植抗逆性较强的植被，逐年恢复回填区域土壤条件。矿坑可以设计抽水蓄能电站，根据设计方案进行回填和建设工程。

　　考虑到集团未来将发展生物质产业，植物的选择以抗逆性强的生物质能源植物为主。逐年回填的动态区域也采取同样的恢复方式，这样将生态恢复与集团产业发展相结合，生物质能源植物既可为生物质产业提供原料，同时还可为既有的造纸产业提供木浆原料。矿坑内部空间规划分区如图 7-15 所示。

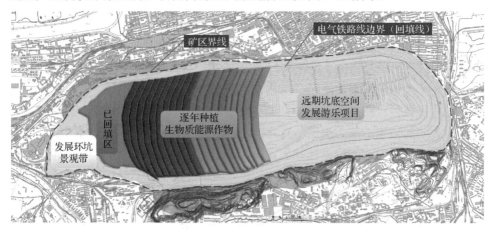

图 7-15　矿坑内部空间规划分区

矿坑回填线以上区域主要进行环坑景观带建设，回填线以下静态区域主要种植能源植物，动态区域逐年种植能源植物，为生物质产业发展提供原料。待全部回填完毕，剩余矿坑静态空间可依地势发展滑雪、滑草、攀岩、地质公园等游乐项目。

6）环坑景观带建设

由于抚顺煤矿区位于抚顺市中心区域，环坑景观带建设既能保护端帮防止滑坡，还能为城市居民提供休闲游览的场所。以"赏遗迹、逛花海、观绿林"为主题，以西露天矿坑为核心、环绕矿坑一周建设景观带，大面积种植薰衣草、郁金香等花卉，大量播种各种草籽来绿化边坡，改善土壤，从而形成环绕露天矿坑的绿化景观生态圈。

（1）薰衣草花田。薰衣草的常规花期为 6～8 月，随着海拔、周边环境、薰衣草品种不同，具体花期各异。薰衣草花田一年四季都有着截然不同的景观。冬天，在收成切割后，只剩下短而整齐的枯茎，覆盖着白雪；春天一到，绿叶冒出；夏天，随着气温升高，薰衣草花也很快地转变成迷人的深紫色。紫色花海随风起伏，送来淡淡薰衣草花香，游人可信步花田。

（2）郁金香花田。郁金香的常规花期为 3～5 月，郁金香属长日照花卉，性喜向阳、避风。被大量生产的郁金香大约有 150 种，其中红色、黄色、紫色最受人们欢迎。郁金香是世界著名的球根花卉，还是优良的切花品种，花卉刚劲挺拔，叶色素雅秀丽，花朵端庄动人，惹人喜爱。

7）景观节点建设

以环坑绿化景观带作为本次节点规划的景观线与休闲廊道，矿坑各分区与景观节点根据功能做特色设计。主要以景观绿化带为依托，主题文化广场、创意植物长廊、展示交流场所、休闲绿地等公共空间节点为组成内容，呈点珠状散布于集聚区，形成多层次、多主题的开放空间，各个空间节点利用建筑或景观广场等形成不同的区域中心，营造热烈、活跃的氛围，既增加了集聚区的空间通融性，同时也增加了西露天矿区的个性化和可识别性。规划打造一个连续性的绿化空间，将各部分功能区联系起来，每个区块内的景观节点相互补充、影响，进行绿化的多方位渗透，形成点、线、面三者统一结合的有机整体。

（1）主题文化广场以游览工业遗迹与承载文化教育主题为主，结合休憩功能，多方位展现西露天矿历史，融合众多景观元素，赋予浓厚的文化气息。主题文化广场包括文化展示区、主题休闲区及景观区三个部分，全面展示西露天矿煤炭开采历史遗留下来的宝贵文化财富。

（2）工业景观小品。西露天矿的采矿生产活动使这里留下了斑斑痕迹，充分利用矿坑的工业元素，以及留存完好的运输载体、机械设备、地形地貌，综合完整地展示煤矿开采的生产过程。在这里，工业历史犹如画卷一般逐渐展现在眼前。在工业景观建设中，这些遗留的设备成为不可或缺的基础设施，经过重塑创新后演变为景观小品和空间背景。

（3）创意植物长廊。建设一条独特的空中绿色植物长廊。藤蔓蜿蜒而下，流动的曲线就像一首绿色的流动的音符。漫步于长廊下，不觉有一种植物与生命融为一体的享受。纵向支撑的弧形铁柱以弯腰的姿态展示绿色，以谦虚的态度彰显生命。长廊上种满了紫藤，春季紫花烂漫，开花后结出形如豆荚的果实，悬挂枝间，别有情趣。花穗、荚果在绿叶的衬托下相映成趣。

（4）休闲绿地。为满足休闲娱乐功能，将景观种植区设计为自然式游园区，林间小径和休闲广场贯穿其中，成为一段随意自然、富有野趣的园路。与规则式的布局相比，这里显得更加灵活自由。植被选择：乔木（五裂槭、桃树、杏树、刺槐），灌木（连翘、绣线菊、蔷薇、紫穗槐、沙棘、樱花），草本（苜蓿、沙顶旺、蒲公英）。

西露天矿坑近期可利用地块 5 处，分别为抚顺煤矿博物馆、千台山采摘区、生物质产品生产基地、生物质竹柳种植区（2 处）。西露天矿坑近期可利用土地明细如表 7-3 所示。

表 7-3　西露天矿近期可利用土地明细

序号	名称	位置
1	抚顺煤矿博物馆	矿坑西南侧
2	千台山采摘区	矿坑西南侧
3	生物质产品生产基地	矿坑西南角
4	生物质竹柳种植区	矿坑西侧
5		矿坑西北角

7.3.3.2　舍场土地再利用

根据产业发展模式分析，南舍场和西舍场闲置土地共有 3 种利用模式：光伏发电+饲草（紫花苜蓿）种植模式、光伏发电+能源草（柳枝稷）种植模式、生物质能源树（竹柳）种植模式。

综合考虑 3 种利用模式的产业规模、实施难度及经济效益等，确定最佳组合方案：西舍场最适宜发展的产业为生物质能源树种植产业，适宜种植的植物为竹柳，南舍场最适宜发展的产业为光伏发电+能源草种植产业，适宜种植的植物为柳枝稷。产业最佳组合布局如图 7-16 所示。

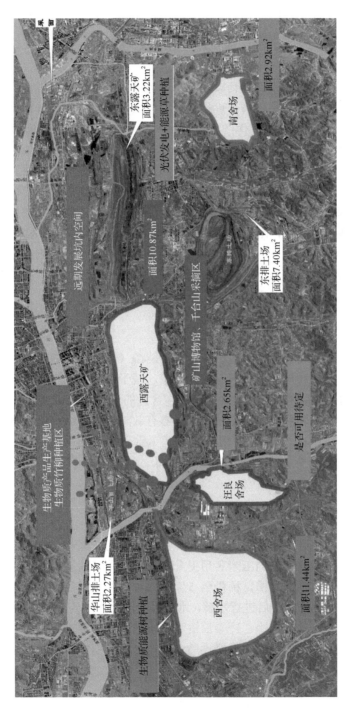

图 7-16 3 种产业模式最佳组合布局图

7.4　产业发展

抚顺煤矿区的产业设计必须以现有产业为基础，不可生硬转变，需有长远规划，按照既定发展规模一步一步进行转型。按照循环经济产业链模式发展煤炭产业，通过产业链的延长，把传统"资源—产品—废物"的线性模式转变为"资源—产品—再生资源"的非线性经济增长模式，提高资源的利用效率，增加资源的利用等级，使资源得到最大限度的利用和污染物最小限度的排放。一方面通过前向关联延长资源产品链，提高资源加工深度，充分利用资源，使资源增值，从而更好地发挥资源效益和经济效益；另一方面提高资源的综合利用效益，减少废弃物对生态环境的破坏，使企业外部成本经济性最小，使环境成本最低（战彦领，2009）。合理谋划接续产业，使新兴产业比重逐渐增大，在不影响经济效益的前提下逐步替代传统产业，循序渐进，目的是在未来几十年乃至百年内实现资源枯竭型产业的转产转型（常春光等，2018）。

7.4.1　矿山生物质化工产业

现有的几大主要产业中，造纸产业和新能源（光伏）产业可以与新建生物质化工产业进行充分对接，延长现有产业链条。基于现有造纸产业，发展生物质化工产业。利用生物质能源树（能源草）中高含量的半纤维素和木质素，生产糠醛、高纯木质素和轻质燃料油等新型材料，能够有效与现有造纸产业连接，为造纸产业提供丰富的原材料——原生木浆，从而有效改善目前造纸产业亏损问题。同时该产业工艺过程环保，生产线投资成本较低，具有很大的市场前景与可观的经济效益。

7.4.1.1　传统糠醛生产模式

传统糠醛的生产主要原料为玉米芯，生产流程为：原料玉米芯通过传送带输送到粉碎机入口，粉碎后的玉米芯用提升机提升到顶层搅拌机中，原料浓硫酸经泵打到生产车间顶部配酸槽，稀释至 5%～6%稀硫酸后也注入搅拌机，搅拌均匀后人工加入水解锅。加压后进行水解，水解后废渣排出运走，蒸汽（醛和水蒸气）从塔底进入蒸馏塔进行水冷，冷凝后溶液从塔中部进料管进入常压精馏塔精馏，精馏后进入中间罐生成粗醛，粗醛再通过减压精馏塔精馏，冷却后生成糠醛（毛燎原，2013）。具体工艺流程如图 7-17 所示。

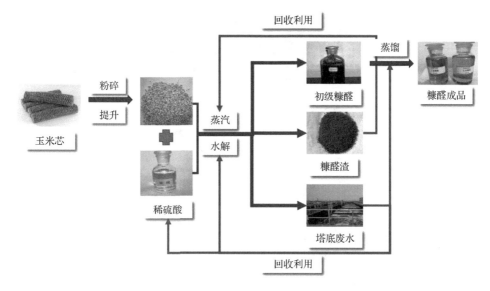

图 7-17　传统糠醛生产模式图

传统糠醛生产模式工艺较为复杂，生产过程中能耗较高，会产生严重的环境污染，由于生产原料为玉米芯，市场波动较大，产品收益不稳定。

7.4.1.2　新型糠醛生产模式

生物质化工产业模式主要是建设一条新型生产线，以矿区生态恢复所种植的生物质植物（竹柳或柳枝稷）为原料，生产糠醛、高纯木质素、初级木浆、轻质燃料油等新型材料，工艺过程环保，投资较低，同时具有很大的经济效益和市场空间。

生产制备过程：首先通过绿色催化剂与低温连续水解相结合的工艺，将竹柳（柳枝稷）中的半纤维素转化为木糖，然后通过催化剂作用生产糠醛；水解后的固渣通过溶剂法低温催化提取高纯原生木质素；提取木质素后的固渣作为纸浆原料（毛燎原等，2010）。生产全过程水循环回用，热能梯级回收，产生的有机浓缩碳水化合物全部转为二氧化碳和水，无额外污染物产生，全过程绿色、环保，无环境有害物质排放，如图 7-18 所示。

该产业模式拟将西露天矿、西舍场、汪良舍场等可用土地资源均用于种植生物质能源树。在能源树品类中，木质纤维素含量最高的是竹柳，可产生半纤维素和纤维素、木质素等，所生产的产品主要有六种：糠醛、糠醇、呋喃树脂、木质素、3D 打印材料和轻质燃料油产品（尹玉磊等，2011），可直接在市场上出售，也可与其他产业链进行结合，为其提供相关生产原料。

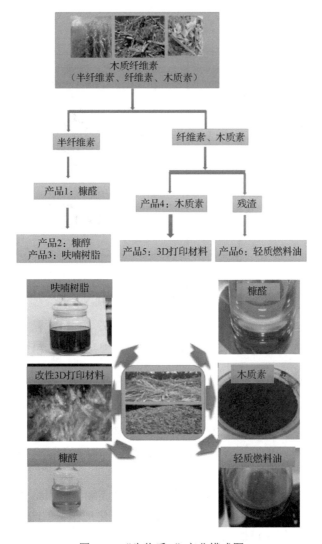

图 7-18 "生物质+"产业模式图

1. 标准化产品

　　该生产线的计算以半纤维素和木质素含量较高的竹柳为例,竹柳干重产量约为 90t/hm^2。同时,该生产线对玉米秸秆和林木废弃物同样适用,所生产的糠醛和木质素产量与竹柳接近。标准化产品主要为糠醛、高纯木质素和初级木浆,主要产品如表 7-4 所示。

表 7-4　竹柳生产线主要产品

主要产品名称	目标市场	主要销售区域		产品类型	单价/（元/t）
		国内	国外	标准化产品	
糠醛	糠醇	√	√	√	14000
高纯木质素	酚醛树脂	√	√	√	6000
初级木浆	生活用纸原料	√	√	√	5400

注：该产品路线可替换为等量秸秆等农林废弃物

2. 定制化产品

用糠醛直接或间接生产的化工产品有 1600 多种，因此该生产线还可根据市场需求定制不同产品。可生产糠醇/呋喃树脂、碳纤维/改性 3D 打印材料、木质素磺酸钙、轻质燃料油等产品，用于高端铸造、3D 打印、建筑/印染/沥青、工业锅炉及船用燃料等方面。定制化产品如表 7-5 所示。

表 7-5　定制化产品

主要产品名称	目标市场	主要销售区域		产品类型	单价/（元/t）
		国内	国外	定制化产品	
糠醇/呋喃树脂	高端铸造	√		√	18000～30000
碳纤维/改性 3D 打印材料	3D 打印	√	√	√	4000
木质素磺酸钙	建筑/印染/沥青				
轻质燃料油	工业锅炉及船用燃料	√	√	×	4000

注：该产品路线可替换为等量秸秆等农林废弃物

7.4.1.3　生物质产业上下游联系

对矿区现有产业进行梳理，其具备发展生物质产业的绝对优势，可以实现上下游连接，形成循环经济产业链。首先应用生物质原料生产糠醛和纸浆需要用到的主要产品有蒸汽、水、生物质原料，这些均可以跟矿区现有产业进行对接，具体如图 7-19 所示。

（1）现有的热点产业每年产生大量的蒸汽，而蒸汽是生物质产业进行催化所需的主要产品，这两个产业进行对接后，生物质产业每年可节省成本 6000 万元（以 1.5 万 t 生产线估算）。

（2）西露天采矿每年产生大量的废水，每年处理废水需花费近 5000 万元，经过调查西露天矿的部分废水经过简单处理后可满足生物质产业的用水需求，实现废弃资源的再利用。

（3）矿区现有林业资源丰富，每年产生大量的林业废弃物，这部分废弃物是生物质产业很好的原料来源，每年可节省生物质原料费用 2000 万～3000 万元。

（4）矿区现有西舍场、南舍场以及西露天铁路线上方大量闲置土地，可利用该部分土地进行生物质产业原料种植，节省原料成本。种植适宜的植物还可以修复土地，提高土壤肥力。

（5）抚顺市现有耕地 12.34 万 hm²，其中旱田 9.67 万 hm²、水田 2.67 万 hm²。全市每年生产秸秆 100 万 t 左右，其中玉米秸秆 60 万 t、水稻秸秆 40 万 t。据调查统计，秸秆大多被焚烧在农田里，全市秸秆综合利用率只有 27%（李杰，2017）。秸秆大部分未进行综合利用，如果成为制备糠醛的补充原材料，既可解决糠醛原料供应问题，又可实现抚顺市及周边地区的秸秆综合利用问题。

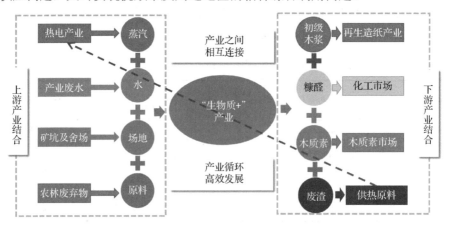

图 7-19　生物质产业上下游联系

生物质产业生产的产品主要有糠醛、初级木浆、木质素三大类。其中初级木浆可以与集团现有的造纸产业相对接，为造纸产业提供原料，大大降低造纸成本，提高产业利润。所生产的糠醛可以与现有的页岩油化工产业对接，根据市场需求生产深加工产品，糠醛的下游产品有 1400 多种，基本不受市场限制，属高附加值产品。如此将生物质产业的上下游产品和矿区已有产业对接，可真正实现集团产业之间的循环。

7.4.1.4　优势与挑战

生物质综合利用为朝阳产业，尤其在新材料能源化工品方面，行业技术壁垒较高，同行业技术公司较少。鉴于国际碳排放交易市场机制的建立，生物质作为典型的可再生能源，这一行业目前处于高速发展期，并且受到政府政策的大力支持。当前生物质利用行业大多数停留在产品较为低级的水平，如压缩燃料、肥料等方面，产品附加值较低，技术水平低，生命周期一般较长。在转化高附加值材料及其他化工品方面虽也有项目开展，但其投入产出比不能满足正常的投资回报要求。因此该产业模式具有很高的商业前景及发展价值，值得被广泛应用。目前该产业模式已通过中试，在吉林、黑龙江等地已开始进行规模化生产，如图 7-20 所示。

（a）生物质催化热裂解微　　　（b）生物质流化床催化热裂　　　（c）生物质预处理与水解制
反应研究（2013～2014年）　　解微反应研究（2014～2016年）　　取糠醛及木质素分离
　　　　　　　　　　　　　　　　　　　　　　　　　　　　　反应研究（2014～2015年）

图 7-20　生物质产品试验

传统的糠醛生产工艺具有能耗大、污染环境等缺点，因此，发达国家不发展糠醛的生产行业，主要依赖进口，而中国占有糠醛国际市场份额的 80%，具有很大的市场空间。但是糠醛生产的高污染性也制约着国内糠醛的产能，这使得糠醛产业发展呈现巨大商机。2009 年以来，受国际石油价格飞涨及长期市场积压的影响，各种基本原料的化工价格大幅上涨，促使糠醛应用需求扩大，从而造成世界范围内糠醛供不应求的局面，由此国际价格一路攀升。截至 2018 年，糠醛价格维持在 14000 元/t 上下。糠醛市场行情分析如图 7-21 所示。

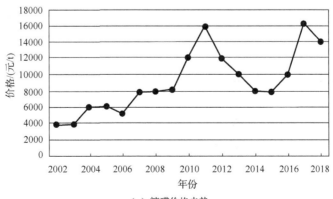

（a）糠醛价格走势

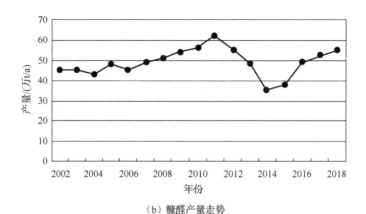

（b）糠醛产量走势

图 7-21 糠醛市场行情分析

我国木质素市场高档、中档和低档产品的比例呈现金字塔形。与国外进口木质素相比，国产木质素品质较低，因而市场销售严重受限。并且，我国木质素主要从造纸行业黑液中提取，企业生产装备相对落后，能耗高、产量低，有污染物排放。因此，在此环境下，该产业模式通过生产高纯木质素，可有效填补国内高端木质素市场的空白，降低高端木质素进口依存度。2009～2017 年木质素磺酸钙产量如表 7-6 所示。

表 7-6 2009～2017 年木质素磺酸钙产量一览表

年份	产量/（万 t/a）	平均价格/（元/t）
2009 年	28.67	1650
2010 年	32.24	1800
2011 年	36.01	2100
2012 年	39.97	2430
2013 年	44.83	2580
2014 年	50.31	2900
2015 年	61.64	3300
2016 年	68.45	3600
2017 年（上半年）	36.54	4200

另外，国内纸浆产能不足导致依赖进口严重。我国是世界上最大的纸浆进口国。2009 年以来，我国纸浆进口保持 10.42%的年均增长率，远高于同期国产纸浆增速（年均增长率 6.8%）或其他纸浆产品进口的增速，如图 7-22 所示。因此，该产业模式下，生产出的纸浆可直接用于造纸产业的原料供应，节省进口纸浆的经济成本，有助于摆脱对进口纸浆的依赖。

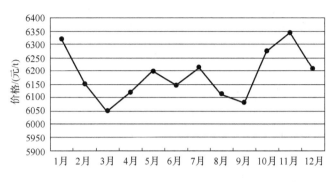

图 7-22　2018 年中国纸浆价格走势

　　"生物质+"产业所生产的三种产品——糠醛、木质素和纤维素分属三种不同行业,在三个行业中各有不同的劣势。糠醛行业最大劣势在于进入市场时间较短,缺乏糠醛市场运营的经验,需要在短时间内占领市场,具有一定的压力。由于糠醛市场面临整合,糠醛产业需在短时间内快速进入市场,占领技术市场是成功的另一关键。在木质素行业,目前木质素进入市场最大的威胁来源于进口产品和国外拥有先进技术的企业在国内设立的木质素工厂。纤维素行业涉及多个领域,原料来源丰富,随着纤维素产品的应用领域逐渐扩大,纤维素生产行业将在未来发展中发挥重要作用。国外产品借助其先进的经营模式、雄厚的资金实力和熟稔的市场运作能力,快速占领国内市场,国内企业与国外公司相比资金不足。

7.4.2　矿山"光伏+"产业

　　由于矿区已有光伏项目基础,因此本次规划在原有光伏产业基础上,进一步扩大光伏装机规模,同时在光伏板下方发展种植养殖产业,增加项目的经济收益,如在光伏板下方种植能源草(柳枝稷),形成新型生物质化工产业链,产出的木质素可为造纸产业提供原材料,其他产品也具有很高的市场价值。同时,能源草作物不但能够修复矿区土壤环境,防止水土流失,而且可以有效改良矿区土壤基质,种植一段时间后能有效增加土壤中氮磷钾和有机质含量,恢复土壤活性,保障后续产业的可持续发展。

7.4.2.1　光伏+饲草产业

　　在产业发展模式创建中,可以在原有光伏产业的基础上,延伸发展光伏+饲草产业。首先利用南舍场一期光伏项目的基础设施和管理经验,扩大光伏厂区面积,可以有效地降低投资成本注入;其次充分利用光伏板下和光伏板阵列之间的土地资源,前期进行经济型饲草(如紫花苜蓿等)种植,恢复土壤环境活性。饲草种植过程简单，几乎不需要管理维护，每年都可进行若干次收割，收割后简单捆装便可直接售卖，也可用于饲养牛羊等家畜。光伏下方土壤经过修复达到耕地水平后可进行光伏+农业的发展模式，进行经济作物种植，提高光伏间隙土地的利用价值。

由于饲草需在光伏板下方进行种植，故考虑饲草种植面积为光伏板敷设面积的60%左右，便可满足光伏板与植物对太阳光的吸收需求。

光伏+饲草产业的优势：一是光伏与饲草间插布置可充分利用土地空间，产生最大化效益；二是光伏产业产生电能可用于其他产业生产中，形成闭环产业循环；三是无须建设新产业链，集团内已有饲草种植的产业板块，运营管理经验丰富，成本投入较低，投资回收期较短。但同时该产业模式也存在一些问题：一是光伏产业前期投入较大，投资回收期较长，影响产业发展的近期效益；二是饲草种植收益较低；三是饲草的种植改善矿区土壤所需的时间较长。

7.4.2.2　光伏+能源草产业

光伏+能源草产业与光伏+饲草产业类似，也是在光伏板敷设的基础上，在其下方种植能源草。在方案设计时要合理布置平面和立面空间，同时满足光伏板与能源草对太阳的光照要求。建设一条新型生物质化工生产线，利用生物质能源草中高含量的半纤维素和木质素，生产糠醛、高纯木质素、初级木浆和轻质燃料油等新型材料。整个工艺过程环保、投资较低，可收获巨大的经济效益，是一项非常有潜力的产业。能源草能够有效改善矿区土壤养分，提高土壤活性，达到生态修复的目的。

光伏+能源草模式，将光伏产业与生物质化工产业进行有机结合，充分利用有限的土地资源，建立生物质化工生产线，将光伏板与能源植物竖向叠加布置。这样既可节约土地空间，利用能源植物种植修复矿山土壤环境，又可获得电能与生物质化工产品的双重效益。

柳枝稷是目前比较常用的能源植物，是生物质化工产业理想的原料之一。柳枝稷原生于美国，是一种禾本科稷属多年生草本植物。柳枝稷对土壤类型没有严格要求，适应广泛的土壤类型，甚至在沙地上亦可种植。同时，柳枝稷易管理，易刈割，且具有极高的生物量，利用价值很高。利用柳枝稷生产的糠醛和木质素等产品产量与竹柳接近。

光伏+能源草产业的优点是可充分利用矿区土地空间资源，达到经济效益最大化的目的。同时也可利用废弃秸秆作为生产原料，有效降低生产成本，提高产业经济效益。能源草既可为造纸提供原料，延长原有造纸产业链，又可恢复矿区土地环境。该产业模式的缺点是需要新建一条生物质化工生产线，增加生物质化工厂前期的厂房、设备和人工等投资。

7.4.3　矿区旅游产业

7.4.3.1　原有工业遗产保护

抚顺市被列入资源枯竭型城市,拥有大量珍贵的工业遗产,工业遗产的保护和利用工作越来越重要(张丽等,2019)。从 20 世纪 90 年代开始,抚顺西露天矿便有"百年煤矿、十里煤海"之称,2004 年被评为全国首批工业旅游示范点,已接待 140 多个国家和地区的游客。在抚顺市工业遗产中,有省级重点文物保护单位 2 处,市级重点文物保护单位 5 处。在 2011 年辽宁省首次确认的 160 余处工业遗产中,抚顺市有 35 处位列其中。2018 年 9 月公布的抚顺市现存具有重要工业遗产价值的建筑、构筑物及附属设施等不可移动文物共 47 处,如表 7-7 所示。

表 7-7　抚顺市工业遗产名录

等级	名称	数量
全国首批工业旅游示范点	西露天矿	1
省级重点文物保护单位	龙凤矿竖井(第六批) 萝卜坎炼铁炉(第九批)	2
市级重点文物保护单位	抚顺矿业集团办公楼(原满铁抚顺炭矿) 矿务局总医院(原满铁抚顺炭矿医院) 工商银行抚顺分行大楼(原高等女校旧址) 抚顺市第 50 中学主楼(原七条小学旧址) 煤都宾馆(炭矿俱乐部)	5
不可移动文物	胜利矿斜井、东露天矿旧址、老虎台矿旧址、西露天矿旧址、石油二厂旧址、石油三厂旧址、石油一厂旧址、抚顺铝厂旧址、抚顺特殊钢厂旧址、东公园净水房、电力株式会社旧址等	47
辽宁省首次确认的工业遗产	永安东泵房、东公园净水房、炭矿长住宅旧址、电力株式会社旧址、萝卜坎炼铁炉、龙凤矿竖井、龙凤矿办公楼、西露天矿等	35

从抚顺市各项工业遗产数据可以看出,抚顺煤矿区在开采的同时,留下了大量的代表工业文明的历史遗迹:西露天矿坑历经百年开采,成为世界罕见的人文景观;煤矿博物馆也已成为抚顺这座城市的名片;胜利矿斜井、龙凤矿竖井作为人类煤炭开采的最早见证,也已成为地标式景观。这些工业遗产不仅不是城市的"伤疤",反而是一笔难得的宝贵财富,具有巨大的历史价值和旅游开发潜力(袁红等,2017)。

7.4.3.2　工业旅游体系打造

以"生态、绿色、低碳"为发展主题,以"历史遗迹+工业旅游+红色旅游"

为核心，以创建"矿山地质地貌景观、工业遗迹公园"为目标，以"地质矿山、自然地势、历史遗迹、特色产业"四大核心资源为依托，充分彰显自然和历史旅游资源优势，形成以历史文化遗迹、工业文化体验及生态自然景观三大旅游产品为主的旅游综合体（李朝辉等，2010）。依托新近纪时代地质风貌，将独特的地质景观与工业文明相融合，情景再现露天和井下开采全过程、全样貌，将西露天煤矿全力打造成具有世界一流水准的国家地质公园（袁红等，2017）。有机结合矿区原有地质地貌、历史文脉与工业遗迹，充分利用矿区现有地形、废弃矿井、工业厂房、轨道及其他构筑物等资源，规划合理的工业遗迹游览路线，打造具有抚顺市矿区特色的旅游品牌（刘宏磊等，2019）。建成工业遗迹观赏、旅游度假、文化娱乐、科学展览、体育锻炼、影视基地和餐饮服务等横纵向综合型景区，大力发展第三产业集群，把第三产业打造成抚矿集团重要经济支柱。同时，将现有从事煤矿生产剩余人员用于服务第三产业，维护景区运行、矿坑持续治理等，人员得到转岗安置，实现人企共赢。

7.4.3.3　集中式工业遗迹游览线路

以矿山工业遗迹旅游为主题，围绕西露天矿坑规划建设各游览节点。以抚顺煤矿博物馆为原点，以电铁客车为载体，向东辐射至胜利矿斜井旧址，再向东延伸至龙凤矿竖井旧址，形成包括"历史流脉"（煤矿博物馆）、"矿山风物"（胜利工业遗址）、"抚矿铅华"（龙凤矿旧址）在内的"抚顺煤矿环坑工业旅游体系"。第一站，首先参观煤矿博物馆，了解抚顺煤矿区的开采历史，实地去露天矿大型设备陈列广场参观历史设备，前往观景台远眺西露天矿坑。第二站，前往位于矿坑南部的千台山滑坡地质灾害遗迹景观，参观滑坡后形成的独特地形地貌，春季赏花、秋季摘果。第三站，前往胜利工业遗址，欣赏古老的矿井巷道面貌，参观在原有旧址基础上建立的影视基地，以及井下探秘特色景点，深入胜利矿井内部参观，体验井下工作生活。结合智慧小镇在周边土地开发建设游客服务中心、餐饮娱乐、商务会议、健康疗养等设施，打造"城郊度假休闲目的地"。第四站，游览红色旅游经典景点、全国爱国主义教育示范基地——平顶山惨案纪念馆，了解20世纪30年代日本的侵华历史。第五站，继续东行，前往龙凤矿旧址，观摩当年世界先进的采煤工艺和设备。第六站，前往西露天矿东端帮的铁路隧道，观看电机车穿梭在隧道内，源源不断地运输矿业废弃物的过程，待隧道停止矿业运输使用后，游客可体验电机车穿过隧道工业的实景。第七站，前往西露天矿西端帮，在此能够看到电铁排土的实际过程，体验工业生产的真实场景。最后回到起点煤矿博物馆，完成一次环露天矿坑的游览。工业遗迹游览线路如图7-23所示。

图 7-23　西露天矿工业遗迹游览线路图

各个游览节点主要名称及展示内容如表 7-8 所示。

表 7-8　西露天矿工业遗迹游览线路安排

名称	游览节点	展示内容
起点	煤矿博物馆	了解抚顺矿区开采历史，实地参观大型设备，远眺矿坑
第二站	千台山滑坡地质灾害遗迹景观	参观滑坡后形成的独特地形地貌，春季赏花、秋季摘果
第三站	胜利工业遗址	到胜利矿井入井参观，了解影视基地故事，体验矿井巷道面貌
第四站	平顶山惨案纪念馆	了解 20 世纪 30 年代日本侵华历史
第五站	龙凤矿旧址	观摩当年世界先进的采煤工艺和设备
第六站	西露天矿东端帮铁路隧道	观看电机车穿梭隧道工业实景
第七站	西露天矿西端帮	电铁排土实景展示，体验工业生产真实场景
终点	煤矿博物馆	完成游览

注：环坑工业遗迹游览路线为循环一周，起止地点皆为煤矿博物馆

7.4.3.4　分散式矿山生态旅游项目

1. 打造环坑绿化生态圈

以"坐火车、赏遗迹、逛花海、观绿林"为主题，围绕西露天矿坑旅游线路，以露天矿坑为核心，以客运小火车为载体，环坑设置景观带，种植薰衣草、牡丹等花卉，大量播种各种草籽来绿化边坡，改善土壤，形成环坑绿化生态圈。

2. 打造环坑自行车赛道

依托环坑旅游线路及良好的环坑景观生态圈资源,建设自行车赛道,积极开展自行车运动比赛,每年举办越野赛、速降赛、爬坡赛、四人越野赛、双人绕杆赛、分段赛等专业性及非专业性的"矿山自行车赛"活动。结合西露天矿工业遗迹旅游资源,打造辽宁省规模最大、影响最广、参与人数最多的矿山自行车赛,推动当地体育业发展。

3. 打造环坑运动健身步道

围绕历时悠久的工业遗迹、环坑花海等景观打造环坑运动健身步道,将分散式景观串联起来,打造矿山生态旅游圈。健身步道也可打造成圈跑类型的专业型马拉松赛道以及全国首条矿山马拉松赛道,抚顺成为继大连、沈阳、营口后第四个能够举办专业马拉松赛的辽宁省内城市。

4. 打造婚纱写真摄影基地

打造矿山绿色旅游休闲基地、浪漫婚纱摄影基地。在西露天矿环坑旅游线路沿线种植大量的鲜花绿植,形成独特的摄影空间,如图 7-24 所示。基地每年定期举办花海节、摄影大赛等一系列具有当地特色的活动,为旅游休闲与婚纱摄影基地增添客流量。

图 7-24　花海之中拍摄婚纱写真

5. 打造娱乐游戏活动基地

利用露天矿坑独有的地形优势,开展真人枪战游戏、越野吉普车驰骋矿坑、攀岩等活动。利用地势高低及现有的障碍物作为攻守的堡垒,调整掩体的多少和形式,做到形象好看,掩体实用、安全等。游客来此可体验对攻战、攻防战、夺旗战、巷战、拆弹、地雷战等真人枪战玩法。结合矿坑地形,建设越野车赛场地,积极举办越野车竞技赛,根据赛段、难度及规模,确定适合西露天矿越野赛的级别，吸引专业越野车选手及爱好者前来参与活动。非比赛期间，游客在此可体验飞车台、波浪路、炮弹坑、驼峰、霸王圈等极具挑战性的越野车游戏玩法。

6. 打造冰雪大世界乐园

西露天矿坑随着时间慢慢填坑到一定程度时，利用四周所形成的坡度，打造冰雪大世界乐园，规划为滑雪区、滑冰区、戏雪区、冰雕区等几个区域。凭借抚顺的冰雪时节优势，推出大型冰雪艺术精品工程，展示东北地区冰雪文化和冰雪旅游魅力。建设"冰雪家族主题城堡""激情雪圈""超级大滑梯""炫舞冰靴""冰上自行车""冰爬犁"等项目，策划欢乐圣诞夜、欢乐迎新年、欢乐冰雪节、欢乐小年夜、欢乐情人节五大节庆主题活动，打造全民参与的欢乐盛宴。

7. 打造矿坑观光索道

以"坐缆车、赏矿坑"为主题，沿西露天矿坑南北方向架设索道，游客可由南向北乘坐索道往返矿坑，俯瞰矿坑独特美景。升级索道变至滑索，体验"速滑""速降""空中飞人"等不同滑索方式。南北跨越矿坑，借助高差从高处以较高的速度向下滑行，打造具有挑战性、刺激性和娱乐性的现代化体育游乐项目，使游客在有惊无险的快乐中感受刺激和满足。

8. 打造民俗特色生态旅游

依托农家庭院、花圃、果园、鱼塘等自然条件，结合当地特有民俗，开发民俗特色生态旅游，吸引游客前来观赏、休闲、娱乐。吃矿坑特产笨鸡饭，采绿色无公害果蔬，住高级服务煤都宾馆，买健康有保证食品特产，以"进得来、留得住、玩得好、吃得香、往的下、带着走"为目标，让游客真正体会到当地特色。夏季组织垂钓比赛、采摘种植、帐篷节、篝火晚会等活动，游客来此享受绿色矿山的建设成果，感受健康生活、生态旅游的良好氛围。

7.5　规划综合效益评价

7.5.1　生态效益

伴随着资源日益耗竭和污染加重，单纯追求经济增长的发展模式已经不再适应社会发展。当前的经济发展已经逼近生态系统的极限，全世界都面临着自然资源日渐稀缺的问题，尤其对于我国这样自然资源人均占有量低于世界平均水平的国家，自然资源保护更加重要（张潇尹，2015）。因此，通过提高生态效益实现可持续发展具有重大的现实意义。

从物质量与价值量角度出发，选取涵养水源、保持土壤、气体调节、营养物质循环及净化地表水体等指标，建立指标体系，估算两种生物质种植类型的生态效益（王晶等，2012）。种植生物质能源林或能源草可以有效修复矿区土地，产生额外生态效益。单位面积林地和草地所产生的生态效益如表 7-9 所示。

表 7-9　单位面积生态效益

单位：万元/（hm²·a）

用地类型	涵养水源	保持土壤	气体调节	营养物质循环	净化地表水体	总计
林地	0.3299	0.2064	0.8064	0.1987	0.2209	1.7622
草地	0.4033	0.2073	0.5520	0.1448	0.2700	1.5772
总计	0.7332	0.4137	1.3584	0.3435	0.4909	3.3394

通过单位面积林地和草地所产生的生态效益数据，可以估算抚顺煤矿区全部种植生物质能源林或者全部种植能源草将产生的生态效益，估算结果如表 7-10 所示。

表 7-10　种植能源植物后生态效益

单位：万元/a

用地类型	涵养水源	保持土壤	气体调节	营养物质循环	净化地表水体	总计
林地	715.22	447.48	1748.28	430.78	478.91	3820.45
草地	874.35	449.43	1196.74	313.93	585.36	3419.37

结合生物质种植影响矿区生态系统结构、特征和生态过程，建立生态效益评估指标体系，在分析各项生态效益评估方法及参数基础上，计算不同土地利用方式下各项生态效益值并估算其总效益及单位面积生态效益，得出林地每年生态效益为3820.45万元，草地每年生态效益为3419.37万元，两者总体差别不大，可根据其他效益综合评价。相较而言，林地生态效益总量大于草地，既具有经济效益，又具有培肥土壤作用。由估算结果可知：林地在气体调节和营养物质循环方面作用显著。草地作用主要体现在涵养水源、保持土壤和净化地表水体上。因矿区受人为扰动影响较大，如客土、施肥、灌溉等措施，并且对外界具有极强的依赖性，因此加强复垦后矿区土地营养物质循环能力研究对维持该生态系统稳定性具有重要作用。

7.5.2　经济效益

7.5.2.1　生物质化工产业效益

1. 产业规模方案

根据抚矿集团原有造纸产业情况、秸秆和林木废弃物利用情况，确定生物质化工产业的原材料为竹柳、秸秆和林木废弃物，生产的主要产品为糠醛、木质素和初级木浆，糠醛和木质素可以直接售卖，初级木浆可与集团造纸产业结合，为造纸厂生产生活用纸和箱板纸提供原材料（竹柳、林木废弃物纸浆可制备生活用纸，秸秆所生产纸浆可制备箱板纸），有效减少造纸厂从外部购置纸浆的成本。按照抚顺市所在地理环境与气候条件预测，竹柳干重产量约为 $90t/hm^2$。

能源树种植规划分区与产量如表 7-11 所示。

表 7-11　生物质能源产业规划分区与竹柳产量表

时间	区域	面积/hm²	年产量/万 t
近期	西舍场	1144	10.30
	南舍场	242	2.18
远期	西露天矿坑	517	4.65
待定	汪良舍场	265	2.39

注：南舍场已有光伏面积 50hm²，无法种植能源树

根据矿区闲置土地可种植竹柳产量，确定糠醛生物质化工产业生产规模。规划建设生物质化工生产线，规模为 1.5 万 t/a（糠醛），主要原料为竹柳、秸秆和林木废弃物。以近期竹柳生产量 12.5 万 t 为基准，另需秸秆和林木废弃物 7.2 万 t。主要产品为糠醛、木质素和初级木浆。

2. 生产线投资收益

建设年产 1.5 万 t 糠醛的生物质化工生产线，所需建设总投资为 16000 万元，主要包括：设备及安装工程、土建工程和其他成本。其中设备及安装工程（包含生产糠醛、木质素和初级木浆的生产设备）投资约 1.1 亿元，土建工程投资约 0.35 亿元，其他成本约 1500 万元。年均经营成本 18500 万～28500 万元，年均净收益 29100 万～39100 万元，产品销售收入 5.76 亿元。投资回收期为 1 年（含建设期）。生物质化工厂所需建设场地 130 亩（含料场 100 亩）。生产线建成后，可拉动就业超过 500 人。生产线主要经济技术指标如表 7-12 所示.

表 7-12　糠醛生物质生产线主要经济技术指标

序号	项目	单位	数据
一	建设总投资	万元	16000
1	设备及安装工程	万元	11000
2	土建工程	万元	3500
3	其他成本	万元	1500
二	年均经营成本	万元	18500～28500
1	人力成本	万元	2500
2	蒸汽成本	万元	9000

续表

序号	项目	单位	数据
3	催化剂成本	万元	5500
4	其他消耗品	万元	2000（部分）
5	原料成本	万元	3500
6	管理成本	万元	3000
7	税额	万元	3000
三	年均净收益	万元	29100～39100
四	投资回收期	年	1
五	产品销售收入	万元	57600

注：催化剂剩余品热值较高，可用于热电厂

7.5.2.2　光伏产业效益

1. 产业建设方案

光伏产业设计装机规模为 400MWp，共 200 个子方阵，每个子方阵 2MWp。全部采用隆基乐叶先进技术高效单晶硅光伏组件。该工程采用 100kW 组串式逆变器，每 22 块单晶硅光伏组件串联形成 1 个光伏组件串，每 16 个光伏组件串接入 1 台组串式逆变器，4 台组串式逆变器接入 1 台交流汇流箱，5 台交流汇流箱汇流后接入 1 台 2000kVA-35/0.54kV 升压箱变（变压器低压侧电压最终根据逆变器出口电压确定），若干台箱变高压侧并联为 1 回光伏进线接入 110kV/220kV 升压站。抚顺市光伏发电光能有效年平均利用时数为 1349.99h，经计算，400MW 电站在 25 年运行期内总发电量约为 135 亿 kW·h，年平均发电量约为 5.4 亿 kW·h。

2. 产业投资收益

光伏产业特点是前期一次性投入成本较高。2018 年 10 月的平均建设投资约为 4 元/W。项目位置位于矿区西舍场和南舍场。光伏发电工程投资收益明细如表 7-13 所示。

表 7-13　光伏发电工程投资收益明细

序号	名称	单位	数据
一	建设总投资	万元	168000
二	年发电销售额	万元	20244.45
1	装机容量	MWp	400
2	年均发电量	MW·h	539996
3	上网电价	元/kW·h	0.3749
三	总销售收入	亿元	50.5

注：光伏上网电价参考光伏发电电价与脱硫煤电价，同为 0.3749 元/kW·h

由表 7-13 可知,光伏发电工程建设总投资为 168000 万元,年均发电量为 539996MW·h,年发电销售额为 20244.45 万元。投资回收期为 10.94 年。

7.5.2.3 饲草种植效益

观赏性饲草种植以观赏性和经济性较高的紫花苜蓿为例。紫花苜蓿有"牧草之王"的称号,突出的优点表现在饲用上。紫花苜蓿茎叶柔嫩鲜美,不论青饲、青贮、调制青干草、加工草粉,还是用于配合饲料或混合饲料,各类畜禽都喜食,也是养猪、牛、羊及养禽业首选青饲料。紫花苜蓿种植适应性广,喜欢温暖、半湿润的气候条件,对土壤要求不严,除太黏重的土壤、极瘠薄的沙土及过酸或过碱的土壤外都能生长,最适宜在土层深厚疏松且富含钙的壤土中生长。

紫花苜蓿湿重的一般产量为 45t/hm^2,干重为 15t/hm^2,寿命可达 30 年之久,一般一年可刈割 3~5 次。同时,种植紫花苜蓿可使土壤形成稳定的团粒,有效改善土壤理化性状,提高土壤肥力。另外,紫花苜蓿还具有保持水土的作用,可以有效修复矿山土壤环境,防止水土流失。

紫花苜蓿成本约为 6750 元/hm^2,每吨干草售价 600 元。如将矿区闲置土地敷设光伏板下方全部种植紫花苜蓿,其种植面积为总占地面积的 60%,即紫花苜蓿种植面积为 831.6hm^2,年净利润约为 189 万元,投资成本与净利润如表 7-14 所示。

表 7-14 紫花苜蓿投资收益明细

种植类型	种植面积/hm^2	产量/万 t	干重/万 t	投资成本/万元	销售价格/万元	净利润/万元
紫花苜蓿	831.6	3.74	1.25	561	750	189

7.5.2.4 旅游产业效益

打造矿山工业遗迹旅游产业,符合国家产业转型政策要求。矿山工业遗迹旅游产业的发展不仅能够完成国家对抚顺煤矿区的产业转型要求,而且可以提供大量就业岗位,缓解集团职工转岗就业压力,维护社会稳定。旅游项目不受季节的影响,具有稳定的客流量,可以带来新的经济效益和社会效益,推动抚顺市旅游产业的发展。目前,该项目的发展需要得到政府支持,并需相关投资企业参与进来,共同谋划产业发展具体路径。

1. 产业规模分析

西露天矿工业遗迹旅游产业中,旅游线路以煤矿博物馆、生物质能源产业示范基地、千台山滑坡地质灾害遗迹景观、胜利工业遗迹、平顶山惨案纪念馆、龙凤矿工业旧址、西坑东端帮铁路隧道景观、西坑西端帮电铁排土景观几个部分为主。形成了工业遗迹游览、工业生活体验、影视基地参观、绿色果蔬采摘、摄影基地拍摄、健身活动参与、极限活动体验、民俗特色旅游等几大主题项目。从工业遗迹旅游产业衍生出休闲观光旅游及绿色生态旅游等，整个产业规模包括：煤矿博物馆 1 座、大型设备陈列广场 1 座、观景平台 3 座、滑坡大峡谷 2 处、废弃矿井 2 处（胜利矿、龙凤矿）、铁路隧道 2 条、电气铁路线若干条、大型旅客服务中心 2 处（包括住宿、餐饮、会议等功能）、环坑绿色生态圈 1 处、冰雪大世界1 处、娱乐游戏活动基地 3 处、影视拍摄基地 1 处、婚纱写真拍摄基地 1 处、体育活动专业比赛场地 3 处、农家乐若干个，以及若干个商业、餐饮、娱乐等配套设施。

2. 项目收益分析

项目建成后预计年营业收入为 10000 万元，能够提供就业岗位 2000 个，具体明细如表 7-15 所示。

表 7-15　项目年经营收入列表

序号	旅游板块	年接待数量/（人·次）	游客人均消费/元	年营业收入/万元
1	矿业遗迹游览	200000	150	3000
2	户外运动体验	100000	200	2000
3	休闲娱乐活动	100000	200	2000
4	农家民俗特色	150000	200	3000
5	合计	550000	750	10000

7.5.3　社会效益

抚矿集团从业人员及其家属近 40 万人，占抚顺市城区人口的三分之一。这些传统产业面临必须转型但没有新型产业接续的巨大压力，最终结果是造成企业停产，至少 7000 名职工转岗，至少 1.1 万名生产工人被迫下岗、面临失业的严峻问题（李朝辉等，2010）。同时，企业停产也会使原本较高的纳税锐减，对抚顺市经济社会发展造成较大影响。除造纸与光伏产业外，抚矿集团现有传统产业主要有：煤炭产业、油页岩炼油产业、化工产业和热电产业。如果建立新型生物质能源产业模式，可以有效解决产业接续问题，同时建设新的生产线后，新增约 1100 个就业岗位，可以解决现有传统产业生产工人的再就业问题，为职工生活提供保障。新型产业链的建立与发展与抚顺市的总体发展、战略规划要求相一致，符合抚矿集团继续发挥自身企业优势、形成新老产业接续的总体要求。

7.6　本　章　小　结

　　本章从抚顺煤矿区现有的生态环境问题、产业发展问题和职工保障问题着手，从矿山生态修复角度探索矿区产业转型与持续发展之路，规划基于现有采矿和相关产业基础，采用资源化与能源化耦合的矿山生态修复模式，通过对原有产业链进行延伸与发展，对现有煤矿资源施行绿色开采，对绿土、废渣、废弃黄土、煤矸石、矿井水等废弃资源进行综合利用等，力求修复矿区土壤环境，恢复矿区土壤肥力，保障土地复垦。同时梳理原有产业布局，发展光伏+生物质能源产业、矿区旅游产业等新型接续产业，保障产业转型顺利进行，利用现有产业与土地资源，延伸产业链条，拓展产业规模，实现传统能源开发利用与新能源开发建设的有效整合，打造新能源和生物化工产业的新格局。从生物质产业、光伏产业、饲草种植产业和旅游产业等方面对规划后效果进行评价，证实资源化与能源化耦合的矿山生态修复模式既能收获生态环境效益，又可产生经济效益和社会效益，具有广泛应用前景。

参 考 文 献

常春光, 马佳林, 高振东, 2018. 资源枯竭型城市可持续发展体系研究: 以抚顺市为例[J]. 辽宁经济(8): 46-47.

高伟程, 纪玉石, 申力, 2015. 抚顺城区矿山地质环境灾害调查分析[J]. 煤矿安全, 46(12): 226-228, 232.

龚旭, 田燕, 杨毅锋, 2018. 抚顺市工业遗产保护性旅游开发研究: 以龙凤矿竖井为例[J]. 城市建筑(11): 11-13.

郭霁, 梁博, 韩晓极, 等, 2019. 井采活跃期内抚顺西露天矿北帮变形规律分析[J]. 露天采矿技术, 34(2): 13-17.

贺清, 杨飞, 许满贵, 等, 2014. 煤矿自燃火灾综合治理技术与实践[J]. 陕西煤炭, 33(1): 67-70.

胡高建, 杨天鸿, 张飞, 2019. 抚顺西露天矿南帮边坡破坏机理及内排压脚措施[J]. 吉林大学学报(地球科学版), 49(4): 1082-1092.

纪国涛, 2019. 抚顺资源枯竭型城市大石化产业发展研究[J]. 北方经贸(5): 4-6, 11.

李朝辉, 夏寿亮, 2010. 抚顺西露天矿多元化生态经济模式的构想[J]. 露天采矿技术(6): 81-83.

李杰, 2017. 抚顺市秸秆综合利用调查及分析[J]. 农业科技与装备(9): 77-78.

刘宏磊, 武强, 赵海卿, 等, 2019. 矿业城市生态环境正效应资源开发利用研究[J]. 能源与环保, 41(3): 117-121.

刘娜, 2013. 基于遥感技术的抚顺矿区植被恢复状况研究[D]. 沈阳: 东北大学.

刘雪婷, 王明磊, 2019. 基于生态资产模型的抚顺可持续发展战略探究[J]. 价值工程, 38(24): 22-25.

鲁冰, 陈吉望, 孙凯, 等, 2015. 抚顺东露天矿内排土场长远发展规划[J]. 露天采矿技术(12): 15-18, 25.

毛燎原, 2013. 玉米芯"一步法"制取糠醛清洁生产工艺研究[D]. 大连: 大连理工大学.

毛燎原, 李爱民, 2010. 基于生命周期评价的糠醛生产污染综合治理问题[J]. 化工进展, 29(S1): 226-231.

孙世国, 曾志翔, 马银阁, 等, 2019. 西露天矿地下开采地表环境变形规律研究[J]. 煤炭技术, 38(7): 15-18.

唐小雯, 姜建斌, 2019. 资源枯竭型城市经济转型中的问题及对策研究: 以抚顺市为例[J]. 辽宁经济(4): 26-27.

王承伟, 王晓睿, 梁一婧, 等, 2018. 辽宁地区矿震波形特征分析[J]. 防灾减灾学报, 34(1): 57-61.

王晶, 魏忠义, 2012. 抚顺西露天矿西排土场不同土地利用方式下生态环境效益分析[J]. 中国土地科学, 26(11): 74-79.

王声喜, 郭兰昌, 程克愚, 2008. 抚顺市主要地质灾害的成因机制及防治对策[J]. 地质灾害与环境保护(2): 1-6.

王舒虹, 2016. 抚顺矿业集团全面预算管理研究[D]. 阜新: 辽宁工程技术大学.

王彤, 2016. 抚顺西露天矿北帮边坡动力响应分析[D]. 长春: 吉林大学.

王卓, 白朝能, 2015. 抚顺西露天矿千台山滑坡稳定性分析与治理研究[J]. 西部探矿工程, 27(3): 3-6.

夏寿亮, 窦梓毓, 2017. 抚顺西露天矿北帮恢复工程分析[J]. 露天采矿技术, 32(8): 14-17.

徐成文, 2014. 抚顺的煤精雕刻[J]. 收藏(15): 143-145.

许波波, 张人伟, 杜高举, 等, 2009. 煤层氧化自燃指标气体分析[J]. 煤矿安全, 40(2): 33-34.

杨苁, 2014. 抚顺市西露天矿工业旅游开发研究[D]. 沈阳: 沈阳师范大学.

尹玉磊, 李爱民, 毛燎原, 2011. 糠醛渣综合利用技术研究进展[J]. 现代化工, 31(11): 22-24, 26.

袁红, 陈思婷, 余亿, 2017. 抚顺西露天矿的保护及利用研究[J]. 工业建筑, 47(11): 52-55, 88.

翟文杰, 钟以章, 姜德录, 等, 2006. 抚顺西露天煤矿地质灾害预测[J]. 自然灾害学报(4): 132-137.

战彦领, 2009. 煤炭产业链演化机理与整合路径研究[D]. 徐州: 中国矿业大学.

张防修, 尹有德, 蒙涛, 2012. 精心设计 打造绿色矿山[J]. 露天采矿技术(S2): 94-95, 99.

张丽, 刘伟, 2019. 浅析抚顺工业遗产保护与旅游利用策略[J]. 遗产与保护研究, 4(1): 98-100.

张鹏, 张建平, 王俊, 2016. 露天煤矿闭坑地质环境及其恢复治理方案研究[J]. 煤炭技术, 35(1): 320-321.

张平, 许春东, 2015. 基于 FAHP 的抚顺西露天矿地质灾害危险性评估[J]. 山西建筑, 41(27): 71-72.

张潇尹, 2015. 生态经济学视角下的资源型区域经济发展模式研究[D]. 太原: 山西财经大学.

邹蕴琪, 2015. 矿山废弃地恢复性景观评价研究[D]. 沈阳: 沈阳建筑大学.

第8章　鞍山铁矿区生态修复与产业发展规划

鞍钢集团矿业有限公司（以下简称鞍钢矿业）能源消费结构以煤炭、石油、外购电力为主，新能源使用占比很低。2020 年鞍钢矿业 CO_2 总排放量为 425.89 万 t，外购电力、化石燃料燃烧和碳酸盐分解是碳排放的主力，其中电力排放量逐年增加，远超化石燃料燃烧及碳酸盐分解所产生的碳排放。新项目引进受限以及化石能源使用的高投入、高消耗、高排放、低效率等问题仍然比较突出。鞍钢矿业贯彻落实国家低碳发展战略，推进节能降碳、生态环境修复、绿色矿山建设等相关工作，开展生态修复与产业发展规划，为矿业企业实现低碳发展作出积极贡献。鞍钢矿业以低碳发展为核心，以生态修复为主线，发挥能源替代、节能减排和固碳增汇三方面的作用和贡献，建立矿山生态修复新理念、新思路、新方法和新路径。牵引统筹生态修复产业、新能源产业、矿山固体废弃物资源化利用产业等的发展，延伸矿业企业产业链，推动生态修复、经济增长和产业升级。做好碳资产管理工作，充分发挥碳交易市场机制对生态修复活动的激励作用，实现矿山修复后的生态系统作为生态产品的经济价值，为矿业企业抵消生产碳排放量、减少减排成本，赢得更大发展空间提供可能。

8.1　区　域　概　况

8.1.1　地理区位

鞍山市（122°10′E～123°41′E，40°27′N～41°34′N）地处中国东北地区、辽宁省中部，东部、北部与辽阳市辽阳县为邻，东南部与丹东市凤城市、庄河市毗连，南部与营口市大石桥市接壤，西部与盘锦市盘山县、沈阳市辽中县交界，市中心距沈阳市 89km，东距煤铁之城本溪市 96km，南距大连市 308km，西南距营口鲅鱼圈新港 120km，西距盘锦市 103km。鞍山总面积 9255km²，占辽宁省总面积的 8.4%。

鞍钢矿业共有七大铁矿区，分别为东鞍山铁矿、大孤山铁矿、关宝山铁矿、齐大山铁矿、眼前山铁矿、鞍千铁矿以及位于辽阳地区的弓长岭铁矿。鞍山地区铁矿位置分布如图 8-1 所示。

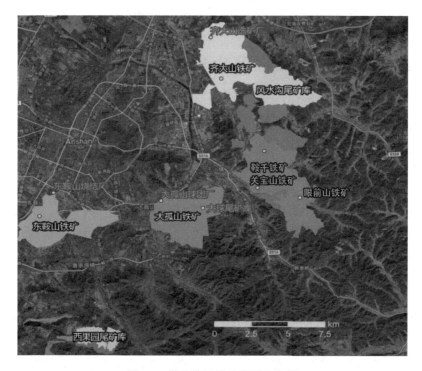

图 8-1　鞍山地区铁矿位置分布图

鞍山地区铁矿位于辽宁中部城市群与辽宁东部山区的过渡区。鞍山市因矿而兴，同时也深受矿山之苦。历经上百年的资源开发，鞍山地区历史上环境污染和生态破坏较为严重。鞍钢矿业能源消费和碳排放在鞍山市的占比也较大，因此鞍钢矿业开展高质量的矿山生态修复和节能降碳工作，既是对鞍山市民的历史责任，又是对鞍山市完成能源双控目标的现实责任，也是鞍钢矿业贯彻落实生态文明建设，实现转型升级和高质量发展谋篇布局，同时对维护辽宁中部城市群乃至辽宁省的生态安全具有重要意义。

1. 东鞍山铁矿

东鞍山铁矿位于鞍山市南郊，距市中心约 7km，行政区划属鞍山市千山区东鞍山镇管辖。矿区内有柏油马路，与鞍山至海城一级公路相连，矿区西侧不足 1km 处有长春至大连铁路通过，交通运输条件便利。

2. 大孤山铁矿

大孤山铁矿位于鞍山市东南 12km，隶属于鞍钢集团矿业有限公司的大孤山球团厂。矿区内有柏油马路，与鞍山至辽阳一级公路相连，在矿区北部的山脚下，有鞍钢环市铁路专用线通过，交通十分便利。大孤山铁矿产出的铁矿石运往大孤山球团厂进行选矿，产生的尾矿排往大孤山尾矿库。

3. 关宝山铁矿

关宝山铁矿（原名关门山铁矿）位于鞍山市东南约 20km，在眼前山铁矿西侧，其范围东起关宝山，西至山印子，南以倪家台村为限，北至马圈子。在行政管理上归关宝山矿业有限公司管辖，行政区划上隶属于鞍山市千山区千山镇。矿山开采多年，运输道路早已形成，露天采场、排岩场、工业场地、办公生活区等的运输道路均在各自工程单元内，矿区外运输道路为露天采场北侧通往排岩场的道路。

4. 齐大山铁矿

齐大山铁矿位于鞍山市东北郊，距鞍山市 12km，北侧紧邻齐大山选矿厂，西南 1.3km 处为调军台选矿厂，东南为风水沟尾矿库，南侧 6km 为鞍千矿业有限责任公司及其选矿厂。矿山行政区划隶属于鞍山市千山区齐大山镇，有环市铁路和公交汽车与市内相通。

5. 眼前山铁矿

眼前山铁矿位于鞍山市东南郊，矿区面积 2.42km^2，地处千山风景区东北 5km，西距鞍山市中心 22km，北邻大砬子铁矿，西邻关宝山铁矿，东邻谷首峪村，南邻洪台沟村。行政区划隶属鞍山市千山区管辖，矿区有乡镇级公路，与鞍千公路衔接，鞍山市 17 路公交车直达矿区，尚有铁路专线经七岭子与鞍山市东环铁路衔接。

6. 鞍千铁矿

鞍千铁矿位于鞍山市东南 15km。行政区划隶属鞍山市高新区齐大山镇。

7. 弓长岭铁矿

弓长岭铁矿位于辽宁省中部辽阳市弓长岭区，西南距鞍山市 70km，西北距辽阳市 40km，行政区划为辽阳市内。矿区生产规模 720 万 t/a，矿区面积 7.74km^2。矿区交通方便，矿区距辽阳至本溪铁路的安平车站 5km，有专用矿山铁路与该站连接，矿区至辽阳市、本溪市和鞍山市均有公路相通，交通十分便利。

8.1.2　资源概况

1. 铁矿石资源

鞍山市铁矿石规模巨大，蕴藏量丰富，以磁（赤）贫铁矿为主。保有资源储量 75.7 亿 t，占全国同期保有资源储量的 13.08%，居全国首位。铁矿集中分布于鞍山市城郊东部和南部地区，形成规模宏大的两条铁矿带，环绕大半个城区。东部铁矿带北起齐大山，南至西大背，出露长 10.6km；南部铁矿带东起眼前山，西至西鞍山，出露长 15.6km。矿山开采建设环境优越，铁矿分布于鞍山钢铁工业核心区边缘，交通、电力、电信等基础设施完备。

2. 矿区土地资源

目前矿区可利用土地分布在七大矿区：东鞍山铁矿、关宝山铁矿、大孤山铁矿、齐大山铁矿、眼前山铁矿、鞍千铁矿和弓长岭铁矿。目前矿区闲置可利用土地共计 6913.78hm²，土地类型主要划分为五类：排岩场、尾矿库、采场及固定帮、工业场地及其他可利用区域。其中已复垦面积达 1080.17hm²，未复垦面积为 5883.61hm²。

3. 尾矿及废石资源

大孤山铁矿区拥有尾矿库一座，位于矿区东侧，该库南北长 2.8km，东西宽 1.5km。北侧坡底标高 60m，坡顶最高标高 203m，南侧标高约 160m（马振翰等，2021）。尾矿库加高到 180m 后，汇水面积 6.34km²，占地面积 273.90hm²，总库容 9470 万 m³，有效库容 7576 万 m³，排岩筑坝总长 6109m。

东鞍山铁矿区拥有尾矿库一座，尾矿量为 455 万 t/a，为西果园尾矿库。尾矿库位于矿区南侧约 8km 处，占地面积 349.34hm²，尾矿库类型为山谷型。西果园尾矿坝由西沟、南沟、井峪沟三处尾矿坝组成，尾矿坝设计海拔标高为 260m（赵新阳等，2013）。截至 2020 年底，西果园尾矿库已堆存尾矿 14200 万 m³，尚可堆存 6750 万 m³。

关宝山铁矿区拥有尾矿库一座，为风水沟尾矿库，位于关宝山排岩场东北侧，与采区最近距离约 5200m。目前鞍钢矿业齐大山、调军台、关宝山和鞍千四家选矿厂的尾矿通过管道排入风水沟尾矿库之中（孙艳荣，2019）。尾矿库二期扩容工程后总占地面积 637.26hm²，截至 2020 年底，风水沟尾矿库已堆存尾矿 24100 万 m³，尚可堆存 6000 万 m³。

弓长岭铁矿区拥有在用尾矿库一座，位于安平镇新安村对面汤河西侧的前、后参将峪沟内，称为参将峪尾矿库。该尾矿库是 1958 年由鞍山冶金设计研究院设计的，一期设计已经服役结束，2020 年进入二期设计服役阶段。现选矿厂处理原矿 1574 万 t/a，产生尾矿 1069 万 t/a，全部输送至参将峪尾矿库。参将峪尾矿库目前堆积标高为 168.0m，坝高为 111.5m，征地面积 10.87km²，库面面积 480 万 m²，尾矿库库容为 25792 万 m³，为二等库。尾矿库最终设计堆积标高为 190.0m，总坝高为 133.5m，总库容为 37304 万 m³，也为二等库。

8.2　矿区核心问题分析

（1）碳排放与能耗巨大，新增产能发展受限。

在鞍钢矿业产业逐渐发展、能源和碳指标极大约束背景下，急需开展节能减排工作，如何降低鞍钢矿业能耗与碳排放，实现企业低碳发展目标是目前需要解决的重要问题。绿色能源的使用与开发在节能减排中发挥重要作用，中央与地方文件多次强调要发展新能源产业，建立新能源基地，优先推动风能、太阳能就地就近开发利用。但鞍钢矿业对绿色能源开发应用推进缓慢，布局明显不足，利用矿山废弃地资源开发新能源力度不够，严重影响传统产业与新增产能扩产的需求，急需创新矿山生态修复模式，在生态修复过程中发展绿色能源产业，满足鞍钢用电要求，避免因能耗与降碳指标、拉闸限电等影响鞍钢矿业的可持续发展。

（2）化石能源比例过高，能源结构亟待优化。

鞍钢矿业能源消耗结构中，化石能源占比过高，可再生能源使用占比过低，能源结构不合理。在我国能耗控制的严峻背景下，化石能源使用前景堪忧。鞍钢矿业化石能源使用的高投入、高消耗、高排放、低效率的问题仍然比较突出，矿山采矿、选矿等环节用能依赖电能等传统能耗，在环保趋严下很难有比较明显的经济效益。鞍钢矿业太阳能和风能资源优越，适合发展新能源的土地面积大，光伏和风电可开发资源潜力巨大。在可再生能源生产和消费方面，截至 2020 年底，仅有装机容量 37MW 的风电项目已在矿区完成建设，分布在风水沟尾矿库、齐大山尾矿库、鞍千矿厂、弓长岭尾矿库、弓选尾矿库及弓长岭矿业井下矿几个位置，光伏与风电开发不足，土地资源与风光资源利用程度较低。此外，开发类型较为单一，缺乏光伏发电、生物质能等新能源的开发利用，未来仍有广阔的发展空间与潜力待挖掘。

随着能耗指标和碳指标的要求愈发迫切，鞍钢矿业化石能源消费量的限制会更加严格，可再生能源将需得到更大规模的利用。因此，鞍钢矿业必须加快调整能源结构，适应新的能源改革浪潮，快速增加新能源比重，加快光伏、风电、生物质等新能源项目的发展步伐，从而保障鞍钢矿业在低碳发展的总体目标下稳定快速高效发展。

（3）生态环境破坏严重，修复方式传统单一。

鞍山矿区生态环境破坏严重，历经多年开采，排岩场、尾矿库、工业场地、道路等区域的土地类型发生变化，土地损毁较为严重。矿区生产活动严重占压并损毁土地，采场形成了较大的露天采坑，造成原有地表形态、植被损毁殆尽。这些挖损区不仅破坏了原有自然形成的低山丘陵，人为形成深凹洼地，也造成岩体破损，增加岩体裸露面积，完全改变了原生的地形地貌。为了满足排土需要，排土场压占了大量矿区土地。运输场地在矿区服役期间长期受大型运输车辆碾压，道路被严重破坏。露天开采使采场四周形成多处高陡掌子面与土体边坡，随着矿山采矿量的增加、采深的增加及采场面的扩大，在持续降雨与人为扰动的作用下，极易形成滑坡与崩塌地质灾害，特别是顺向边坡。在暴雨、震动、挖掘等外力因素的破坏或干扰下，矿山及周边区域已发生局部滑塌、滑坡等地质灾害（图 8-2、图 8-3）。

图 8-2　矿区土地类型发生变化

图 8-3　矿区土地严重损毁

矿产资源无序开采严重破坏了山体植被，矿区自然景观面目全非，难以恢复。随着排岩的进行，原地表标高最大值已被抬升，原生的茂密植被被压占破坏。排土场随着废石堆积数量的增加将改变原有地貌形态，地形变化为沟谷→平地→丘陵。采矿活动对原生地形地貌景观破坏程度大，恢复难度大（金江鹏，2021）。例如，露天采场范围内的剥岩、取矿等采矿工程活动对原地形地貌景观产生了极大的破坏和影响，恢复难度大；运输道路、工业场地等的压占，也对原地貌产生较大的破坏，对原生的地形地貌景观影响和破坏程度大（图 8-4）。

图 8-4　矿区植被严重破坏

此外，矿区的开采、排岩及生产过程中所产生的粉尘和噪声不仅影响周围植被的生长，还间接影响厂区员工的工作环境。排弃的岩石对周边生态环境产生不利影响，使植物的生境发生恶化，裸露的岩石堆也会加剧水土流失，提高土地荒漠化等次生灾害的发生概率。

鞍山矿区生态修复方法传统单一，以复垦为主的修复模式尚未转变，生态修复与固碳增汇效益、经济效益结合的技术尚未研发。因此，如何进行合理适度开发并采取措施对矿区开发破坏的生态环境进行有效恢复，以维持矿区的生态服务功能，将是矿区开发中需要重点解决的问题。

（4）废弃资源处理不当，利用效率有待提高。

由于历史原因，鞍钢矿业产生庞大废弃尾矿和废石资源，这些闲置的资产存量资源不但没有充分释放出效能，而且成为鞍山实现高质量发展的障碍，甚至存在巨大的风险。鞍山矿区铁矿资源储量丰富，矿山年生产矿石规模及采出的矿量巨大。为缓解生产能力不足，保证矿山深部延伸的平稳过渡，矿山从残矿中回收了大量优质铁矿石并组织了残矿回收。随着矿产资源综合利用水平的提高以及市场需求空间的增大，仅从残矿中回收矿石已经不能满足需求，加之科技的进步和矿石质量的提高，扩展了矿山废石资源利用的途径，因此鞍山矿区铁矿在废石利用以及提高资源综合利用率上，仍有很大潜力。

（5）产业链条延伸不足，尚未形成集群效应。

《鞍山市国民经济和社会发展第十四个五年规划和二〇三五年远景目标纲要》明确指出，鞍山产业链供应链面临新的机遇。但是，鞍钢矿业在生态环境修复、新能源开发及配套产业、循环经济产业等布局明显不足，缺乏创新动力，严重影响传统产业与新增产能扩产的用能需求。鞍钢矿业以采选矿为核心板块，引领作用有限，未能及时推动主导产业转型升级、延伸矿业企业产业链，产业培育推进缓慢，产业集群效应不够明显。

鞍钢矿业急需紧跟国内大循环趋势,在增强产业链优势上多措并举,抓住矿业产业链供应链优化升级的有利时机,撬动更多金融和社会资本集聚。鞍钢矿业要发挥大型企业龙头带动作用,大力引进高端项目、技术、人才等战略资源,大力发展和施行"矿山生态系统修复+产业融合"模式,推动生态修复、经济增长和产业升级。围绕低碳发展目标,加快以新能源科技、循环经济为核心的低碳产业培育协同,强化关键核心技术创新与创新平台支撑能力,壮大产业集群。同时积极吸引外埠企业进驻,"强链""补链""拉链""壮链",全力打造鞍钢矿业产业链供应链板块。

8.3　生态修复与利用

8.3.1　生态修复总体布局

鞍山铁矿区位于鞍山市建成区周围,矿区从东南西三个方向将鞍山市包围。其矿山生态修复需放在鞍山市城市空间系统甚至更大的空间内统筹考虑,应以"三生空间"和谐统一,践行"两山"理论,以及生态增值为目标的新导向,有效推动"老包袱"变为"新动能"。需从全局高度考虑"矿、城、人、业"的关系,以生态空间修复,创造城市居民幸福生活,以新型生态产业链打造,推动城市高质量发展,以生态产业、环保型产业和创新型产业植入,促进城市生态空间与绿色生产空间融合。

鞍钢矿业的闲置用地主要包括:东鞍山铁矿、关宝山铁矿、大孤山铁矿、齐大山铁矿、眼前山铁矿、鞍千铁矿、弓长岭铁矿。这七个大型露天矿山形成了占地 $6913.78hm^2$ 的废弃地,废弃地主要包括排岩场区域、尾矿库区域、采场及固定帮区域、工业场地区域、其他区域。

根据鞍山矿区现状调查、问题识别与分析结果,以"矿产资源与土地综合利用"和"资源型产业转型与发展"的理念为指引,结合区域资源禀赋,遵循"尊重自然、差异治理"的生态保护修复原则,按照"因地制宜、整体修复、综合利用、重点突出"的规划方法,因地制宜构建鞍山矿区生态修复治理与产业发展整体空间布局。根据矿区不同土地性质,结合矿产废弃物理化性质分析,以及区域市场化产品需求与未来产业发展方向,阶段性实施露天采场的生态环境修复、尾矿资源的综合利用、排岩场闲置土地的能源化利用等综合治理方式,逐步实现鞍山矿区生态环境修复、土壤基质改良、资源与土地的综合利用,解决矿区扬尘严重的问题,提升矿区的土地价值,最终达到低碳发展的总体目标。项目总体布局如图 8-5 所示。

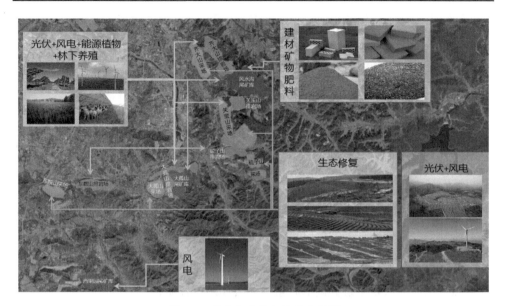

图 8-5　矿山生态修复总体布局图

8.3.2　多元互补的矿山生态修复模式

根据区域矿山废弃地的生态因子及植物环境需求条件，选取适宜种植的经济类植物，并以经济价值与综合效益最大化为目标，分别选取"林光互补""牧光互补""药光互补"的修复模式和"红松+经济作物"的修复模式进行生态修复，建立多元互补的矿山生态修复新模式。充分发挥土地高效集约化与最大限度的综合利用，实现静态的矿山变成动态的经济体，激活废弃矿山内部生态生产力，将矿山修复与美丽乡村建设、地方经济新引擎打造有机结合，必然会产生良好的社会效益、生态效益和经济效益。

8.3.2.1　"林光互补"模式

林光互补也称光伏林业，是利用太阳能光伏发电无污染、零排放的特点，与经济林种植相结合，在经济植物的向阳面上铺设光伏太阳能发电装置。对一些能够在本区域生长的高价值经济植物进行筛选，这些植物具有一定耐阴性，适应光伏板下的光照条件。将光伏发电与经济植物种植相结合，进而产生较高的经济效益。

1．"光伏+蓝莓"模式

"光伏+蓝莓"模式是指在光伏板下种植蓝莓的林光种植模式。蓝莓果实中含有丰富的营养成分，尤其富含花青素，它不仅具有良好的营养保健作用，还具有防止脑神经老化、软化血管、增强人体免疫等功能。其因为具有较高的保健价值所以风靡世界，是世界粮食及农业组织推荐的五大健康水果之一。蓝莓本身属于耐寒类的水果，东北地区的温度和土壤的酸碱度对于蓝莓的栽培有着良好的促进作用，因此在东北地区有大量的蓝莓种植基地。

2. "光伏+软枣猕猴桃"模式

"光伏+软枣猕猴桃"模式是指在光伏板下种植软枣猕猴桃的林光种植模式。软枣猕猴桃是我国珍贵的抗寒果树，拥有极高的经济、药用和观赏价值，是广受欢迎的新兴果树产业之一。栽培种植软枣猕猴桃土地的 pH 最好维持在 5.5～6.5，并具有较好的保水和排水能力，土壤也应是腐殖质含量较高的砂质土壤。此外，软枣猕猴桃的幼苗喜欢较为阴凉的环境，而成年植株喜欢光照，对光照的时长也有要求，这些在选择种植环境时都应该考虑到。最后，软枣猕猴桃栽培环境的选择还应该考虑浇水施肥等作业需求和后期果实的采摘运输。所选种植区域应该有临近的水源和便利的交通，只有这样才能保障软枣猕猴桃的健康生长和后期的采摘运输，从而确保软枣猕猴桃的产量、品质和经济效益。

3. "光伏+油用牡丹"模式

"光伏+油用牡丹"模式是指在光伏板下种植油用牡丹的林光种植模式。油用牡丹是我国独有的多年生灌木，也是一种新兴的木本油料作物，由牡丹籽提取的植物油经鉴定营养丰富又具备医疗保健作用。油用牡丹具有产籽量大、含油率高、种苗资源丰富、适种范围广的特点，能迅速产业化推广，并耐旱耐贫瘠，适合荒山绿化造林、林下种植。

8.3.2.2 "牧光互补"模式

牧光互补也称光伏牧业，是利用太阳能光伏发电无污染、零排放的特点，与牧业相结合，充分利用牧场空间铺设光伏太阳能发电装置。

"牧光互补"模式主要包括"光伏+金牧良草+羊"模式、"光伏+紫花苜蓿+羊"模式、"光伏+多年生黑麦草+羊"模式，能够实现生态养殖、循环农业技术模式集成与创新，为养殖业可持续发展提供有力的技术支撑。这种模式具有三种优势：①养护牧草，为养殖提供充足饲料。在光伏电站下，牧草密密生长，为养殖提供充足的饲料来源。另外，在日常维护过程中，清洗光伏板的同时，下渗的水又为作物生长提供了保障。这种模式下，可以提高土地利用率，延长牧场寿命，同时光伏与养殖行业的结合将促进我国养殖业由粗放型向现代化和集约型转移。②获取牧业及光伏发电双份收益。光伏电站不仅带来了生态的良性循环，更提供了土地利用新思路。"牧光互补"模式对土地资源实现高效利用，不仅能够带动一方经济发展，还能够改善电站周边生态环境，达到经济、环境效益双赢。③改善周边生态环境。引入"牧光互补"模式后，在修复土壤环境的同时还起到防风固沙的作用，有利于当地、周边生态环境和气候的改善。这些措施不仅推动了土地资源的高效利用，还在一定程度上改善水土流失和水源涵养，植被形成的绿色屏障还能改善光伏电站周边的环境，降低风沙对光伏电站造成的损害。

8.3.2.3　"药光互补"模式

药光互补也称光伏药业，是利用太阳能光伏发电无污染、零排放的特点，与中草药种植相结合，充分利用种植空间铺设光伏太阳能发电装置。其特点是将光伏发电、光热发电等太阳能转换技术应用到中药材种植、管理、加工等生产经营活动中，在同一块土地上实现药材种植与太阳能互补利用，是一种新型高效种植模式。

药光互补植物一般选择喜阴植物，这些阴生植物在适度荫蔽下生长良好，不能忍受强烈的直射光线，在完全日照下生长不良或不能生长，生长期间一般要求有 50%~80%郁闭度的环境条件，多生长于林下或阴坡。根据目前辽东地区主要林下种植的药物，以及光环境的要求，"药光互补"模式中可使用的药用植物有龙胆草、黄精、人参、玉竹、苍术等。本章主要推荐种植龙胆草和黄精。

8.3.2.4　"红松+经济作物"模式

受地形及光照的影响，在矿山修复过程中，有些区域如阴坡、现有采场固定帮等区位不适合开展光伏发电项目，这些区位可以开展经济价值高的经济植物种植模式。而红松作为东北地区重要的果材兼用树种，适合在东北大部分地区种植，是目前东北地区主要造林树种之一。

1. 红松果林套作刺嫩芽（辽东楤木）

以红松果林为主要培育目标，在保持红松果林每亩株数基本不变的情况下，在红松行间套种刺嫩芽。刺嫩芽繁殖主要采用种子育苗有性繁殖法和根段扦插无性繁殖法。实践证明，种子育苗是最为成功的繁殖法。

2. 红松果林套作紫花苜蓿

红松果林应选择阳坡、半阳坡、阴坡和半阴坡，要避开风口和低洼地，也可以在风口处营建防护林。以红松果林为主要培育目标，在保证红松果林每亩株数基本不变的情况下，在红松果林行间套种紫花苜蓿。在红松幼龄期间套种紫花苜蓿，通过林草复合经营，以草压草，培肥地力，既可以降低抚育成本，又可以发展畜牧业，实现红松果林近期与远期效益的有机结合。

8.3.3　矿山生态修复实施方案

矿区生态修复应遵循"因地制宜,因矿而异"原则,统一规划,合理布局,科学设计,精细施工,应用场地稳定技术、污染防治技术、土壤熟化技术、植被修复技术、矿山污染治理技术、矿山地貌整治技术、矿山土地复垦技术和矿山植被修复技术等一系列生态修复技术,力争把矿山占用土地资源建设成为新型工业、农业、林业基地。

根据全市在开矿、采石、取土过程中所形成的不同迹地类型与性质,结合国内在破损山体整治工程采用的比较成熟的技术经验,按照以下整治工程分别对矿山进行生态治理。

8.3.3.1　矿山地质灾害治理工程

矿山地质灾害治理工程主要通过主动的、有预见性的工程对具有崩塌、滑坡危险的区域进行治理,消除灾害隐患,恢复被地质灾害破坏的土地的使用价值,确保矿区人民生命财产安全。根据全市以往矿山地质灾害治理工程经验及工程技术水平,规划期内针对矿区存在的崩塌、滑坡隐患提出以下治理工程措施:地表、地下排水工程,支挡工程(重力挡墙、抗滑桩、锚固、锚索),卸方减载、反压坡脚工程,生物防护工程。

8.3.3.2　土地开发利用工程

对于建设条件较好的矿山,适度进行土地开发建设,将环境修复与土地利用相结合,开发成商住用地、工业用地、仓储用地、物流园区等建设用地。同时,将废弃矿地资源进行资源化修复与能源化利用。项目工程主要包括勘测定界、拆除工程、削坡工程、场地平整、截(排)水沟等。

(1)勘测定界。针对矿山开采范围不准确的情况,需要重新对实施土地开发的部分地块进行勘测定界。实施动态测量,选取界址点,确定土地开发界线。对勘测定界地块的权属进行认定,确定实施开发地块范围内权属无法律纠纷,达到土地收储标准。

(2)拆除工程。针对内部有明显建筑物、构筑物的废弃矿区,须对其进行拆除,认真检查影响拆除工程安全施工的各种管线的切断、迁移工作是否完毕,确认安全后方可施工。清理被拆除建筑物倒塌范围内的物资、设备,不能搬迁的必须妥善加以防护。拆除过程中主要采用人工拆除、机械运输方式进行施工。

(3)削坡工程。针对矿山削坡可采用机械施工,同时配合人工及镐头机进行岩土体清除,施工时禁止较大规模的爆破开挖,清方后的边坡坡面平顺,无松散的块体和孤石。

场地平整。对矿山周边进行削坡处理之后，对厂区内凸起部位、孤立土堆进行削坡排土，同时对局部设计标高以下的碎石采坑进行堆填。主要采用推土机进行场地平整，同时辅助人工进行平整处理。

（4）截（排）水沟工程。按照该地区最大暴雨量设计排水渠系，确保复垦后耕地、林地的稳定性和安全性，由于复垦初期存在着严重的非均匀性沉降，短期内不适宜修筑硬化渠系，根据复垦后耕地、林地的松散稳定程度，设置临时性非硬化排水渠系。

8.3.3.3 土地复耕工程

对于复垦条件较好的矿山实施土地复耕，应在植被复绿的基础上适度采取复耕工程，项目主要包括土地平整、覆土施肥及协调水系等工程，使矿山具备耕种条件。

配套设施（包括灌溉、排水、道路等）应满足《灌溉与排水工程设计标准》（GB 50288—2018）等标准以及当地同行业工程建设标准要求。控制水土流失的措施需满足《水土保持综合治理 验收规范》（GB/T 15773—2008）要求。耕地复垦质量依据《土地复垦质量控制标准》（TD/T 1036—2013），并根据各地实际经验确定，具体标准可参照表 8-1 执行。

表 8-1 矿山生态修复耕地质量控制标准

复垦方向	指标类型	基本指标	控制标准
耕地			
	地形	地面坡度/（°）	≤25
	土壤质量	有效土层厚度/cm	≥80
		土壤容重/（g/cm³）	≤1.4
		土壤质地	砂质壤土至砂质黏土
		砾石含量/%	≤15
		pH	6.5～8.5
		有机质/%	≥1.5
旱地	配套设施	排水、道路、林网	达到当地各行业工程建设标准
	地形	地面坡度/（°）	≤15
		平整度	田面高差±5cm 之内
水浇地	土壤质量	有效土层厚度/cm	≥100
		土壤容重/（g/cm³）	≤1.35
		土壤质地	砂质壤土至砂质黏土
		砾石含量/%	≤10

复垦方向		指标类型	基本指标	控制标准
耕地	水浇地	土壤质量	pH	6.5～8.5
			有机质/%	≥2
		配套设施	灌溉、排水、道路、林网	达到当地各行业工程建设标准

8.3.3.4　土壤改良再造工程

（1）覆土施肥。针对矿山没有宜耕土壤的情况，需在土地平整后进行覆土，使其达到耕作标准。针对有机养分含量少、土壤粒径小、透气性差和保水性差的土壤，可通过施加有机肥、矿物肥料、陶粒、凹凸棒等方式对土壤的不良指标进行改良，使复耕的矿山满足宜耕要求。同时，也可采用种养结合的方式改善土壤物理结构、改善土壤通气性和透水性、增强土壤肥力。此外，将蚯蚓引入污染土壤，随同蚯蚓一起，可以向土壤中引入各种微生物，提高土壤中活性微生物量，促进微生物群落的形成，进而促进植物生长。

（2）协调水系。针对土壤漏水严重、大面积浇灌又易造成水土流失的问题，浇灌方式可以采用微喷和滴灌两种形式结合，既节约用水，又能保持土壤和空气湿润，有利于作物生长。

有效土层厚度不小于80cm，土壤具有较好的肥力，土壤环境质量符合《土壤环境质量　农用地土壤污染风险管控标准（试行）》（GB 15618—2018）规定的 II 类土壤环境质量标准。

8.3.3.5　景观风貌整治工程

以修复地区生态环境、改善地区绿地系统质量、提升当地居民工人的生活环境质量以及促进地区旅游开发为出发点，在合理利用"山、水、田、林、湖、草"景观格局的基础上，构建天蓝、山青、水秀、气纯、人与自然和谐相处的生态绿地系统，打造矿区生态修复与开发示范区。

（1）采场高陡岩质边坡。通过对高陡岩质边坡实施前期的爆破和机械削坡、危岩清理、人工挂网及锚固等工程后，采用团粒喷播技术，利用喷播设备将土壤、有机质、肥料、保水剂、缓冲剂、植被种子等混合物料均匀喷播在修整后的高陡岩质边坡上，喷播面积 253.88 万 m^2。通过两年的植被养护，使得裸露的岩质边坡恢复至周边近自然的植被生长状态。在植被种类选择方面，为了兼顾短期迅速覆盖坡面及长期恢复植被的效果，根据鞍山当地季节及鞍山矿区高陡岩质边坡的性质条件等因素，优先选用刺槐、紫穗槐、柠条、胡枝子、荆条、披碱草、高羊茅、黑麦草等"乔灌草"型植被种子进行混合喷播，确保坡面植物的多样性和绿化的长久性，以达到矿山生态恢复的效果。

（2）引水造湖。通过对矿区周边环境和生态系统进行管理和修复，引入达标水源，将露天矿坑改造成湖泊。通过湖泊的作用，将矿区附近的土地慢慢转化为肥沃的农田、茂密的林地和蓝色的水面，打造局部微生态小气候，实现矿区自然环境和社会经济的综合发展。

8.3.3.6　交通系统建设工程

现有道路普遍等级较低、宽度较窄，断头路多，路面质量差，道路多有砂石，道路沿线扬尘较多，并且大多为泥石路，且由于地形复杂，存在一定的安全隐患。

从规划区与周边城镇居民点的交通关系考虑，对外建立四通八达的交通网络，同时对内部交通系统进行梳理，合理进行区域内的货运交通与旅游休闲交通的分离，建立有序的内外交通衔接，支持该区域发展。

道路的行政等级为县道，技术等级为二级，为单幅双车道，设计车速为 40km/h（个别地段为 30km/h），公路路基宽度采用 9.0m，单车道宽度采用 3.5m，单侧人行道宽度采用 1.0m，停车视距为 40m，会车视距为 80m，超车视距为 200m，圆曲线最小半径为 60m，最大纵坡限制不大于 8%。

为充分利用矿山及周边废弃尾矿资源，降低工程造价，道路路面结构采用水泥混凝土路面结构。该结构为面层 20cm 厚 C30 混凝土，连接层水泥稳定沙粒 15cm，矿山废弃混铺碎石 30cm，路肩铺设人行道板砖。该道路路基在挖方地段直接进行碾压夯实即可，在填方地段则小部分利用尾矿回填，大部分利用挖方排弃土回填。

8.3.3.7　基础设施建设工程

基础设施建设本着节能减排、生态环保、资源共享、节约土地等原则进行，以建设具有高标准的基础设施和配套完善的公共设施为主要目标。结合规划区改造，减少对水系、湿地的污染。规划区内现状电力架空线结合路网建设逐步进行改移或入地。服务设施及附属设施的供水、排水、供电、采暖等结合项目的工程设计，采用先进的、节能的、环保的、生态的措施来实现，如采用风能、太阳能、湿地处理、再生水利用、燃气采暖等技术。

（1）供水系统。修复区内无水厂和系统供水管网，用水主要为养护用水。水源供给方式为打井取水，水源水质过滤孔径应保证在 80 目以上，否则必须在首部加装过滤装置。喷播绿化区域植物发芽期（种子层喷播完成后的两个月内），浇水量应保证每天不少于 6mm。喷播绿化区域生长期（除发芽期外，适宜植物生长的 4~10 月）浇水量应保证每 3 天不少于 3mm，养护时根据天气、土壤湿度及植物表现适当调整浇水次数及浇水量。

（2）排水系统。根据规划区范围内最大降水量设计截排水沟，设置位置为安全平台里侧靠近坡面处，以及纵向坡面最大汇水处。要求沟渠与岩质边坡净间距为 0.8m，外侧壁厚 0.3m，高 0.55m（含 0.05m C15 素混凝土垫层、0.05m 1∶3 水泥砂浆压顶），内侧设置 0.05m C15 素混凝土垫层，高 0.2m，与底部及外侧壁垫层连接。砌筑材料选用毛石强度不低于 MU40，水泥砂浆等级为 M10，然后用 1∶1 水泥砂浆进行勾缝。

（3）供电系统。由鞍钢矿业协调接入 1 台 500kVA 的变压器。变压器设置在规划区内，电源接入范围为覆盖整个规划区。

8.3.4 矿产废弃物的资源化利用实施方案

利用废弃铁尾矿，通过深加工制备矿物肥料、干混砂浆、机制砂及碎石等材料，完全遵循《"十四五"循环经济发展规划》中的重要指示，为发展循环经济产业、建设国家矿山循环经济产业示范区打下良好的基础。根据矿产固体废弃物化学及物理性质，并结合废弃物中含有的各类有益矿物元素，提出废弃铁尾矿的资源化利用两大产业方向，即矿物肥料产业及建筑材料产业。

将尾矿破碎制成建筑材料和筑路材料，还可为未来地下开采矿山提供填充料。通过能源植物的种植直接绿化排岩场，可以解决环境污染最严重的排岩场污染问题。尾矿直接回收再利用，不用花费大量资金在征地和尾矿库环境污染治理方面，实现矿山零排放，降低矿山生产成本。

8.3.4.1 尾矿制备矿物肥料

硅肥是品质肥料，既可作肥料为植物提供养分，又可作土壤调理剂改良土壤。鞍山矿区铁尾矿中含有大量的 SiO_2 与一定量的 CaO 等，还可以在高温煅烧的条件下使 SiO_2、CaO 等有效化，制成对水稻、南方甘蔗等有良好效果的中微量元素肥料，科学施用该类肥料可有效增产（陈志量等，2022）。辽宁、吉林、黑龙江西部与内蒙古东四盟市属半干旱地区，且有越来越干旱的趋势，施用硅肥、钙肥有增强作物抗旱性作用，且钙是植物必需的中量元素，能促进作物生长发育、增产，尤其在干旱、半干旱地区效果更佳。

硅肥生产工艺主要选用固体水溶肥制备工艺，固体水溶肥要求产品必须为均匀的固体。中量元素水溶肥料固体产品执行标准为农业行业标准《中量元素水溶肥料》（NY 2266—2012）。本章选择物理混配法作为硅肥的制备工艺。

1. 硅肥

硅肥物理混配法就是将生产固体水溶肥的原料根据所生产产品的技术指标和配方按相应比例，通过预处理机（粉碎机）、混料机、筛分机、包装机等设备，采用物理混合的方式直接生产水溶肥的方法。物理混配法的生产工艺流程相对简单，其生产工艺可简述为原料混配→原料粉碎→原料筛分→定量包装。

2. 土壤改良剂

由于产品原料和产品形态的不同，土壤改良剂生产工艺也不尽相同，依据产品的形态土壤改良剂分为固体改良剂和液体改良剂，固体土壤改良剂居多，本规划选用固体土壤改良剂生产工艺。以天然矿物类或有机废弃物为主要原料的土壤改良剂的生产工艺实质上是将各种单一的原料分别破碎后按照原料配方（包括添加一定比例的添加剂等）进行定量，然后再进行混合搅拌、造粒烘干、冷却、筛分、包装等生产过程。另外，可以根据实际需要，在原料的破碎环节辅以烘干、除尘。通常在各烘干、冷却的工序后都应该安排除尘、净化。

8.3.4.2　尾矿制备功能性建筑材料

矿山生产过程中产生的废弃物主要有两种：一是采矿过程中产生的岩石及部分低品位矿石，通常经汽车及胶带运输排至矿山排土场堆存；二是选矿后产生的细粒尾矿，通常经尾矿管道输送至矿山尾矿库堆存。截至 2020 年底，鞍钢集团矿业有限公司累计堆存尾矿 13 亿 t，每年新增 4000 万 t，累计堆存废石 40 亿 t，每年新增 2 亿 t。存量巨大，具有非常大的可回收资源潜力。通过自主投资或合资经营模式，可开发废石和铁尾矿资源，生产矿物肥料硅肥、机制砂与碎石、干混砂浆等常规建筑材料，以及在中远期进一步发展微晶玻璃、高纯石英、泡沫陶瓷等高附加值产品建筑材料。

1. 干混砂浆

干混砂浆又称干粉砂浆、干拌砂浆等。随着干混砂浆行业的不断发展，优质砂资源日益短缺，寻找可以取代干混砂浆中人工砂、河砂的资源具有重要意义。普通干混砂浆生产中，砂子是最重要且用量最多的原材料，对砂浆配制和性能产生巨大影响。如果砂浆的生产区域位于天然砂比较短缺的地区，例如山东济南地区，那么就需要采用异地运输的方式获取天然砂或大量生产人工砂，从而导致砂浆原材料成本增加。尾矿是矿山开采的原矿石经选矿或其他工艺回收有效组分后废弃的固体物料，呈细粉状，粒径一般在 0.15mm 以下，通常堆存在尾矿库中，是工业固体废弃物的主要组成部分。铁尾矿是一种材料性能与天然砂相近的细骨料，具有表面粗糙多棱角的特点。因此，利用铁尾矿砂部分取代人工砂或河砂，组成混合骨料：一方面可以处理尾矿废弃物，保护环境；另一方面，铁尾矿砂与人工砂或河砂混合可以改善骨料颗粒级，改善砂浆性能。

2. 机制砂与碎石

利用采矿的废石生产机制砂石骨料和碎石，进行综合利用，节约排岩场压占土地，提高废石附加值（图 8-6）。

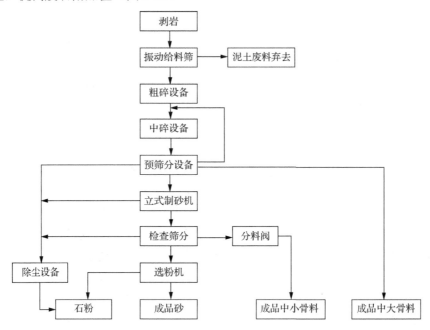

图 8-6　废石综合利用流程图

8.3.4.3　尾矿及表土剥离再利用

将铁尾矿与地表剥离土按照 1∶2 的比例进行结合，用于矿区土地复耕工程，其客土厚度为 0.3m。目前矿山废弃地土地资源高达 6913.78hm^2，其中已复垦面积 1080.17hm^2，工地场地面积 110.4hm^2，因此得出矿山废弃地土地复耕工程面积 5723.21hm^2，客土量高达 1716.96 万 m^2，消耗铁尾矿 572.32 万 m^3。表土剥离再利用是指将建设所占土地的表土搬运到固定场地存储，然后搬运到废弃土地上达到造地复垦再利用的目的。

8.3.5　矿山废弃地的能源化利用实施方案

在符合鞍山市土地利用总体规划的前提下，对于鞍山市辖区范围内有条件发展经济林以及在允许建设区和有条件建设区的矿区，可根据实际情况进行废弃矿地的能源化利用。以矿山可持续发展为根本原则，盘活存量废弃地资产，打造矿山新能源基地，在矿区闲置土地区域和生态修复适宜区域大力发展光伏发电、风力发电、储能与制氢等新能源产业，建设源网荷储一体化的矿山虚拟电厂，实现绿色电力自发自用，余电上网，保证用电的稳定与安全，逐步推进清洁能源绿色电力替代，调整矿山用能结构。将绿色电力新能源产业发展与矿山生态修复有机结合，在光伏板下方种植具有生态修复功能的经济作物或能源植物，结合种养模式，开发生物质能源制木糖产业，以达到土地充分利用目的（图8-7）。构建多元化产业体系，构建完善的产业链条。

8.3.5.1　构建源网荷储一体化

发挥鞍钢矿业广阔的空间优势，建设矿山能源基地和矿山智能微电网，实现光伏发电、风力发电等多能互补的新能源供电模式。矿山丰富的新能源资源，以及可实现综合能源系统及智能调度的源网荷储一体化建设，为矿区提供了安全可靠的清洁能源电力。利用排岩场、尾矿库、工业场地和厂房屋顶等发展光伏发电、小型风力发电，新能源发电自发自用、余电上网。探索矿山绿色电力基地建设方案，建设源网荷储一体化的智能微电网，构建以新能源电力为主导的新型电力系统，促进新能源就近消纳，为矿区提供安全可靠的清洁能源电力供应，实现矿山绿色电力替代、零化石能源利用。

源：矿区可再生能源丰富，构建以太阳能、风能等发电为核心的新型电力系统，加强新能源基地的建设，实现多能互补。

网：矿山用电需求量大，适宜发展智能微电网和增量配电网，促进新能源灵活本地消纳，满足未来矿山新增产能及清洁用电的需求。

荷：通过对矿山进行用电的引导，加强新能源的应用。满足区域高质量、不间断的用电可靠性要求，并预留有备用容量以满足日后负荷增长需求。

储：根据矿山内部能源负荷、新能源开发强度以及智能电网建设密度，配备储能系统，储存新能源发电过剩能源，实现电力系统的高度灵活性。

将多能互补和源网荷储一体化系统有机结合，能够利用存量常规电源，合理配置储能，统筹各类电源规划、设计、建设、运营，优先发展新能源。

8.3.5.2　打造灵活高效智能电网

推进智能微电网建设，大力推广新技术落地，提升系统调控能力，将发电、输配电、负荷、储能融入智能电网体系中，全面提升电网智能化水平。在确保电网安全的前提下，建设"互联网+"智慧能源，推进电力源网荷储一体化和综合能源系统发展，促进基础设施协同优化运行和多种能源融合发展。

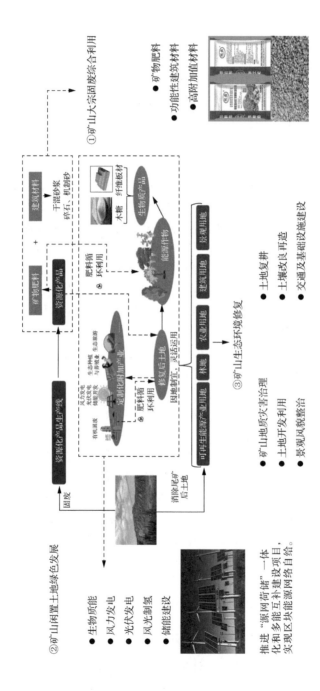

图 8-7 矿山生态修复与新能源产业布局图

着力构建适应非化石能源装机比重持续提高的智能化电网和调峰系统，提高汇集新能源能力。推进发电侧和用户侧新型储能设施建设，发挥调峰调频作用，强化电网大规模新能源接入能力，为电网平稳运行提供支撑。提升输电通道新能源输送能力，进一步完善电网主网架布局和结构，统筹新能源消纳和电力外送，提高电网对高比例新能源的消纳和调控能力。

8.3.5.3　加快推进光伏发电建设

鞍山地区为辽宁省的太阳能资源较丰富区域，经格林威治云平台测算光伏项目的年平均太阳能总辐射量为 4903MJ/m^2，即 1362kW·h/m^2。可以通过优化光伏组件选型、选取最优倾角等技术措施，提高设备发电量，该地区发展光伏发电项目具有良好的开发价值。

鞍山矿区拥有大量的废弃、闲置土地资源，结合该地区较为丰富的太阳能资源，在光伏发电产业上拥有良好的开发前景，也是国家政策导向支持的重要举措。发展光伏产业的闲置可利用土地总面积为 6913.78hm^2，其土地类型主要包括排岩场、尾矿库、采场及固定帮、工业场地及其他闲置土地。经计算，拟建设总装机容量高达 4058.75MW，年发电量高达 54.79 亿 kW·h。

8.3.5.4　大力推进风力发电建设

鞍山区域属大陆性季风气候，雨热同季，属于辽宁省 II 级风能资源较丰富区，境内风能资源分布差异较大。根据格林威治云平台测算，区域内测风塔 140m 高度平均风速为（5.96±0.71）m/s，风功率密度为 234W/m^2，空气密度为 1.19kg/m^3，主风向为 SSW，次主风向为 S，风切变指数为 0.22，场址区属于 3 级风场，风向较稳定，具备良好的开发潜力。

鞍山矿区发展风电产业的闲置可利用土地总面积为 6913.78hm^2，其土地类型主要包括排岩场、尾矿库、采场及固定帮、工业场地及其他闲置土地。规划新风电项目总容量 168MW，主要利用矿区闲置土地开发建设风电项目，安装 42 台单机容量 4MW 的风电机组。项目规划采用的风机组单机轮毂高度 140m，桨叶采用 165m 大叶片，环评避让距离大于等于 600m。

8.3.5.5　科学发展储能与制氢

应用大规模储能技术，在能量管理系统及电力调控中心指令控制下，能够解决弃风限电的问题，实现可再生能源平滑输出、参与调峰调频、备用、启动、需求响应支撑及平滑功率曲线等功能，提高跟踪计划发电能力和常规发电输电的效率，改善电力系统运行安全性和经济性，有效促进大规模可再生能源发电的接纳和有效利用。本项目发展的可再生能源主要为光能及风能，为了确保有效性，储能建设进度跟随可再生能源发电规模，使发电量与矿区负荷匹配，并为系统输出稳定的电源。本项目通过分析比较，拟建设 10% 容量的储能，以满足负荷需求。源网荷储一体化的建设符合能源绿色低碳发展方向，有利于全面推进生态文明建设。增加以新能源为主体的非化石能源开发消纳，是提升非化石能源占比的决定性力量，可以促进能源领域与生态环境协调可持续发展。多能互补示范项目可以打破各个领域间的壁垒，统筹各类资源的协调开发、科学配置，实现源网荷储统筹协调发展，提高清洁能源利用率，提升能源开发综合效益。

依托光伏发电、风力发电项目，利用电解水制氢，由此提高可再生能源平衡及消纳能力，减少弃风及对电网调峰压力。所制氢气就近由用氢企业自身消纳，可用于矿物冶炼，也可作为鞍山矿区运输车燃料。结合氢能源汽车发展，所制氢气可作为鞍山矿区运输车燃料替代传统原料，减少矿区碳排放，助力区域绿色、低碳发展，并提升项目收益率。氢作为一种多用途能源载体，具有热电氢联产、氢—加氢站—纯绿色能源汽车一体化建设等显著优点，有效解决偏远地区用电问题，此外还可以提高电网相关指标。

8.3.5.6 合理开发生物质能

对于复垦为林地、园地的矿区（非生态敏感区），在消除尾矿和废石后，可以种植生物质能源作物发展生物质产业，对废弃的土地资源进行资源开发利用。一方面选取可改善土地性质的能源作物，通过林下养殖，促进微生物循环，达到改良土壤、保水保肥的目的；另一方面，生物质能源植物在废弃矿山种植成活后，良好的经营措施使每年产生的生物质资源量较大，可通过规模化的生物质工程进行利用。此外，在建设生物质工程的过程中可以根据矿区地理位置的实际情况，吸纳周边地区的秸秆、林业三剩物、畜禽粪便、城市污泥等进行协同处理，在有条件恢复为建设用地的矿地通过土地置换等方式选择合适的位置建设生物质产业发展基地。生物质燃烧发电可以为矿业生产提供能源，生物质燃烧供热可以为矿区周边居民供暖提供支撑，同时生物质产业产生的有机肥料可以用于鞍山矿区矿山修复，通过循环经济的理念化废为宝，节约成本，符合自然规律以及生态理念，还能创造大量就业岗位，改造落后产能。

8.4 产业发展

针对鞍山矿区面临的主要问题，依据矿区资源禀赋，结合产业发展前景与市场需求，以及鞍山矿区生态修复手段与综合利用方式，在矿区形成三大主要服务产业，打造鞍山新的支柱产业和发展增长极（图 8-8）。

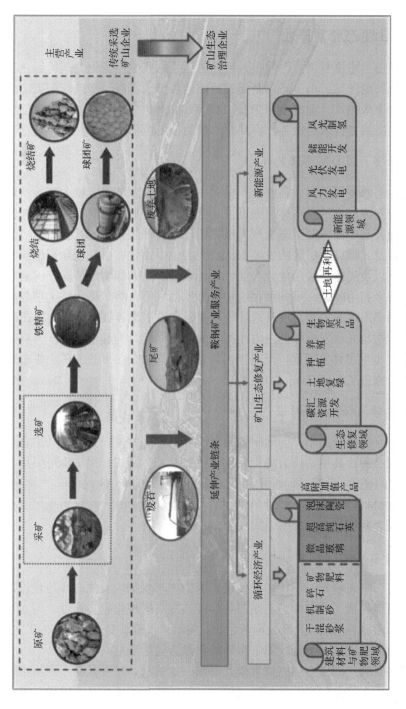

图 8-8　产业发展总体布局

8.4.1　矿山生态修复产业

创新矿山生态修复模式，使投入型的矿山生态修复变为收益型的绿色工厂，打造资源化与能源化矿山生态修复模式。如能将鞍山具有经济效益的矿山生态修复模式进行有效推广，面向全国仍有 228 万 hm^2 矿山废弃地尚未修复的市场，输出矿山生态修复技术与服务，将具有广阔的市场应用前景。

1. 矿山多元互补生态修复模式

矿山生态修复产业模式是在景观模式生态升级的基础上，植入相关产业，由静态的矿山变成动态的经济体，通过生态升级、产业植入尤其是劳动者和消费者的进入，使废弃矿山内部生态生产力被激活，继而产生良好的社会效益、生态效益和经济效益。根据铁矿区的主要土地利用类型，结合鞍山矿区地形地貌特征与资源禀赋，以及矿区周边居住、商业、基础设施、交通等实际情况，综合考虑七大矿区土地可利用时间、可利用程度和可利用面积等，将矿区用地类型划分为整体用地和局部用地两大类，涉及排岩场、尾矿库、平地、坡地 4 小类，在矿山生态修复过程中与光伏发电绿色电力能源产业有机结合，构建鞍山矿区具有经济效益的 5 大矿山生态修复模式，采用市场化运作手段，使投入型的矿山生态修复变为收益型的绿色工厂。

2. 生态修复模式发展路径

根据矿区的用地类型，因地制宜采用不同的生态修复模式并选择适合各个模式的动植物品种，其中，排岩场可采用"牧光互补"模式，尾矿库可采用"牧光互补"模式的光伏+苜蓿+羊+蚯蚓、"药光互补"模式的光伏+龙胆草、"林光互补"模式的光伏+猕猴桃+蚯蚓，平地可采用"林光互补"模式，坡地可采用"药光互补"模式或者种植经济作物的模式。

3. 优势与挑战

通过矿山生态修复，不仅可以促进矿区的生态保护以及生态环境建设，优化矿山生态用地结构，改善生态系统服务功能，提高区域生物多样性，而且可以打造新的矿山旅游目的地，为公众闲暇游玩、陶冶情操提供良好场所，为矿区生产、管理、生活人员提供一个良好的生态环境和舒适的生活空间。

创新多元互补的矿山生态修复模式面临一定挑战，主要是源于利用市场化方式推进矿山生态修复的政策推行时间较短，缺乏成型的市场运营经验，需要在短时间内占领市场，具有一定的压力。随着矿山生态修复力度的加大及各项政策、资金投入的提升，矿山生态修复服务有望成为行业趋势。同时，矿山生态环境修复历史欠账多，问题积累多、现实矛盾多，矿区异质性较大，因此，矿山生态修复服务产业既是攻坚战，也是持久战。

8.4.2　循环经济产业

解决矿区固体废弃物的处理和再利用问题是推动地方可持续绿色发展的根本需要。围绕矿区固体废弃物综合再利用项目与各大科研机构及高等院校开展深度合作，在行业标准修订、基础材料科学研究、循环产业培育和新型材料应用推广等领域通过产业+资本、国有+民营的多元模式做大做强固体废弃物再利用工作。

1. 循环经济产业发展路径

根据鞍山矿区固体废弃物化学及物理性质，并结合废弃物中含有的各类有益矿物元素，提出鞍山矿区废弃铁尾矿的资源化利用两大产业方向，即矿物肥料产业及建筑材料产业。根据市场需求情况，主要布局干混砂浆、机制砂、碎石、矿物肥料四种产品，并探索规划高附加值产品如微晶玻璃、泡沫陶瓷、高纯石英的生产。此外，仍延续废石直接外销的经营模式，与企业合作，扩大销售渠道，依托矿区自有铁路线和鲅鱼圈港口，通过低成本的海运方式，将砂石骨料运送至南方省市，使砂石骨料真正实现北石南下，开拓南方市场。同时，废石与尾矿的消纳也腾出了土地空间，可作为产业化用地开发与流转（图 8-9）。

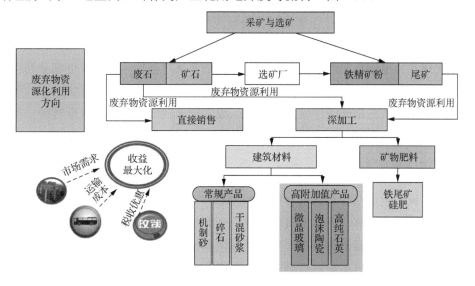

图 8-9　固体废弃物的资源化利用路径

2. 优势与挑战

发展废弃物资源化利用服务产业能够提高矿山废弃资源的利用效率。将废弃尾矿资源深加工生产矿物肥料硅肥、干混砂浆、机制砂及碎石等常规建筑材料和微晶玻璃、泡沫陶瓷、高纯石英等高附加值产品，真正实现"变废为宝、化害为利"，成为循环经济发展的重要一环。同时，发展废弃物资源化利用服务产业拥有足够的关键技术支撑，其技术研发能够大幅度提高资源利用效率的共性和关键技术的能力，发挥循环经济的最佳效应，并与生态环境有机地结合起来。

废弃物资源化利用服务产业的发展还面临着一定的挑战，缺乏有效的政策激励。废弃物资源化利用兼具资源效益和环境效益双重属性，是集技术、经济和社会为一体的系统工程，需要政策激励。我国尚未建立有效的回收处理体系、激励政策和费用机制，相关法律之间存在不协调、有关措施不配套等问题，缺乏强制性标准。循环经济产业的发展尚未形成长效机制，需要政府推动、市场驱动、公众行动，也需要各地方各部门的协调一致。

8.4.3　新能源产业

1. 光伏发电产业

鞍山矿区可发展光伏产业的闲置可利用土地总面积为 $6913.78hm^2$，拟建设总装机容量为 4058.75MW。主要利用排岩场区域、尾矿库区域、采场及固定帮区域、工业场地区域及其他区域的闲置土地开发建设光伏电站。

光伏与种植结合的产业的优势如下：一是光伏与植物间插布置可充分利用土地空间，产生最大化效益；二是光伏产业产生电能可用于其他产业生产中，形成闭环产业循环；三是无须建设新产业链，成本投入较低，投资回收期较短。但同时该产业模式也存在一些问题，光伏产业前期投入较大，投资回收期较长。

2. 风力发电产业

矿区风力发电项目总装机容量为 168MW，风电有以下优势：一是作为清洁能源，其环境效益良好，无温室气体排放，且风能作为可再生能源，具有永不枯竭的特点；二是与化石能源发电和生物质发电相比，风电最大的优势是没有燃料成本，电场投建后，只需做好运维就可产生绿色电力；三是风机的基建周期短，装机规模灵活，运行和维修成本都较低。虽然风电技术具备以上优势，但是仍然存在一些不足：一是风电噪声较大，易产生视觉污染，且容易影响鸟类生境；二是占用土地面积相对较大；三是风电对资源利用具有间断不平衡和不稳定问题。

3. 储能产业

拟在项目实施阶段再建设 10%容量的储能，以满足负荷需求，并不增加电网的调峰压力，作为备用、应急和不间断电源。储能电站总容量为 426.38MW。

4. 绿氢产业

制氢系统运行模式：制氢每日运行 16h。采用 2×2.5MW 碱性电解槽组件，制氢速率 2×500Nm^3/h，制氢每日运行 16h 的工作模式下，共需要安装 5 组，中后期更换设备 3 组。占地面积上主要规划了电解车间、控制室及氢气储存室等。共包含 10 套 500Nm^3/h 的电解水制氢装置及附属设备，每套包括电解槽、氢分离器、氧分离器、氢洗涤器、氧洗涤器、氢冷却器、氧冷却器、氢气水分离器、氧气水分离器、氢排水器、氧排水器、脱氧干燥/纯化器、碱液循环泵、碱液冷却器、碱液过滤器等部件。

根据制氢装机规模，建设 1 个日供氢能力为 1000kg 的三级加氢站。建设符合包括压缩设备（压缩机）、储氢设备（储氢瓶）和加氢设备（氢气加注机及冷却系统）三大主要设备要求的地上和地下建筑。

但是目前国内风电和光伏发电均受到电力输送和综合消纳问题的制约，氢能推广较缓慢。目前利用氢能耦合二氧化碳排放的研究处于探索阶段，风光耦合制氢集成控制技术的经济性受光、温度、风速等不确定性自然因素的影响较大。此外，风光耦合制氢的关键设备及工程化应用仍是风光耦合制氢系统发展的瓶颈。

8.5　规划综合效益评价

8.5.1　生态效益

1. 矿山生态修复生态效益

矿山生态修复的成功实施将有效遏制生态系统的退化和破坏，提升生态环境质量。在重建绿色矿山、改善局部环境的同时，鞍山市所受的矿山生态环境影响压力也将有所减弱。原有的裸露地表、采矿用地将由覆盖植被的高生态效益的土地类型所取代，带来众多潜在的生态价值和功能。通过矿山生态修复，不仅可以促进矿区的生态保护以及生态环境建设，优化矿山生态用地结构，改善生态系统服务功能，提高区域生物多样性，还可以打造新的矿山旅游目的地，为公众闲暇游玩、陶冶情操提供良好场所，为矿区生产、管理、生活人员提供一个良好的生态环境和舒适的生活空间。通过资源化生态修复工程，矿区生态环境破坏得到遏制，产业结构更加完善，"绿水青山就是金山银山"的理念贯彻社会发展全过程，百姓的生活环境、生活水平将同步有效提升。

2. 循环经济产业生态效益

尾矿和废石的堆存会带来一系列生态问题，例如占用土地、养分流失、植被破坏、生态系统结构和功能受损、生态系统稳定性下降等，本研究通过将矿区固体废弃物资源化利用为矿物肥料和建筑材料，能够有效解决固体废弃物堆存占用土地资源的问题，从而为矿山植被的恢复与再生提供空间与资源，改善尾矿库与废石堆积地的生态小环境和小气候，提高矿区潜在生态服务价值，如大气净化、气候调节、水源涵养、水土保持、生物多样性、废物循环等。

3. 新能源产业生态效益

新能源产业开发项目的实施可显著减少化石能源消耗，也相应减少化石能源开采带来的生态破坏，有效遏制生态系统的退化和破坏，提升生态环境质量。推动光伏、风电、储能、氢能等可再生能源在矿山行业的应用，实现能源自给、绿色电力替代，同时适度外销，打造绿色矿山，实现资源能源的循环高效利用，可再生能源发电替代传统用电也能够起到减少化石能源燃烧带来的碳排放作用。

8.5.2　经济效益

鞍山矿区矿山生态修复与产业发展规划总投资 221.86 亿元，其中新能源产业投资 177.75 亿元，矿山生态修复产业投资 29.15 亿元，循环经济产业投资 14.96 亿元（图 8-10）。

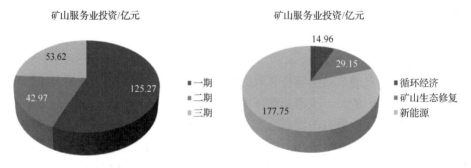

图 8-10　分期投资与类型占比分析图

总体收益为 2891.21 亿元，循环经济产业收益 1580.00 亿元，新能源产业收益 693.46 亿元，矿山生态修复产业收益 617.75 亿元（图 8-11）。

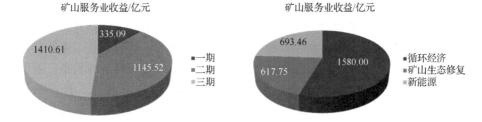

图 8-11　分期收益与类型占比分析图

8.5.3　社会效益

1. 调整优化产业结构

大部分矿区的产业结构较为单一，长期以矿业开发、工业生产等第二产业为主，通常第三产业所占的比重很小。本项目在矿山生态修复过程中打造多种产业形式，如循环经济、能源经济、矿山旅游等，从而提高第三产业比重，加快地区产业结构调整的进程。通过延伸产业链和升级产业结构，提升鞍山市创新支撑能力，推动资源型城市和老工业城市的成功转型。

2. 提高居民生活质量

鞍山矿区的生态修复对空气、水等环境要素的治理，可以改善矿区生态环境质量和当地居民的生存条件，大大降低居民的患病概率。矿山生态修复治理大量废弃地，盘活当地的土地资源，直接带动当地旅游和服务业的发展。植被的恢复建设也为当地提供天然氧吧，居民休闲娱乐活动项目增加了，幸福指数将会明显升高。资源化矿山生态修复可以有效防止尾矿溃坝、滑坡等灾害的发生，保护当地居民的生命财产安全。有机种植业和有机养殖业的形成，向社会提供优质安全的粮食、肉类等农产品，保障居民的食品安全。矿山本身作为一种重要的旅游资源，既是生态恢复的展示区，又是旅游的观赏区，在资源化与能源化矿山生态修复完成后必然会吸引大量的旅游者，既可增加当地经济收入，也可带动整个地区旅游业的发展，为区域经济发展增添新的活力，促进区域经济可持续发展。初步估计此项旅游资源总投资 2.2 亿元，预计营业收入 13.65 亿元，利润 5.60 亿元。此外，绿色能源的开发能有效维护区域能源安全，实现企业能源自给，矿区居民生活的能源供应得到有效保障。

3. 提供更多就业岗位

在产业结构的优化和转型升级过程中：一方面去产能必将产生部分下岗人员，现代化产业的出现造成剩余劳动力的产生；另一方面，通过矿山修复，将打造矿山旅游、废石与尾矿资源化利用产业、可再生能源产业、智慧农业、生物质生产加工处理及造纸等大批产业，实现地区产业转型，形成新的经济增长点。新型产业的兴起和传统产业内部的升级将会增加大量工作岗位，吸纳第二产业的部分失业人员，有效缓解农村劳动力过剩、劳动力外移和下岗职工再就业问题。此外，项目的实施伴随着技术的进步和生产效率的提高，对劳动者的知识技能要求有所提高，有助于改善区域从业人员素养，提升区域经济发展质量，维护社会和谐稳定。

4. 促进企业良性发展

鞍山矿区服务产业规划可以实现尾矿和废石资源化利用，矿山能源再生利用，实行智慧农业产业结构，兼顾矿山生态环境的保护修复与产业发展，在改善矿区生态环境、创造生态效益和环境效益的同时，增加企业的经济效益和市场竞争力，促进企业的整体良性发展，增加地方财政收入，带动当地相关产业的发展，活跃地方经济，同时可率先实现矿山行业低碳发展，创建矿山行业生态修复新范式，树立行业标杆。

8.6　本章小结

本章从低碳发展问题着手，介绍鞍山矿区现状，根据大孤山铁矿、东鞍山铁矿、关宝山铁矿、齐大山铁矿、眼前山铁矿及鞍千铁矿的现状，分析其目前存在的矿区土地损毁严重、矿区土壤质量较低、采矿活动引发地质灾害、矿区地形地貌破坏严重等生态问题，以及实现低碳发展时间紧任务重、资源综合利用率有待提高、现有产业链条延伸不足、现有产业未形成集群效应等产业发展问题。方案以鞍山矿区早日实现低碳发展为目标，遵循"固废利用、能源再生、原位修复"的生态理念，应用尾矿和废石资源化利用技术、能源再生及利用技术、矿山生态修复技术，创新能源化与资源化耦合的生态修复模式，推进矿山生态修复与治理；以转变废弃矿山、打造绿水青山和"金山银山"为恢复理念，通过实施矿山地质灾害治理、土地开发利用、土地复耕、景观风貌整治、交通系统建设、基础设施建设等工程进行矿山生态修复；利用废弃尾矿，通过深加工制备矿物肥料及功能性建筑材料，实现尾矿的资源化利用；利用矿山废弃地，发展风电、光伏等可再生能源，开发风光制氢储能并配套建设储能工程。将鞍山矿区打造成集矿山循环经济、生态修复、可再生能源综合示范的矿山循环经济与生态修复示范区，建立"政、产、学、研、金、创、服"一体化模式，早日实现低碳发展的目标与愿景。

参 考 文 献

陈志量, 郗凤明, 尹岩, 等, 2022. 鞍山铁尾矿资源化利用方向与效益评估[J]. 化工矿物与加工, 51(7): 43-47.

金江鹏, 2021. 露天采矿矿山地质环境问题与恢复治理措施[J]. 世界有色金属(22): 54-55.

马振翰, 刘乾灵, 2021. 鞍山市大孤山矿区地质环境问题及防治措施[J]. 现代矿业, 37(2): 178-181, 188.

孙艳荣, 2019. 尾矿库对周围地下水环境影响趋势研究: 以风水沟尾矿库为例[J]. 中国金属通报(11): 226-227.

赵新阳, 杜哲, 索赟, 等, 2013. 深入贯彻城乡建设用地增减挂钩政策: 鞍山市西果园尾矿坝土地复垦为例[J]. 黑龙江科技信息(17): 60.

附　　录

矿山修复植物类目

白羊草（*Bothriochloa ischaemum* (L.) Keng）

刺槐（*Robinia pseudoacacia* L.）

东北连翘（*Forsythia mandschurica* Uyeki）

构树（*Broussonetia papyrifera* (L.) L' Hér. ex Vent.）

胡桃楸（*Juglans mandshurica* Maxim.）

胡枝子（*Lespedeza bicolor* Turcz.）

黄檗（*Phellodendron amurense* Rupr.）

糠椴（*Tilia mandshurica* Rupr. & Maxim.）

蜡梅（*Chimonanthus praecox* (L.) Link.）

连翘（*Forsythia suspensa* (Thunb.) Vahl）

龙爪槐（*Styphnolobium japonicum f. pendulum* (Lodd. ex Sweet) H. Ohashi）

蒙古栎（*Quercus mongolica* Fisch. ex Ledeb.）

牡荆（*Vitex negundo* var. *cannabifolia* (Siebold et Zucc.) Hand.-Mazz.）

苜蓿（*Medicago sativa* L.）

蒲公英（*Taraxacum mongolicum* Hand.-Mazz.）

蔷薇（*Rosa multiflora* Thunb.）

沙棘（*Hippophae rhamnoides* L.）

铁海棠（*Euphorbia milii* Ch. des Moulins）

无芒雀麦（*Bromus inermis* Leyss.）

五裂槭（*Acer oliverianum* Pax）

薰衣草（*Lavandula angustifolia* Mill.）

银杏（*Ginkgo biloba* L.）

迎红杜鹃（*Rhododendron mucronulatum* Turcz.）

樟子松（*Pinus sylvestris* var. *mongolica* Litv.）

紫丁香（*Syringa oblata* Lindl.）

紫穗槐（*Amorpha fruticosa* L.）

生物质能源植物类目

桉树（*Eucalyptus robusta* Sm.）

斑茅（*Saccharum arundinaceum* Retz.）

蓖麻（*Ricinus communis* L.）

草木樨（*Melilotus suaveolens* Ledeb.）

刺槐（*Robinia pseudoacacia* L.）

大米草（*Spartina anglica* C. E. Hubb.）

荻（*Miscanthus sacchariflorus* (Maxim.) Benth. & Hook. f. ex Franch.）

光皮梾木（*Cornus wilsoniana* Wanger in）

红三叶（*Trifolium pratense* L.）

互花米草（*Spartina alterniflora* Loisel.）

皇竹草（*Pennisetum* × *sinese*）

黄连木（*Pistacia chinensis* Bunge）

芨芨草（*Neotrinia splendens* (Trin.) M. Nobis, P. D. Gudkova &A. Nowak）

菊芋（*Helianthus tuberosus* L.）

巨菌草（*Cenchrus fungigraminus* Z.X.Lin, D.M.Lin&S.R.Lan）

狼尾草（*Pennisetum alopecuroides* (L.) Spreng.）

类芦（*Neyraudia reynaudiana* (Kunth) Keng ex. Hitchc.）

栎属（*Quercus* L.）

柳枝稷（*Panicum virgatum* L.）

芦苇（*Phragmites australis* (Cav.) Trin. ex Steud.）

芦竹（*Arundo donax* L.）

芒（*Miscanthus sinensis* Andersson）

芒萁（*Dicranopteris pedata* (Houtt.) Nakaike）

木油桐（*Vernicia montana* Lour.）

沙棘（*Hippophae rhamnoides* L.）

山鸡椒（*Litsea cubeba* (Lour.) Pers.）

石芒草（*Arundinella nepalensis* Trin.）

苏丹草（*Sorghum sudanense* (Piper) Stapf）

梯牧草（*Phleum pratense* L.）

甜高粱（*Sorghum bicolor cv. Dochna*）

文冠果（*Xanthoceras sorbifolium* Bunge）

乌桕（*Triadica sebifera* (L.) Small）

五节芒（*Miscanthus floridulus* (Labill.) Warburg ex K. Schumann）

香茅（*Cymbopogon citratus* (DC.) Stapf）

象草（*Pennisetum purpureum* Schumach.）

斜茎黄芪（*Astragalus laxmannii* Jacq.）

野古草（*Arundinella hirta* (Thunberg) Tanaka）

油桐（*Vernicia fordii* (Hemsl.) Airy Shaw）

杂交狼尾草（*Pennisetum americanum* ×*Pennisetum purpureum* CV. 23A×N51）

紫花苜蓿（*Medicago sativa* L.）